DEUTSCHE DEMOKRATISCHE REPUBLIK
DEUTSCHE AKADEMIE
DER LANDWIRTSCHAFTSWISSENSCHAFTEN ZU BERLIN

ARCHIV FÜR GEFLÜGELZUCHT UND KLEINTIERKUNDE

Begründet als „ARCHIV FÜR GEFLÜGELKUNDE“
im Jahre 1926 von JAN GERRIETS

AKADEMIE-VERLAG · BERLIN

1964 · 13. BAND

Das Archiv für Geflügelzucht und Kleintierkunde erscheint in Heften mit einem Umfang von je 4 Druckbogen (64 Seiten). Die innerhalb eines Jahres herausgegebenen 6 Hefte bilden einen Band. Das letzte Heft eines Bandes enthält Inhalts-, Autoren- und Sachverzeichnis.

Der Bezugspreis je Heft beträgt 5,— MDN.

Die Schriftleitung nimmt nur Manuskripte an, deren Gesamtumfang 25 Schreibmaschinenseiten nicht überschreitet und die bisher noch nicht, auch nicht in anderer Form, im In- oder Ausland veröffentlicht wurden. Jeder Arbeit ist eine Zusammenfassung mit den wichtigsten Ergebnissen (nicht länger als 20 Zeilen), wenn möglich auch in russischer und englischer bzw. französischer Sprache, beizufügen. Gegebenenfalls erfolgt die Übersetzung in der Akademie.

Manuskripte sind zu senden an den Chefredakteur: Dr. JOACHIM ENGELHARD, Inst. f. Geflügelzucht Rottenau der Deutschen Akademie der Landwirtschaftswissenschaften zu Berlin, Rottenau, Post Loburg.

Die Autoren erhalten Umbruchabzüge zur Korrektur mit befristeter Terminstellung. Bei Nichteinhaltung der Termine erteilt die Redaktion Imprimatur.

Für jede Arbeit werden unentgeltlich 100 Sonderdrucke geliefert. Das Honorar beträgt 40,— MDN je Druckbogen und schließt auch die Urheberrechte für das Bildmaterial ein. Dissertationen, auch gekürzte bzw. geänderte, werden nicht honoriert.

Verlag: Akademie-Verlag GmbH, Berlin W 8, Leipziger Straße 3—4, Fernruf: 220441. Telex-Nr. 011773. Postscheckkonto: Berlin 35021. Bestellnummer dieses Verzeichnisses: 1041/13.

Veröffentlicht unter der Lizenznummer 1277 des Presseamtes beim Vorsitzenden des Ministerrates der Deutschen Demokratischen Republik.

Gesamtherstellung: VEB Druckerei „Thomas Müntzer" Bad Langensalza.

Inhaltsverzeichnis

Buchbesprechungen

Autorenverzeichnis

Sachverzeichnis

Seite

DEUTSCHE AKADEMIE
DER LANDWIRTSCHAFTSWISSENSCHAFTEN ZU BERLIN

ARCHIV FÜR GEFLÜGELZUCHT UND KLEINTIERKUNDE

Begründet als
„ARCHIV FÜR GEFLÜGELKUNDE"
im Jahre 1926
von Jan Gerriets

11. BAND · HEFT 1/2 · 1962

AKADEMIE-VERLAG · BERLIN

INHALTSVERZEICHNIS

Das Archiv für Geflügelzucht und Kleintierkunde erscheint in einzelnen Heften mit einem Umfang von je 4 Druckbogen. Die Hefte, die innerhalb eines Jahres herauskommen (6 Hefte), bilden einen Band. Das letzte Heft des Bandes enthält Inhalts-, Autoren- und Sachverzeichnis.
Es werden nur Manuskripte angenommen, die bisher noch in keiner anderen Form im In- oder Ausland veröffentlicht worden sind. Der Umfang soll nach Möglichkeit 1½ Druckbogen (etwa 35 Schreibmaschinenseiten) nicht überschreiten.
Die Autoren erhalten Fahnen- und Umbruchabzüge mit befristeter Terminstellung, bei deren Überschreitung durch den Autor von der Redaktion Imprimatur erteilt wird. In den Fällen, in denen die Lesung durch den Autor (Ausländer) auf sehr große Schwierigkeiten stößt oder sehr zeitraubend wäre, wird die Prüfung durch die Schriftleitung vorgenommen.
Das Verfügungsrecht über die im Archiv abgedruckten Arbeiten geht ausschließlich an die Deutsche Akademie der Landwirtschaftswissenschaften zu Berlin über. Ein Nachdruck in anderen Zeitschriften oder eine Übersetzung in andere Sprachen darf nur mit Genehmigung der Akademie erfolgen.

Jeder Autor erhält von der Akademie unentgeltlich 100 Sonderdrucke und ein Honorar von 40,— DM für den Druckbogen. Das Honorar schließt auch die Urheberrechte für das Bildmaterial ein. Dissertationen, auch gekürzte bzw. geänderte, werden nicht honoriert.
Jeder Arbeit muß vom Autor eine Zusammenfassung der wichtigsten Ergebnisse beigegeben werden. Sofern er in der Lage ist, soll er diese gleich übersetzt in russisch und englisch bzw. in einer dieser Sprachen liefern. Gegebenenfalls wird die Übersetzung in der Akademie vorgenommen.
Bezugspreis je Heft (etwa 64 Seiten) 5,— DM. Preis dieses Doppelheftes 10,— DM
Herausgeber: Deutsche Akademie der Landwirtschaftswissenschaften zu Berlin. Chefredakteur: Prof. Dr. phil. Dr. agr. h. c. Dr. med. vet. h. c. Jan Gerriets, ehem. Direktor des Instituts für Kleintierzucht der Humboldt-Universität zu Berlin. Redaktion: Dr. G. Pritsch, Institut für Geflügel- und Pelztierzucht der Humboldt-Universität zu Berlin, Berlin N 4, Invalidenstraße 42. Verlag: Akademie-Verlag GmbH., Berlin W 8, Leipziger Straße 3—4. Fernruf 220441. Telex-Nr. 011773. Postscheckkonto: Berlin 35021. Bestell-Nr. dieses Heftes: 1041/XI/1/2. Veröffentlicht unter der Lizenz-Nr. ZLN 5006 des Ministeriums für Kultur.
Gesamtherstellung: VEB Druckerei „Thomas Müntzer“ Bad Langensalza.

DEUTSCHE AKADEMIE
DER LANDWIRTSCHAFTSWISSENSCHAFTEN ZU BERLIN

ARCHIV
FÜR
GEFLÜGELZUCHT
UND
KLEINTIERKUNDE

Begründet als
„ARCHIV FÜR GEFLÜGELKUNDE"
im Jahre 1926 von Jan Gerriets

Schriftleiter
Prof. Dr. phil. Dr. agr. h. c. Dr. med. vet. h. c. Jan Gerriets
ehem. Direktor des Instituts für Kleintierzucht
der Humboldt-Universität Berlin

11. BAND · HEFT 1/2 · 1962

AKADEMIE-VERLAG · BERLIN

Aus dem Institut für Geflügelwirtschaft Merbitz (Direktor: Prof. J. Jaeger)

H. HATTENHAUER

Beiträge zur Kenntnis des wirksamen Prinzips der Pferdealtstreu für die Kükenaufzucht[1]

Eingegangen: 7. 11. 1960

I. Aufgabenstellung

Beschreibungen der praktischen Durchführung der Tief- und Altstreuverfahren in der Kükenaufzucht enthalten die Arbeiten von TE HENNEPE (53, 54, 55) und FANGAUF (24), der zugleich auch Vorschläge zur Begriffsbestimmung macht, an die wir uns anlehnen. Danach sind zu unterscheiden:

Pferdealtstreu = Pferdemiststapel, der erstmalig zur Kükenaufzucht verwendet wird.

Abgelagerte Pferdealtstreu = Pferdemiststapel, der bereits einmal oder mehrere Male zur Kükenaufzucht benutzt wurde und unbehandelt im Aufzuchtstall verblieb.

Hühneraltstreu = ein mehrere Monate von Küken oder Althühnern belaufener Tiefstreustapel in kompostiertem oder unkompostiertem Zustand.

Tiefstreu = Streustapel, der sich durch Überstreuen und Vermischen alten und neuen Streumaterials selbst aufbaut.

Wissenschaftlich und praktisch von größtem Interesse sind nach den vorliegenden günstigen praktischen Erfahrungen mit verschiedenen Altstreuverfahren in der Kükenaufzucht hinsichtlich Wachstumssteigerung und Minderung der Aufzuchtverluste vornehmlich zwei Probleme: Die Klärung der Ursachen für die Verbesserung des Aufzuchtergebnisses durch Kükenhaltung auf Altstreustapeln und damit des wirksamen Prinzips solcher Stapel sowie deren Beurteilung im Hinblick auf mögliche Krankheitsübertragungen. KENNARD und CHAMBERLIN (66, 67) sehen in der biologisch-fermentativen Bildung von Wirkstoffen des Vitamin-B-Komplexes in Hühnertief- und -altstreustapeln deren wirksame Faktoren und betrachten als Stütze dieser Theorie den von McGINNIS und Mitarbeitern (82), RUBIN und Mitarbeitern (95), LAMOREAUX und Mitarbeitern (74) experimentell erbrachten Nachweis der Riboflavinsynthese im Hühnerkot, die sich mit zunehmender Lagerungsdauer der Stapel erhöht, sowie die Arbeiten von HALBROOK und Mitarbeitern (45, 46, 47, 48), die aus Hühnertiefstreu 142 Mikroorganismenstämme isolieren konnten, von denen 60 beträchtliche, die übrigen geringere Mengen Vitamin B_{12} synthetisieren, dessen Gehalt in der Einstreu ebenfalls mit zunehmender Lagerungsdauer ansteigt.

[1] Auszug aus der gleichnamigen Dissertation

JAKOBS und Mitarbeiter (62) konnten außerdem in 3 Monate alter Stalleinstreu einen thermostabilen, unbekannten Kükenwachstumsfaktor nachweisen, der nicht mit dem in fish solubles enthaltenen Faktor identisch ist. Nach KENNARD und CHAMBERLIN (66, 67) sowie HALBROOK und Mitarbeitern (46) sollen bei Küken die in Hühnertief- und Altstreustapeln gebildeten Wirkstoffe eine Mangeldiät an tierischem Eiweiß komplettieren.

GERRIETS (37) mißt der Wirkstoffsynthese in Tief- und Pferdealtstreustapeln nur untergeordnete Bedeutung bei und erachtet die in Pferdealtstreustapeln ablaufenden Wärmebildungsprozesse als eigentliche Ursache des Wachstumseffektes, wenn auch der Vitamin B_{12}-Gehalt in diesen Stapeln relativ hoch ist.

Zur Klärung des wirksamen Prinzips von Pferdealtstreustapeln erschien es daher angezeigt, Untersuchungen über den Verlauf der Wärmebildungsprozesse in ihnen und über deren Beziehungen zum Verlauf der Gewichtsentwicklung von Küken während achtwöchiger Aufzuchtperioden durchzuführen. Die zunächst angestellten Versuche sollten später durch weitere Untersuchungen über die Komplettierungsfähigkeit verabreichter tierischer Eiweißmangeldiäten durch Pferdestreustapel ergänzt werden.

Zum Problem der Krankheitsübertragung durch Tief- bzw. Altstreustapel liegen bisher ebenfalls nur spärliche Untersuchungen vor. Nach praktischen Erfahrungen wirken die Tief- und Altstreuverfahren entgegen den theoretischen Erwartungen allgemein verlustmindernd, wobei hauptsächlich die Coccidioseverluste gesenkt werden (KENNARD (65), EBBELL (12, 13), MEHNER (83, 85, 86) u. a.). BOTTS und Mitarbeiter (8) wiesen nach, daß durch Tief- und Altstreuaufzucht der Seuchenverlauf bei experimentell erzeugten Pulloruminfektionen im Vergleich zur Aufzucht auf Drahtböden nicht nachhaltig beeinflußt wird, eine Kükenaufzucht auf derselben infizierten Einstreu aber selbst bei nur zweistündiger Pause zwischen Umstallung der infizierten und Neubesetzung der gleichen Streu durch nicht infizierte Tiere keine Pullorumabgänge zur Folge hatte. GERRIETS und Mitarbeiter (41) konnten diese Ergebnisse bestätigen, indem sie auf 35 Tage zuvor von pulloruminfizierten Küken belaufener Hühner- und Pferdealtstreu bei abermaliger Aufzucht keinen Pullorumgang diagnostizierten. Die Autoren weisen jedoch ausdrücklich auf die relativ geringe Tenazität von Salmonellen hin. Zu ähnlichen Ergebnissen kam FORTNER (27), der über Selbstentseuchung von Hühnerställen nach atypischen Hühnerpestseuchengängen unter Laboratoriumsbedingungen im Sommer nach 7, im Winter nach 30 und während der Übergangsjahreszeit nach 14 Tagen berichtet und diese Erscheinungen aus dem Zusammenwirken von Raumtemperatur, Tageslicht und antibiotischen Kräften der Einstreu erklärt.

Im Vordergrund des Interesses möglicher Krankheitsübertragungen durch Tief- bzw. Altstreustapel stehen jedoch wegen ihrer größeren Widerstandsfähigkeit äußeren Einflüssen gegenüber parasitäre Krankheitserreger, und zwar vornehmlich Coccidien. Die Coccidiose stellt heute in allen geflügelzuchtintensiven Ländern die hauptsächlichste Aufzuchtkrankheit dar.

HORTON-SMITH und LONG (61) konnten durch Tiefstreu eine erhebliche Herabsetzung der Zahl sporulierter Coccidienoocysten, jedoch nicht die Vernichtung aller Oocysten nachweisen. KOUTZ (71) kam in seinen Untersuchungen zu ähnlichen Ergebnissen. Die Aufzucht auf unkompostierter Hühneraltstreu, die zuvor von Althühnern belaufen wurde, führt nach ihm zu schweren Wurmbürden in der Kükenherde. Dagegen scheint nach demselben Autor die Verwurmungsgefahr bei Verwendung unkompostierter Hühneraltstreu, die zuvor lediglich zur Kükenaufzucht benutzt wurde, nicht groß zu sein. Die genannten Autoren bezeichnen übereinstimmend eine parasitologisch einmal verseuchte Tief- oder Altstreu als Krankheitsreservoir. HORTON-SMITH schlußfolgert dies aus den Ergebnissen seiner experimentellen Untersuchungen über die Beeinflussung parasitärer Krankheitserreger durch Tiefstreu, KOUTZ stützt seine Ansicht durch parasitologische Befunde an 12 Wochen alten Küken.

Vergleichende Kükenwachstumsversuche auf Wechsel- und Pferdealtstreu unter Einschluß regelmäßiger parasitologischer Kotuntersuchungen während achtwöchiger Aufzuchtperioden liegen unseres Wissens bisher nicht vor und machen sich zur Beurteilung vor allem des Verlaufes natürlicher Coccidieninvasionen in Abhängigkeit von der verwendeten Einstreuart notwendig, da nur hieraus klare Aussagen über die Einwirkungen der unterschiedlichen Einstreumaterialien auf den Verlauf von Coccidieninvasionen möglich erscheinen. Im Hinblick auf die große praktische Bedeutung dieses Problems stellt deshalb die regelmäßige quantitative Erfassung der Oocystenausscheidungen mit dem Kot der Versuchstiere die zweite Hauptaufgabe unserer Untersuchungen dar.

II. Methodik

1. Tiermaterial, Fütterung und Haltung

Zur Versuchsdurchführung standen stets geschlechtssortierte weiße Leghornhennenküken, die der Vermehrungsherde des Landesinstitutes für Kleintierzucht Merbitz entstammten, zur Verfügung. Die Versuchsdauer belief sich in allen Fällen auf 8 Wochen.

Zur Verfütterung gelangte stets ein Kükenalleinfutter. Von der zweiten Versuchswoche an wurden täglich zwei Futterrationen unter Zusatz von Grünfutter, Möhren oder Vitaminpräparaten verabreicht. Als Tränke diente, sofern in den Versuchsplänen nicht anders angegeben, immer reines Wasser.

Der Futterverzehr wurde wöchentlich durch tägliches Einwägen der zur Verfütterung gelangenden Futtermengen und wöchentliche Wägungen der von jeder Fütterung verbliebenen Futterreste ermittelt.

Mit Rücksicht auf außerhalb der Versuchsanstellung liegende Infektionsmöglichkeiten, die Grasausläufe infolge langer Lebensdauer, großer Widerstandsfähigkeit und mannigfacher Übertragungsmöglichkeiten besonders von Coccidienoocysten bieten, wurden alle Versuchstiere während der gesamten Versuchsperiode intensiv ohne Gewährung von Freiauslauf gehalten.

2. Temperaturmessungen

Zur Beurteilung der thermophysikalischen Eigenschaften von Pferdealtstreustapeln dienten täglich 3 Temperaturermittlungen (7^{00}, 12^{00}, 18^{00}). In einer Einstreutiefe von 2 cm wurden die durch Pferdealtstreustapel erzeugten und für die Versuchstiere ausnutzbaren Temperaturen — im folgenden kurz Bodentemperaturen genannt — mittels im internationalen meteorologischen Dienst gebräuchlicher Bodenthermometer mit 1/5 °C Skalenunterteilung und die in einer Wandhöhe von 1,50 m herrschenden, durch die Heizquelle erzeugten Temperaturen — im folgenden kurz Raumtemperaturen genannt — durch Sixthermometer festgestellt. Im weiteren Untersuchungsverlauf wurden diese Werte durch Ermittlung der am unteren Rand der Altstreustapel, etwa 2 cm über dem Stallfußboden herrschenden Temperaturen — im folgenden kurz Tiefentemperaturen genannt — ergänzt.

Die Bodenthermometer wurden in 2 cm weiten Messinghülsen frei beweglich eingebracht, um Meßfehler, verursacht durch verschiedene Feuchtigkeitsgehalte der Einstreu in den bezüglich des Streumaterials unterschiedlichen Kontroll- und Versuchsgruppen auszuschalten und vergleichbare Werte zu erhalten. Die Boden- und Tiefenthermometer wurden an der der Stalltür gegenüberliegenden Stallseite im Schnittpunkt der jeweils 1 m von den Stallwänden verlaufenden Linien angebracht. Zur bequemen Handhabung der Tiefenthermometer wurden abgedeckte, an der Vorderseite offene Holzkästen in die Altstreustapel eingelassen, die Thermometer selbst zur Vermeidung eines ständigen Ortswechsels in weiten Rahmen aus engmaschigem Messingdraht untergebracht. Die Messungen der Raumtemperaturen wurden an Außenluftthermometern mit 1 °C-Unterteilung, die jeweils an den der Sonne nicht zugänglichen Stallwänden angebracht wurden, vorgenommen.

3. Parasitologische Kotuntersuchung

Zur vergleichenden Betrachtung des Verlaufes natürlicher Coccidieninvasionen wurden in periodischen Abständen drei Mal wöchentlich der Kot von je 20 Tieren aus jeder Versuchsgruppe einer parasitologischen Untersuchung unterzogen. Die aufbereiteten Kotproben wurden stets nach dem für solche Untersuchungen üblichen Schwimmverfahren mit gesättigter Kochsalzlösung (5; 25) im optimalen Mengenverhältnis 1:23 angereichert. Eine genaue Beschreibung der Untersuchungsmethodik enthält die Originalarbeit.

4. Verluste

Jedes verendete Versuchsküken wurde im Tiergesundheitsamt Halle/Saale einer diagnostischen Untersuchung unterzogen. Im Rahmen der Versuchsanstellung interessierten insbesondere parasitäre und infektiöse Todesursachen, die anteilmäßig in Verlusttabellen belegt sind.

III. Vergleichende Kükenaufzuchtversuche auf Wechsel- und Pferdealtstreu bei Anwendung bzw. bei bewußter Vernachlässigung veterinärhygienischer Maßnahmen

1. Zielsetzung

Der Wert strenger hygienischer Maßnahmen in der Kükenaufzucht für die Seuchen-, insbesondere für die Coccidioseverhütung wurde von fachtierärztlicher Seite häufig überbetont und führte im Extrem zur Forderung einer praktisch undurchführbaren Aufzuchthygiene. Dem entsprach eine theoretisch zwar begründete, durch die Erfahrungen der geflügelwirtschaftlichen Praxis aber nicht gerechtfertigte Vermeidung einer Empfehlung oder gar eine schroffe Ablehnung der Pferdealtstreuaufzucht in Sonderheit durch Parasitologen und Hygieniker (37, 89) sowie durch viele praktizierende Tierärzte.

Das Fehlen von Untersuchungen, aus denen der Wert einer praktisch durchführbaren Aufzuchthygiene bei der herkömmlichen Aufzuchtmethode auf Wechselstreu und auf Pferdealtstreu vergleichend ersichtlich wurde, vertiefte die gegensätzlichen Ansichten. Die Erfassung möglicher Beeinträchtigungen des Gesundheitszustandes und der Gewichtsentwicklung von Küken durch bewußte Vernachlässigung der Veterinärhygiene bei beiden Aufzuchtmethoden erschien daher notwendig und stellte Anlaß und Ziel vorliegender Untersuchungen dar, wobei dem Verlauf natürlicher Coccidieninvasionen besondere Beachtung geschenkt wurde.

Daneben sollten orientierende Untersuchungen zur Beurteilung der thermophysikalischen Eigenschaften von Pferdealtstreustapeln vorgenommen werden.

2. Versuchsplan

Der Versuch bestand aus 4 Gruppen zu je 107—110 geschlechtssortierten Leghornhennenküken, die in vier Stallabteilungen gleicher Bauart untergebracht wurden; er gliederte sich in zwei Versuchsabteilungen, die aus je einer Kontroll- und Versuchsgruppe bestanden, und wurde vom 29. 4. bis 24. 6. 1954 durchgeführt.

Abteilung A = hygienische Haltungsweise
Gruppe 1 = Kontrollgruppe auf Wechselstreu
(5 cm Sägemehl)
Gruppe 2 = Versuchsgruppe auf Pferdealtstreu
(25 cm starker Pferdemiststapel mit 5 cm Sägemehldeckschicht)

Abteilung B = unhygienische Haltungsweise
Gruppe 3 = Kontrollgruppe auf Wechselstreu
(5 cm Sägemehl)
Gruppe 4 = Versuchsgruppe auf Pferdealtstreu
(25 cm starker Pferdemiststapel mit 5 cm Sägemehldeckschicht)

Hygienische Versuchsabteilung A

Die Einstreu in Kontrollgruppe 1 wurde während der ersten Versuchswoche täglich, während der zweiten bis vierten Versuchswoche drei Mal, während der fünften bis achten Versuchswoche zwei Mal wöchentlich gewechselt. Bis einschließlich zur fünften Versuchswoche wurden zur regelmäßigen Entfernung des unter der künstlichen Glucke abgesetzten Kotes starke Papierwindeln verwendet, die täglich morgens und abends erneuert und nach einmaligem Gebrauch verbrannt wurden. Im Hinblick auf die zur Verhinderung von Coccidieninvasionen mit Nachdruck geforderte hygienisch einwandfreie Gestaltung der Fütterungseinrichtungen

(29, 31, 33) wurden die Futtertröge täglich durch Abspachteln mechanisch gereinigt. Wöchentlich erfolgte ihr Ersatz durch gründlich gereinigte und in kochendem Wasser desinfizierte Tröge, die den Versuchstieren während der ersten beiden Versuchswochen zu jeder Mahlzeit für nur etwa 20 Minuten und im weiteren Versuchsverlauf auf besonders entwickelten Troggestellen für den gleichen Zeitraum zur Verfügung gestellt wurden. Auf diese Weise konnte das Futter den Tieren immer in einem hygienisch einwandfreien Zustand dargeboten werden. Die jeweils verbliebenen Futterreste wurden nach etwa 20 Minuten entfernt und gelangten nicht wieder zur Verfütterung. Zur Vermeidung von Spritzwasser und der hierdurch verursachten, sich auf die Entwicklung insbesondere parasitärer Krankheitserreger günstig auswirkenden Durchfeuchtung der Einstreu standen die Tränkgefäße auf besonders angefertigten, mit Maschendraht versehenen Untersetzern. Die Tränke wurde sechs Mal täglich erneuert, um Oocystenanreicherungen und -übertragungen im Tränkwasser vorzubeugen. Tägliches Säubern aller Stallgeräte und peinliche Sauberkeit im Stall boten Gewähr für weitgehende Einschränkung anderer als durch die Einstreu bedingter Invasionsmöglichkeiten.

Die Einstreu der Versuchsgruppe 2 verblieb für die Dauer des Versuches im Stall und wurde lediglich täglich aufgeharkt. Bis auf den routinemäßigen Einstreuwechsel fanden in dieser Versuchsgruppe die gleichen hygienischen Maßnahmen wie in der Kontrollgruppe 1 Anwendung.

Vor den Stalleingängen beider Gruppen wurden Desinfektionsmatten ausgelegt, die täglich durch 1%ige NaOH-Lösung befeuchtet wurden. Ferner wurde besonderer Wert auf den öfteren Schuh- und Kleidungswechsel des Bedienungspersonals gelegt.

Unhygienische Versuchsabtellung B

Die bewußte Vernachlässigung veterinärhygienischer Maßnahmen in der Versuchsabteilung B fand folgenderweise ihren Ausdruck: Der Einstreuwechsel (Sägemehl) in der Kontrollgruppe 3 wurde nur nach Ablauf jeder Versuchswoche vorgenommen. Die Futtertröge wurden in beiden Gruppen der Versuchsabteilung weder täglich im Stall versetzt, noch zur Verhinderung des Einscharrens von Einstreuteilen erhöht auf Gestellen angebracht, somit starker Verschmutzung ausgesetzt und mit den zu jeder Fütterung verbliebenen Futterresten bis zur nächsten Mahlzeit im Stall belassen. Wöchentlich einmal fand lediglich eine grobmechanische Reinigung der Tröge durch Abspachteln statt.

Etwa von der vierten Versuchswoche an machten die Tröge durch ständiges Einscharren von Einstreuteilen und infolge ständiger, durch das Aufsitzen der Tiere bedingter Verkotung einen stark verschmutzten Eindruck. Die Tränkgefäße wurden zu ebener Erde auf einem Holzbrett aufgestellt. Die Tränke wurde täglich nur zwei Mal erneuert und blieb somit dauernder Verschmutzung ausgesetzt, Kükenwindeln wurden nicht verwendet.

An alle Versuchs- und Kontrollgruppen wurde ein einheitliches Kükenalleinfutter folgender Zusammensetzung verfüttert:

8 v. H. Lebermehl
5 v. H. Eiweißkonzentrat[1]
5 v. H. Trockenhefe
30 v. H. Maisschrot
22 v. H. Weizenschrot
15 v. H. Weizenfuttermehl
10 v. H. Gerstenschrot
3 v. H. Futterkalk
0,5 v. H. Kochsalz
1,5 v. H. Holzkohle

Das Alleinfutter wies nach den Nährstofftabellen (63) einen Gehalt von 15,7 v. H. verdaulichem Eiweiß und 69,3 v. H. GN auf. Von der zweiten Versuchswoche an wurden dem Weichfutter Gras in steigernder Menge zugesetzt.

3. Versuchsergebnisse

Futterverbrauch

Tab. 1 enthält Angaben über den Futterverbrauch. Die hygienisch gehaltene Versuchsabteilung wies gegenüber der unhygienisch gehaltenen sowohl in der Kontroll- als auch in der Versuchsgruppe einen leicht erhöhten Futterverbrauch auf, der hauptsächlich aus etwas höheren Futteraufnahmen während der letzten Versuchswochen resultiert. Der Futterverbrauch der Pferdealtstreugruppen im Vergleich zu den Kontrollgruppen ließ innerhalb jeder Versuchsabteilung keine klaren Beziehungen erkennen, da derjenige der Pferdealtstreugruppe 2 zur Kontrollgruppe 1 deutlich vermindert, derjenige der Pferdealtstreugruppe 4 zur Kontrollgruppe 3 dagegen praktisch ohne Unterschied erscheint.

Gewichtsentwicklung

Die Gewichtsentwicklung der Versuchstiere (Tab. 2) ließ in allen Gruppen — hauptsächlich bedingt durch schlechte Gewichtszunahmen der letzten 3 Versuchswochen — Wünsche offen, ist aber bis auf die unhygienisch gehaltene Kontrollgruppe noch als ausreichend zu bezeichnen.

[1] Zusammensetzung des Eiweißkonzentrates:

8 v. H. Fischmehl
22 v. H. Tierkörpermehl
30 v. H. Sojaextraktionsschrot
10 v. H. Rapsextraktionsschrot
12 v. H. Maiskleber
8 v. H. Gerstenfuttermehl
7 v. H. Trockenhefe
2 v. H. Futterkalk
1 v. H. Holzkohle

Tabelle 1

Futterverbrauch in g

Woche	Gruppe 1 (Kontrolle hygienisch)				Gruppe 2 (Pferdealtstreu hygienisch)				Gruppe 3 (Kontrolle unhygienisch)				Gruppe 4 (Pferdealtstreu unhygienisch)			
	Mischfutter		Grünfutter		Mischfutter		Grünfutter		Mischfutter		Grünfutter		Mischfutter		Grünfutter	
	Gruppenverzehr	Verzehr je Küken	Gruppenverzehr	Verzehr je Küken	Gruppenverzehr	Verzehr je Küken	Gruppenverzehr	Verzehr je Küken	Gruppenverzehr	Verzehr je Küken	Gruppenverzehr	Verzehr je Küken	Gruppenverzehr	Verzehr je Küken	Gruppenverzehr	Verzehr je Küken
1.	4345	40,8	—	—	4650	44,6	—	—	4650	42,9	—	—	5100	46,9	—	—
2.	6190	69,5	450	5,1	6540	67,6	450	4,6	6760	68,8	450	4,6	7060	70,1	450	4,7
3.	9890	118,6	700	8,4	10810	115,7	700	7,5	11650	121,7	700	7,3	12120	121,9	700	7,0
4.	12640	152,8	1450	17,5	13730	147,6	1450	15,6	13710	146,6	1450	15,5	14290	145,7	1450	14,8
5.	17240	210,2	2500	30,5	18040	194,0	2500	26,9	17450	189,7	2500	27,2	17750	181,1	2500	25,5
6.	18860	230,0	4000	48,8	20590	222,1	4000	43,1	17750	194,2	4000	43,8	20020	204,3	4000	40,9
7.	21050	258,6	4200	51,6	22870	255,2	4200	46,9	23020	258,7	4200	47,2	23780	242,7	4200	42,9
8.	24175	304,8	4200	53,0	24950	283,5	4200	47,7	22570	260,0	4200	48,4	25210	260,7	4200	43,4
Gesamt	114390	1385,3	17500	214,9	122180	1330,3	17500	192,3	117560	1282,6	17500	194,0	125330	1273,4	17500	178,9

Tabelle 2

Gewichtsentwicklung und Futterverwertung

Woche	Gruppe 1 (Kontrolle hygienisch)				Gruppe 2 (Pferdealtstreu hygienisch)				Gruppe 3 (Kontrolle unhygienisch)				Gruppe 4 (Pferdealtstreu unhygienisch)			
	ø Küken-gewicht		ø Zunahme		ø Küken-gewicht		ø Zunahme		ø Küken-gewicht		ø Zunhame		ø Küken-gewicht		ø Zunahme	
	g	relativ	g	relativ	g	relativ	g	relativ	g	relativ	g	relativ	g	relativ	g	relativ
	40,3 Schlupfgew.				39,5 Schlupfgew.				38,1 Schlupfgew.				38,6 Schlupfgew.			
1.	53,0	100	12,7	100	54,1	102,1	14,6	115,0	55,3	104,3	17,2	135,4	54,9	103,6	16,3	128,3
2.	59,4	100	6,4	100	66,3	111,6	12,2	190,6	69,5	117,0	14,2	221,9	72,8	122,6	17,9	279,7
3.	107,1	100	47,7	100	103,4	96,5	37,1	77.8	114,3	106,7	44,8	93,9	113,2	105,7	40,4	84,7
4.	159,1	100	52,0	100	157,9	99,2	54,5	104,8	158,4	99,6	44,1	84,8	162,9	102,4	49,7	95,6
5.	179,0	100	19,9	100	188,9	105,5	31,0	155,8	225,4	125,9	67,0	336,7	234,2	130,8	71,3	358,3
6.	267,8	100	88,8	100	262,4	98,0	73,5	82,8	268,3	100,2	42,9	48,3	282,6	105,5	48,4	54,5
7.	316,5	100	48,7	100	335,3	105,9	72,9	149,7	335,2	105,9	66,9	137,4	341,5	107,9	58,9	120,9
8.	375,0	100	58,5	100	405,8	108,2	70,5	120,5	351,6	93,8	16,4	28,0	390,2	104,1	48,7	83,2
Gesamtzunahme			334,7	100			366,3	109,4			313,5	93,7			351,6	105,0
Nährstoff-verbrauch für 100 g Gewichtszunahme	68,1 g v. E.				57,0 g v. E.				64,2 g v. E.				56,9 g v. E.			
	300,6 g GN				251,7 g GN				281,7 g GN				251,0 g GN			

Die in allen Gruppen während der ersten beiden Versuchswochen aufgetretenen unzureichenden Gewichtszunahmen sind auf spontane Pullorumausbrüche zurückzuführen.

Bemerkenswert erscheinen hierbei die im Vergleich zur hygienischen Versuchsabteilung weniger deutlich ausgeprägten Zunahmeminderungen in den unhygienischen Gruppen. Auch die weniger starke Wachstumsbeeinträchtigung der Küken in beiden Pferdealtstreugruppen fällt auf.

Sowohl innerhalb der hygienischen Versuchsabteilung als auch innerhalb der unhygienischen ließen die Pferdealtstreugruppen im Vergleich zu ihren Kontrollgruppen durch höhere Gewichtszunahmen hauptsächlich während der letzten Versuchswochen deutliche Wachstumssteigerungen erkennen, die in der unhygienischen Versuchsabteilung am ausgeprägtesten waren. Die unhygienische Pferdealtstreugruppe 4 übertraf hierbei sogar noch die hygienische Kontrollgruppe 1.

Futterverwertung

In Bezug auf hygienische oder unhygienische Haltung konnten bei beiden Aufzuchtmethoden keine Unterschiede in der Futterverwertung nachgewiesen werden. Hingegen war innerhalb beider Versuchsabteilungen eine deutliche Verbesserung der Futterverwertung in den Altstreugruppen bei vermindertem bzw. nicht erhöhtem Futterverbrauch festzustellen.

Verlauf der Bodentemperaturen

Der Verlauf der durchschnittlichen Bodentemperaturen (Abb. 1; Tab. 3) ließ während der ersten drei Versuchswochen die deutliche Überlegenheit der Pferdealtstreugruppen erkennen, die jedoch bereits im Verlaufe der vierten Versuchswoche schwindet. Mit Ablauf der fünften Versuchswoche haben sich die Temperaturkurven

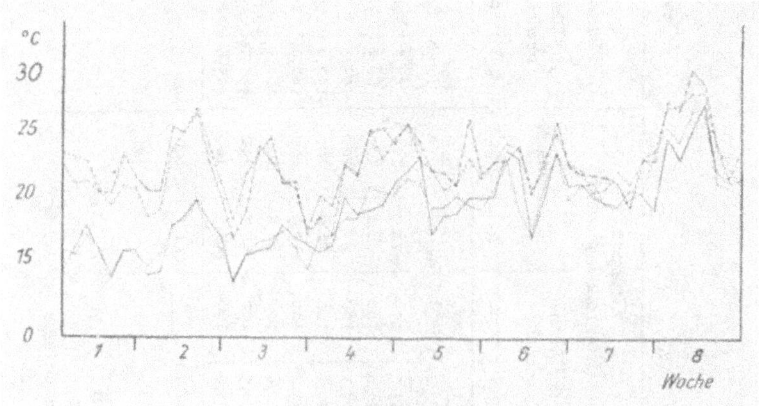

Abb. 1. Verlauf der durchschnittlichen Bodentemperaturen

Zeichenerklärung: ———— Gruppe 1 .... Gruppe 3
— — — Gruppe 2 ——·—— Gruppe 4

Tabelle 3

Wöchentliche Durchschnittswerte der Bodentemperaturen zu den 3 Messungsterminen und die aus ihnen berechnete durchschnittliche Bodentemperatur in °C

	Gruppe 1 (Kontrolle hygienisch)				Gruppe 2 (Pferdealtstreu hygienisch)				Gruppe 3 (Kontrolle unhygienisch)				Gruppe 4 (Pferdealtstreu unhygienisch)			
	7^{00}	12^{00}	18^{00}	Ø	7^{00}	12^{00}	18^{00}	Ø	7^{00}	12^{00}	18^{00}	Ø	7^{00}	12^{00}	18^{00}	Ø
1. Woche	14,1	16,1	15,5	15,2	19,9	21,3	22,6	21,4	14,6	16,6	15,1	15,5	20,3	21,1	22,0	21,2
2. Woche	14,8	16,8	18,1	16,6	19,7	22,4	24,2	22,1	15,4	16,9	17,7	16,7	21,3	22,4	24,3	22,7
3. Woche	13,3	17,0	17,0	15,8	18,3	23,1	22,4	21,3	14,5	16,6	15,9	15,7	18,1	20,8	21,9	20,3
4. Woche	16,4	18,2	18,2	17,6	18,3	20,4	22,4	20,4	16,6	18,2	18,2	17,7	20,5	21,3	22,0	21,3
5. Woche	17,7	20,9	20,8	19,8	19,0	23,4	25,0	22,5	18,4	20,6	21,2	20,1	21,1	22,9	25,6	23,2
6. Woche	18,2	22,2	21,6	20,7	19,2	24,4	23,9	22,5	18,2	21,1	20,8	20,1	19,6	24,1	23,6	22,5
7. Woche	18,5	20,8	20,4	20,0	18,4	22,3	23,2	21,3	18,9	20,5	20,2	19,9	19,5	22,4	21,8	21,3
8. Woche	20,0	24,9	23,9	23,0	20,6	27,9	27,2	25,3	19,9	24,8	25,2	23,4	20,7	27,9	28,1	25,6
Ø	17,0	19,7	19,4	18,6	19,2	23,2	23,8	22,1	17,2	19,5	19,3	18,7	20,2	22,9	23,7	22,3

Tabelle 4

Wöchentliche Durchschnittswerte der Raumtemperaturen zu den 3 Messungsterminen und die aus ihnen berechnete durchschnittliche Raumtemperatur in °C

	Gruppe 1 (Kontrolle hygienisch)				Gruppe 2 (Pferdealtstreu hygienisch)				Gruppe 3 (Kontrolle unhygienisch)				Gruppe 4 (Pferdealtstreu unhygienisch)			
	7^{00}	12^{00}	18^{00}	Ø	7^{00}	12^{00}	18^{00}	Ø	7^{00}	12^{00}	18^{00}	Ø	7^{00}	12^{00}	18^{00}	Ø
1. Woche	23,8	24,9	21,7	23,4	25,1	25,8	24,9	25,2	23,8	26,3	22,2	24,1	24,1	25,3	23,8	24,4
2. Woche	21,0	25,7	25,8	24,2	24,5	28,1	28,7	27,1	24,9	26,7	27,1	26,3	26,2	27,6	28,5	27,5
3. Woche	23,2	25,4	22,8	23,8	22,6	27,5	25,6	25,3	22,5	26,3	22,9	23,9	23,1	27,0	24,8	25,0
4. Woche	23,7	25,2	23,5	24,1	22,5	25,4	27,2	25,0	24,0	26,5	25,1	25,2	24,5	25,8	26,5	25,6
5. Woche	20,5	26,0	24,8	23,8	20,6	26,4	26,9	24,7	23,8	27,5	26,4	25,9	22,9	26,4	28,2	25,8
6. Woche	21,6	26,5	24,3	24,1	20,6	26,9	26,6	24,7	21,3	27,2	23,9	24,2	21,3	27,1	26,4	24,9
7. Woche	20,8	25,0	24,1	23,3	20,3	25,1	25,6	23,7	21,9	24,9	24,0	23,6	21,6	25,6	24,9	24,0
8. Woche	21,2	30,7	28,0	26,6	21,5	31,2	28,9	27,2	22,4	31,3	28,7	27,5	21,4	30,9	30,6	27,6
Ø	21,9	26,2	24,4	24,2	22,2	27,1	26,8	25,4	23,1	27,1	25,1	25,1	23,1	27,0	26,7	25,6

der Kontroll- und Altstreugruppen soweit genähert, daß nur noch unbedeutende Unterschiede zwischen ihnen erkennbar sind. Der in der letzten Versuchswoche festzustellende stärkere Temperaturanstieg erstreckte sich in nahezu gleich starkem Maße auf alle Kontroll- und Versuchsgruppen und ist auf die außentemperatur-

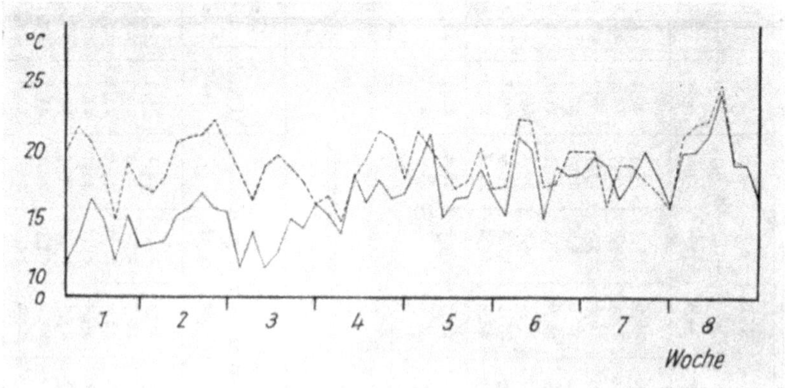

Abb. 2. Verlauf der Minimalwerte der Bodentemperaturen
Zeichenerklärung: ———— Gruppe 1
– – – – Gruppe 2

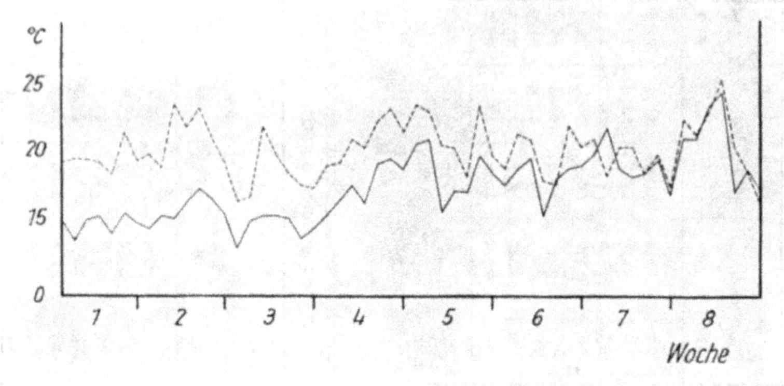

Abb. 3. Verlauf der Minimalwerte der Bodentemperaturen
Zeichenerklärung: ———— Gruppe 3
– – – – Gruppe 4

bedingte Erhöhung der Raumwärme, welche die Temperaturverhältnisse in den obersten Einstreuschichten beeinflußt, zurückzuführen; er kann somit nicht als spezifisch thermophysikalische Wirkung von Pferdealtstreustapeln gewertet werden.

Beachtenswert erscheint, daß während der gesamten Versuchsdauer die wöchentlichen Durchschnittswerte sowohl innerhalb der beiden Kontrollgruppen als auch innerhalb der beiden Pferdealtstreugruppen verhältnismäßig gut übereinstimmten und keine wesentlichen Unterschiede auswiesen.

In Abb. 2 und 3 ist der tägliche Verlauf der Minimalwerte der Bodentemperaturen unabhängig von der Tageszeit ihrer Ermittlung dargestellt. Im wesentlichen zeigt sich hierbei die gleiche Tendenz wie beim Verlauf der durchschnittlichen Bodentemperaturen.

Verlauf der Raumtemperaturen

Die wöchentlichen Durchschnittswerte der Raumtemperaturen belegt Tab. 4. Bemerkenswert erscheinen die innerhalb jeder Gruppe bis zur 7. Versuchswoche verhältnismäßig gleichmäßigen Durchschnittswerte, die sich erst in der letzten Versuchs-

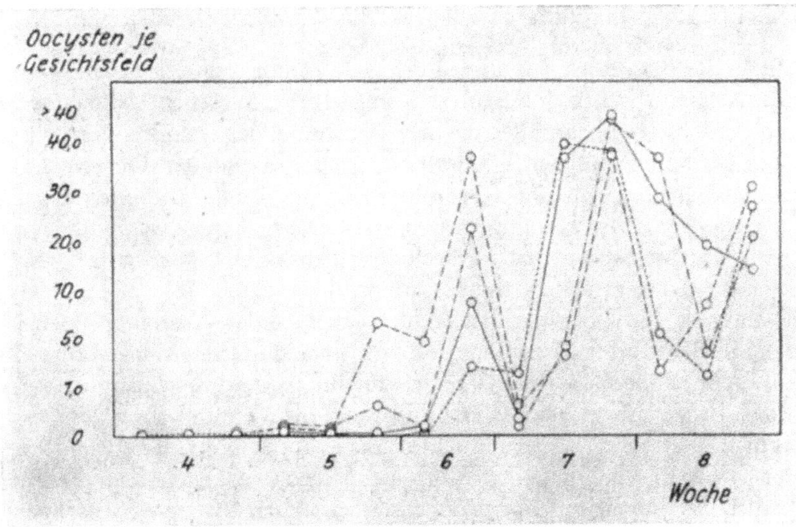

Abb. 4. Verlauf der Oocystenausscheidungen
Zeichenerklärung: ———— Gruppe 1 —·—·— Gruppe 3
– – – – Gruppe 2 ········ Gruppe 4

woche durch eine einsetzende Hitzewelle erhöhten. Die Kontrollgruppen unterschieden sich lediglich in den ersten drei Versuchswochen durch niedrigere Durchschnittswerte von den Pferdealtstreugruppen, worin offenbar eine Beeinflussung der Raumwärme durch Pferdealtstreustapel, wie sie von MEHNER (86) beobachtet und durch deutliche Erhöhung der Durchschnittswerte zum 3. Messungstermin in den Pferdealtstreugruppen bis einschließlich zur 7. Versuchswoche auch in unseren Untersuchungen schwach nachweisbar wurde, gesehen werden kann.

Ergebnisse der parasitologischen Kotuntersuchungen

Die Ergebnisse der parasitologischen Kotuntersuchungen sind in Abb. 4 dargestellt. Danach gelang der erste Oocystennachweis in der unhygienischen Pferdealtstreugruppe 4 zu Beginn der vierten Versuchswoche, dem Ende derselben Woche erste Oocystenausscheidungen in der hygienischen Pferdealtstreugruppe 2 folgten.

Somit entsprach der Beginn des Oocystenabsatzes durchaus den hygienischen Haltungsbedingungen in diesen Gruppen. Bemerkenswerter Weise ließen sich in beiden Kontrollgruppen erst später, nämlich zu Beginn der 5. Versuchswoche erstmalig Oocystenausscheidungen nachweisen. Im weiteren Versuchsverlauf blieb jedoch innerhalb der Kontrollgruppen ein Einfluß der angewandten hygienischen Maßnahmen auf die Oocystenausscheidungen bis zum Ende der 6. Versuchswoche gut nachweisbar, da der Oocystenabsatz der unhygienischen Kontrollgruppe 3 bis dahin den der hygienischen Kontrollgruppe 1 übertraf. Der Einfluß der Aufzuchthygiene schwand erst während der 7. Versuchswoche, in welcher das Ausscheidungsextrem in der hygienischen Kontrollgruppe zeitlich stärker als in der unhygienischen ausgeprägt war. Auch später unterschieden sich die Oocystenbefunde der ersteren nicht mehr günstig von denen der letzteren.

Innerhalb der Pferdealtstreugruppen dagegen konnte keine deutliche Verminderung des Oocystenabsatzes durch die angewandten hygienischen Maßnahmen nachgewiesen werden. Vielmehr fallen die bereits während der 5. und 6. Versuchswoche gegenüber der unhygienischen Pferdealtstreugruppe 4 erhöhten Oocystenausscheidungsraten in der hygienischen Pferdealtstreugruppe 2 auf. Lediglich das zeitlich stärker ausgedehnte Ausscheidungsextrem in Versuchsgruppe 4 während der 7. Versuchswoche scheint auf eine leichte Beeinflussung des Oocystenabsatzes durch die unhygienische Haltungsweise in dieser Gruppe hinzudeuten. Im weiteren Versuchsverlauf stimmten die Oocystenausscheidungsraten beider Altstreugruppen jedoch gut überein. Ein Vergleich zwischen den Ausscheidungsraten der Kontroll- und Altstreugruppen innerhalb jeder Versuchsabteilung weist unabhängig von einer hygienischen oder unhygienischen Haltungsweise die Verminderung des Oocystenabsatzes in den Altstreugruppen aus. Durch die in der 6. und 8. Versuchswoche vorgenommenen Artbestimmungen der ausgeschiedenen Oocysten konnten zunächst vornehmlich *Eim. tenella* und *Eim. mitis*, später zusätzlich *Eim. necatrix* nachgewiesen werden.

Gesundheitszustand der Versuchstiere und Verluste

Die Zahl der Abgänge sowie der Anteil der im Rahmen der Versuchsanstellung interessierenden Todesursachen sind in Tab. 5 dargestellt. In allen Gruppen traten empfindliche Pullorumverluste auf, die in der hygienischen Kontrollgruppe 1 deutlich erhöht erscheinen und im Gegensatz zu der hygienischen Haltungsweise dieser Gruppe stehen. Die Zahl der Pullorumabgänge in den Altstreugruppen überschritt dagegen trotz ständig gegebener Infektionsmöglichkeiten nicht die der Kontrollgruppe 3.

Die Zahl der Coccidioseabgänge in den einzelnen Gruppen war zu wenig unterschiedlich, um eindeutige Rückschlüsse zuzulassen.

4. Besprechung der Ergebnisse

Nach den vorliegenden Untersuchungsergebnissen können über den Einfluß einer praktisch durchführbaren Aufzuchthygiene auf den Gesundheitszustand und die Gewichtsentwicklung von Küken sowie auf die Zahl der Abgänge während einer

Tabelle 5
Verluste während der Versuchsperiode und Anteil der Todesursachen

	Gruppe 1 (Kontrolle hygienisch)	Gruppe 2 (Pferdealtstreu hygienisch)	Gruppe 3 (Kontrolle unhygienisch)	Gruppe 4 (Pferdealtstreu unhygienisch)
Tierzahl bei Versuchsbeginn	108	107	108	110
Tierzahl bei Versuchsende	79	88	85	95
Verluste insgesamt				
Stck.	29	19	23	15
v. H.	26,9	17,8	21,3	13,6
davon:				
unspezifische Ursache[1]				
Stck.	2	2	3	1
v. H.	1,9	1,9	2,8	0,9
Pullorum				
Stck.	24	12	13	11
v. H.	22,2	11,2	12,4	10,0
Coccidiose				
Stck.	3	5	7	3
v. H.	2,8	4,7	6,4	2,7

[1] Alle Todesursachen nichtinfektiöser und nichtparasitärer Art

achtwöchigen Aufzuchtperiode bei Wechselstreu- oder Pferdealtstreuhaltung folgende Aussagen gemacht werden:

Gesundheitszustand, Futterverbrauch und Gewichtsentwicklung sowie Coccidioseresistenz werden durch eine unhygienische Haltung auf Wechselstreu vor allem während der letzten Aufzuchtwochen nachteilig beeinflußt, durch unhygienische Haltung auf Pferdealtstreu dagegen nur geringfügig beeinträchtigt.

Der erste Oocystennachweis gelang bei der Pferdealtstreugruppe mit unhygienischer Haltung schon zu Beginn der 4. Versuchswoche. Dennoch blieben bis zum Ende der 6. Versuchswoche die Oocystenausscheidungen in dieser Gruppe deutlich geringer als in der hygienischen Pferdealtstreugruppe 2. Lediglich das zeitlich stärker ausgedehnte Ausscheidungsextrem während der 7. Versuchswoche deutet auf einen ungünstigen Einfluß der unhygienischen Haltungsweise in Altstreugruppe 4 hin.

Im Gegensatz zu dieser war in der unhygienischen Kontrollgruppe 3 bis in die 7. Versuchswoche hinein stets ein deutlich höherer Oocystenbesatz als in der hygienischen Kontrollgruppe 1 zu beobachten. Erst im weiteren Versuchsverlauf entsprachen sich annähernd die Oocystenausscheidungen in beiden Gruppen. Der verstärkte Oocystenabsatz ging mit einem herabgesetzten Futterverzehr und dementsprechend geringeren Gewichtszunahmen einher. Der auf diese Weise zum Ausdruck kommende ungünstige Einfluß einer unhygienischen Haltungsweise auf den Verlauf natürlicher Coccidieninvasionen machte sich also in der unhygienischen Kontrollgruppe stärker als in der unhygienischen Pferdealtstreugruppe geltend.

Futterverwertung und Zahl der Pullorumabgänge dagegen blieben durch unhygienische Haltungsweise weitgehend unbeeinträchtigt.

Andererseits zeigen der Verlauf des Oocystenabsatzes, die Beeinträchtigung des Gesundheitszustandes und die gehemmten Gewichtszunahmen der Versuchsküken in der hygienisch gehaltenen Versuchsabteilung, daß im praktischen Aufzuchtbetrieb anwendbare hygienische Maßnahmen Coccidieninvasionen keineswegs abwenden, sondern lediglich geringfügig mildern können.

Eine bewußte Vernachlässigung hygienischer Haltungsmaßnahmen wirkt sich auf Pferdealtstreu hinsichtlich des Verlaufes natürlicher Coccidieninvasionen günstiger als bei Wechselstreuaufzucht aus. Die in der unhygienischen Pferdealtstreugruppe diesbezüglich ermittelten Versuchsdaten entsprechen denen der Gruppe mit strenger Durchführung veterinärhygienischer Maßnahmen auf Wechselstreu. Insofern kann der Pferdealtstreuaufzucht eine gewisse hygienische Wirksamkeit im Sinne KENNARDs und CHAMBERLINs (65, 68) zuerkannt werden. Doch beweisen die etwas günstigeren Versuchsdaten der hygienischen Altstreugruppe 2, daß auch bei Altstreuaufzucht veterinärhygienische Maßnahmen nicht gänzlich ohne Einfluß auf Gesundheitszustand und Gewichtsentwicklung der Versuchstiere bleiben.

Das für gültige Schlußfolgerungen verhältnismäßig geringe Untersuchungsmaterial erachten wir dennoch als ausreichend gesichert, da es durch quantitativ erfaßte Versuchsdaten die empirischen Beobachtungen von EBBELL (12, 13, 14), HAUG (51), BOS (zit. nach v. MENGDEN 87), KENARD (65), KENNARD und CHAMBERLIN (68), SIEGMANN (101), FRITZSCHE (32) u. a. über die unzureichende Wirkung veterinärhygienischer Maßnahmen bei der Coccidioseverhütung durchaus bestätigt.

Über die unseren Untersuchungen zu Grunde liegende ursächliche Klärung der unabhängig von der hygienischen oder unhygienischen Haltungsweise nachgewiesenen verbesserten Gewichtsentwicklung der Pferdealtstreutiere stehen sich im wesentlichen die bereits vorn zitierte Wirkstofftheorie KENNARDs und CHAMBERLINs (65, 68) und die GERRIETssche Bodenwärmetheorie (37) gegenüber, deren Nachprüfung durch vorliegende Untersuchung eingeleitet wurde.

Gerriets stützt seine Ansicht durch den Vergleich der für die gesamte achtwöchige Versuchsdauer berechneten durchschnittlichen Bodentemperaturwerte; sie ermöglichen jedoch insofern keine exakte Aussage über den wahren Bodentemperaturverlauf in Altstreustapeln, als die anfänglich erhöhten Temperaturen bei Berechnung des Gesamtdurchschnittswertes diesen erhöhend beeinflussen, der im Laufe der Versuchsperiode durch Nachlassen der Umsetzungsintensität in Altstreustapeln erfolgende Temperaturabfall jedoch keine ausreichende Berücksichtigung findet.

Nach unseren Ermittlungen wird der im Verlaufe der Untersuchungsperiode einsetzende Abfall der durchschnittlichen Bodentemperaturen von Altstreustapeln auf die Temperaturwerte der Kontrollgruppen ohne Altstreu bis zur 5. bzw. 6. Versuchswoche deutlich. Noch deutlicher wird das Nachlassen der Wärmewirkung von Altstreustapeln durch den Vergleich der Bodenminimalwerte charakterisiert, der zwischen den Gruppen mit und ohne Pferdealtstreu bereits während der 4. Versuchswoche eine deutliche Annäherung erkennen läßt. Diese ist in der 5. Versuchswoche soweit abgeschlossen, daß praktisch keine Unterschiede zwischen diesen Gruppen mehr nachzuweisen sind. Da die Minimalwerte der Bodentemperaturen überwiegend aus Messungen zum ersten Termin (7 Uhr) gewonnen wurden und von den tagsüber herrschenden höheren Außentemperaturen unbeeinflußt blieben, legen wir ihnen hinsichtlich der Beurteilung der Wärmewirksamkeit von Pferdealtstreustapeln erhöhte Bedeutung zu.

Die Gewichtsentwicklung der Küken auf Pferdealtstreu während der ersten 4 Versuchswochen läßt sich jedoch nicht mit den während dieser Zeit höheren Bodentemperaturen in Zusammenhang bringen. Vielmehr ist das verbesserte Endgewicht der Altstreutiere durch erhöhte Gewichtszunahmen in der 2. Versuchshälfte bedingt, während der eine Wärmewirksamkeit der Pferdealtstreustapel nicht mehr nachweisbar war. Ein die Gewichtsentwicklung der Altstreutiere unmittelbar verbessernder Einfluß der thermophysikalischen Eigenschaften von Pferdealtstreustapeln läßt sich somit ausschließen.

Hingegen läßt sich ein deutlicher Einfluß von Coccidieninvasionen, beurteilt an den Oocystenausscheidungsraten, auf die Gewichtsentwicklung der Versuchstiere in allen Gruppen feststellen. Auf Wachstumsbeeinträchtigungen durch stärkere Coccidieninvasionen wiesen bereits KRALLINGER und Mitarbeiter (72) bei ihren Untersuchungen über Coccidienresistenz von Leghornkreuzungen, in neuerer Zeit aber vor allem HORTON-SMITH (59), GYLSTORFF und DORN (44) u. a. hin, die ebenfalls über ausgeprägte Wachstumsminderungen durch Coccidienbefall berichteten.

Bei Untersuchung der Beziehungen zwischen wöchentlichen Oocystenausscheidungsraten und Beeinträchtigung der durchschnittlichen Gewichtszunahmen muß auf die Dauer des endogenen Entwicklungszyklus von Coccidien Rücksicht genommen werden, wonach Oocysten innerhalb von 4—7 Tagen (43) nach erfolgter Aufnahme auf dem Fütterungswege wieder mit dem Kot ausgeschieden und erst dann in unseren Untersuchungen nachweisbar werden.

Eine leichte Wachstumsbeeinträchtigung in der 4. Versuchswoche ist in allen Gruppen durch die am Ende der 4. bzw. zu Beginn der 5. Versuchswoche erstmalig nachgewiesenen Oocystenausscheidungen als Folge erster Coccidieninvasionen aufgetreten. Im Verlauf der 5. Versuchswoche treten in den Gruppen der hygienischen Versuchsabteilung, insbesondere in Kontrollgruppe 1, starke Wachstumsminderungen auf, denen zwar in Altstreugruppe 2, jedoch nicht in Kontrollgruppe 1 ein Anstieg der Oocystenausscheidungen entspricht. Beide Gruppen der unhygienischen Versuchsabteilung weisen während dieser Zeit entsprechend ihrem nur in Spuren nachzuweisenden Oocystenabsatz keine Wachstumsbeeinträchtigungen aus. Der am Ende der 6. Versuchswoche insbesondere in Altstreugruppe 2 und Kontrollgruppe 3 aufgetretene Anstieg der Oocystenausscheidungen wirkt sich nur auf die letztere wachstumsmindernd aus, während Altstreugruppe 2 im Wachstum hiervon und auch später von dem in der 7. Versuchswoche auftretenden Ausscheidungsextrem kaum beeinträchtigt wird. Dagegen reagieren die Gruppen der unhygienischen Versuchsabteilung auf den starken Anstieg der Oocystenausscheidungen am Ende der 6. bzw. in der Altstreugruppe 4 zu Beginn der 7. Versuchswoche mit deutlicher Zunahmeminderung während der 6. Versuchswoche. Mit Ausnahme der Versuchsgruppe 2 waren in allen anderen Gruppen während der 7. und 8. Versuchswoche die hohen Oocystenbefunde mit Wachstumsstörungen der Versuchstiere verbunden, die infolge geringerer Ausscheidungswerte in den Altstreugruppen hier weniger ausgeprägt blieben.

IV. Vergleichende Kükenaufzuchtversuche auf Wechsel- und Pferdealtstreu unterschiedlicher Stapelmächtigkeit und deren Einfluß auf Gewichtsentwicklung und Gesundheitszustand der Versuchstiere

1. Zielsetzung

Die Ursachen für den verminderten Oocystenabsatz in den Altstreugruppen mit seinen angedeuteten Wirkungen auf Gesundheitszustand und Wachstumsverlauf der Tiere sind noch weitgehend ungeklärt. Nach der SPREHN-SOMMERFELDschen Verdünnungstheorie (103) sollen Pferdealtstreustapel allein durch ihr größeres Volumen und ihre lockere Dichte, unterstützt durch tägliche Einstreupflegearbeiten, eine stärkere mechanische Verteilung von Coccidienoocysten bei ungünstigen Sporulationsbedingungen bewirken und dadurch die Invasionsgefahr für die Küken herabsetzen. Die verlustmindernde Wirksamkeit von Pferdealtstreustapeln wird somit allein auf die Wirkung mechanischer Faktoren zurückgeführt. Eine experimentelle oder durch vergleichende Untersuchungen gestützte Bestätigung dieser Theorie steht jedoch noch aus; daraus rechtfertigt sich bei dem in wissenschaftlicher und praktischer Hinsicht an diesen Problemen bestehenden Interesse die Einbeziehung vergleichender Aufzuchtversuche auf Wechselstreu und Pferdealtstreu unterschiedlicher Stapeltiefe zur Ermittlung ihrer Einflüsse auf Gewichtsentwicklung, Oocystenausscheidungsraten und Gesundheitszustand der Versuchstiere. Zudem läßt diese Problemstellung gleichzeitig hinsichtlich des wirksamen Prinzips von Pferdealtstreustapeln durch Ermittlung ihrer thermophysikalischen Eigenschaften eindeutigere Schlußfolgerungen zu, da von Pferdealtstreustapeln verschiedener Mächtigkeit auch ein unterschiedliches thermophysikalisches Verhalten erwartet und eine entsprechende Wirkung auf die Entwicklung der Versuchstiere am ehesten fixiert werden kann.

2. Versuchsplan

Der Versuch wurde vom 22. 5. bis 17. 7. 1954 durchgeführt und bestand aus vier Gruppen zu je 95 bzw. 96 geschlechtssortierten Leghornhennenküken.

Die Zusammensetzung des Futters war die gleiche wie im ersten Versuch.

Versuchsgliederung:

Gruppe 5 = Kontrollgruppe auf Wechselstreu (5 cm Sägemehl)
Gruppe 6 = Versuchsgruppe mit extrem starkem Pferdealtstreustapel (40 cm Pferdealtstreu mit 5 cm Sägemehl-Deckschicht).
Gruppe 7 = Versuchsgruppe mit extrem schwachem Pferdealtstreustapel (10 cm Pferdealtstreu mit 2 cm Sägemehl-Deckschicht)
Gruppe 8 = Versuchsgruppe mit normal starkem Pferdealtstreustapel (25 cm Pferdealtstreu mit 5 cm Sägemehl-Deckschicht)

Die stark verschiedenartigen Stapeltiefen in den Gruppen 6 und 7 ließen neben abweichenden thermophysikalischen Eigenschaften auch eine unterschiedliche mechanische Verteilung von Coccidienoocysten erwarten. Neben den Gruppen mit extrem starkem bzw. schwachem Stapeln wurde zur Erfassung der durch die extremen Versuchsbedingungen möglicherweise auftretenden Abweichungen vom Normalfall die Versuchsgruppe 8 mit normaler Stapelmächtigkeit als Standard in unsere Untersuchungen mit aufgenommen.

Darüber hinaus ermöglicht die Versuchsgruppe 7, deren extrem schwacher Altstreustapel der in Kontrollgruppe 5 verwendeten Einstreuhöhe ziemlich nahekommt, Rückschlüsse auf das wirksame Prinzip von Altstreustapeln überhaupt.

3. Versuchsergebnisse

Futterverbrauch

Der Futterverbrauch wird wöchentlich in Tab. 6 belegt. Danach ließen sich zwischen Kontrollgruppe 5 und den Altstreugruppen 6 und 7 keine deutlichen Unterschiede in der Höhe des Futterverbrauches nachweisen. In Altstreugruppe 8 dagegen war dieser leicht vermindert. Eine Beeinflussung der Höhe des Futterverzehrs durch die unterschiedliche Mächtigkeit der Altstreustapel liegt demnach nicht vor.

Gewichtsentwicklung

Angaben über dir Gewichtsentwicklung enthält Tab. 7.

Die vor allem in den letzten beiden Versuchswochen unzureichenden Gewichtszunahmen in allen Gruppen fallen besonders auf und ließen kein hohes Achtwochengewicht zu.

Das in Abb. 5 dargestellte Häufigkeitspolygon der Achtwochengewichte weist gegenüber Kontrollgruppe 5 bei annähernd normaler Häufigkeitsverteilung eine Gipfelverschiebung in die nächst höhere Gewichtsklasse und eine Verringerung der Häufigkeit extrem niedriger sowie eine Erhöhung der Häufigkeit höherer Gewichtsklassen in allen Altstreugruppen aus. Die höheren durchschnittlichen Körpergewichte in diesen Gruppen sind daher nicht auf einzelne extrem schwere Junghennen, sondern auf allgemein höhere Gewichte zurückzuführen.

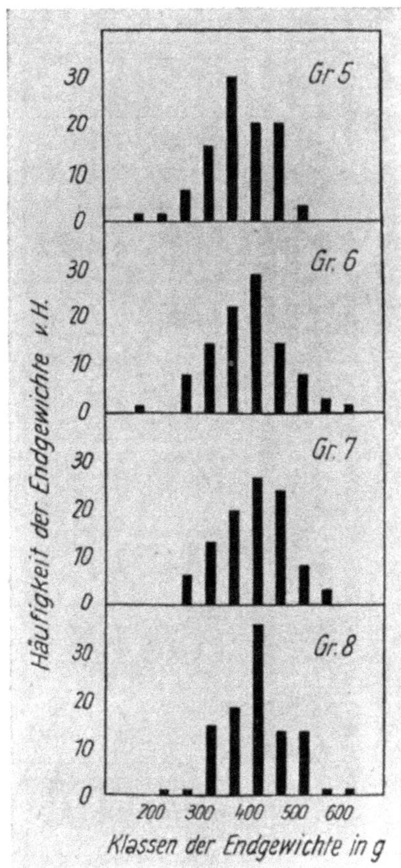

Abb. 5.
Häufigkeitspolygon der Achtwochengewichte

Die statistische Auswertung der Gewichtsentwicklung (Tab. 8) ergab zwischen Kon-

Tabelle 6. Futterverbrauch in g

Woche	Gruppe 5 (Kontrolle)				Gruppe 6 (starker Pferdealtstreustapel)				Gruppe 7 (schwacher Pferdealtstreustapel)				Gruppe 8 (normaler Pferdealtstreustapel)			
	Mischfutter		Grünfutter		Mischfutter		Grünfutter		Mischfutter		Grünfutter		Mischfutter		Grünfutter	
	Gruppenverzehr	Verzehr je Küken	Gruppenverzehr	Verzehr je Küken	Gruppenverzehr	Verzehr je Küken	Gruppenverzehr	Verzehr je Küken	Gruppenverzehr	Verzehr je Küken	Gruppenverzehr	Verzehr je Küken	Gruppenverzehr	Verzehr je Küken	Gruppenverzehr	Verzehr je Küken
1.	5335	49,3	—	—	5455	57,1	—	—	5465	57,9	—	—	5360	56,0	—	—
2.	9700	102,1	700	7,4	9460	101,9	700	7,5	10170	108,2	700	7,4	9820	105,2	700	7,5
3.	9560	101,3	700	7,4	9700	106,9	700	7,7	10160	108,3	700	7,5	9620	103,4	700	7,5
4.	14810	163,3	1300	14,3	14750	162,4	1300	14,3	15420	166,9	1300	14,1	15340	165,5	1300	14,0
5.	17370	190,9	1600	17,6	17490	200,1	1600	18,3	17450	190,1	1600	17,4	17130	187,0	1600	17,5
6.	19770	225,4	3600	41,0	20570	239,2	3600	41,9	20690	229,1	3600	39,9	20340	223,5	3600	39,6
7.	24670	313,1	4200	53,3	25050	293,7	4200	49,2	26110	286,9	4200	46,2	25870	284,3	4200	46,2
8.	25410	325,7	4200	53,8	27260	324,5	4200	50,0	27880	314,5	4200	47,4	28370	313,1	4200	46,4
Gesamt	126645	1471,1	16300	194,8	129735	1485,8	16300	188,9	133345	1461,9	16300	179,9	131850	1438,0	16300	178,7

Tabelle 7. Gewichtsentwicklung und Futterverwertung

Woche	Gruppe 5 (Kontrolle)				Gruppe 6 (starker Pferdealtstreustapel)				Gruppe 7 (schwacher Pferdealtstreustapel)				Gruppe 8 (normaler Pferdealtstreustapel)			
	⌀ Kükengewicht		⌀ Zunahme		⌀ Kükengewicht		⌀ Zunahme		⌀ Kükengewicht		⌀ Zunahme		⌀ Kükengewicht		⌀ Zunahme	
	g	relativ	g	relativ	g	relativ	g	relativ	g	relativ	g	relativ	g	relativ	g	relativ
	42,6 Schlupfgew.				41,4 Schlupfgew.				42,1 Schlupfgew.				42,6 Schlupfgew.			
1.	56,5	100	13,9	100	56,9	100,7	15,5	111,5	59,2	104,8	17,1	123,0	56,2	99,5	13,6	97,8
2.	84,8	100	28,3	100	94,9	111,9	38,0	134,3	98,4	116,0	39,2	138,5	90,8	107,1	34,6	122,3
3.	100,1	100	15,3	100	108,7	108,6	13,8	90,2	105,9	105,8	7,5	49,0	109,4	109,3	18,6	121,6
4.	145,2	100	45,1	100	163,6	112,7	54,9	121,7	175,5	120,9	69,6	154,3	173,0	119,1	63,6	141,0
5.	205,5	100	60,3	100	213,2	103,7	49,6	82,3	224,4	109,2	48,9	81,1	229,0	111,4	56,0	92,9
6.	275,0	100	69,5	100	294,3	107,0	81,1	116,7	308,8	112,3	84,4	121,4	304,6	110,8	75,6	108,8
7.	341,6	100	66,6	100	363,2	106,3	68,9	103,5	373,9	109,5	65,1	97,7	363,6	106,4	59,0	88,6
8.	384,7	100	43,1	100	399,0	103,7	35,8	83,1	409,7	106,5	35,8	83,1	416,1	108,1	52,5	121,8
Gesamtzunahme			342,1	100			357,6	104,5			367,6	107,5			373,5	109,2
Nährstoffverbrauch für 100 g Gewichtszunahme	68,2 g v.E. 299,5 g GN				65,1 g v.E. 285,9 g GN				62,3 g v.E. 273,3 g GN				60,4 g v.E. 265,1 g GN			

Tabelle 8

Ergebnisse der statistischen Auswertung der Achtwochengewichte

	Mittelwert (M) mittlerer Fehler (m)	Mittelwertsdifferenzen (D) t-Werte und Irrtumswahrscheinlichkeit (P)		
		Gruppe 5	Gruppe 6	Gruppe 7
Gruppe 5 (Kontrolle)	$M =$ 384,7 $s = \pm$ 9,03			
Gruppe 6 (starker Altstreustapel)	$M =$ 399,0 $s = \pm$ 9,20	$D = 14{,}3$ $t = 1{,}09$ $P > 25\%$		
Gruppe 7 (schwacher Altstreustapel)	$M =$ 409,7 $s = \pm$ 8,30	$D = 25{,}0$ $t = 2{,}04$ $P < 5\%$	$D = 10{,}7$ $t = 0{,}86$ $P > 25\%$	
Gruppe 8 (normaler Altstreustapel)	$M =$ 416,1 $s = \pm$ 8,18	$D = 31{,}4$ $t = 2{,}59$ $P = 1\%$	$D = 17{,}1$ $t = 0{,}85$ $P > 25\%$	$D = 6{,}4$ $t = 0{,}55$ $P > 50\%$

trollgruppe 5 und Altstreugruppe 6 keine Signifikanz. Die Endgewichte in den Altstreugruppen 7 und 8 dagegen liegen wahrscheinlich bzw. gesichert höher als in Kontrollgruppe 6. Die geringfügigen Gewichtsunterschiede zwischen allen Altstreugruppen sind nicht gesichert. Die unterschiedlichen Stapeltiefen in den Altstreugruppen blieben demnach ohne Einfluß auf die Gewichtsentwicklung der Tiere.

Futterverwertung

Alle Altstreugruppen wiesen günstigere Verwertungszahlen als die Kontrollgruppe aus. Eine Beziehung zwischen Stapeltiefe und Futterverwertung scheint nicht zu bestehen.

Verlauf der Bodentemperaturen

Die Entwicklung der Bodenwärme (Abb. 6, Tab. 9) entsprach den verwendeten Pferdemiststapeltiefen. Die mit dem stärksten Altstreustapel versehene Versuchsgruppe 6 ließ vor allem während der ersten Versuchswoche eine stürmische Wärmeentwicklung erkennen, die jedoch nur kurzfristig wirksam blieb und bereits während der zweiten Versuchswoche einen starken Rückgang erfuhr. Versuchsgruppe 8 wies entsprechend ihrer geringeren Stapelhöhe anfänglich zwar auch erhöhte Bodentemperaturen, aber keine so stürmische Wärmeentwicklung wie Versuchsgruppe 6 aus. Ein rascher Temperaturabfall trat hier bereits einige Tage früher ein. Von der dritten Versuchswoche an verhielten sich die Bodentemperaturen in beiden Versuchsgruppen annähernd gleich und ließen zur Kontrollgruppe 5 nur noch geringfügige Unterschiede erkennen. Zu Beginn der fünften Versuchswoche glichen sich praktisch die Temperaturwerte der Versuchsgruppen und der Kontrollgruppe an.

Der äußerst schwache Altstreustapel in Versuchsgruppe 7 ließ anfangs keine Wärmeentwicklung erkennen, seine Bodentemperaturen unterschritten sogar meistens diejenigen der Kontrollgruppe 5. Offenbar war die im Vergleich zu den übrigen Altstreugruppen geringe Masse eingebrachter organischer Substanz für ein rasches Einsetzen mikrobieller Zersetzungsprozesse unzureichend und ließ nur deren allmähliche Entwicklung zu. Daher trat erst im Verlauf der zweiten Versuchswoche eine Annäherung an die Temperatur der übrigen Altstreugruppen ein.

Die bis dahin klaren Beziehungen zwischen Altstreustapelmächtigkeit und Höhe der Bodentemperaturen verwischten sich jedoch im weiteren Versuchsverlauf durch das rasche Nachlassen der wärmebildenden Umsetzungsprozesse in den Altstreustapeln größerer Mächtigkeit. Andererseits weist der nach anfänglicher thermischer Untätigkeit leicht erhöhte Verlauf der Bodentemperaturen des extrem schwachen Altstreustapels in Versuchsgruppe 7 auf den Ablauf biologisch-fermentativer Prozesse auch in schwachen Altstreustapeln hin.

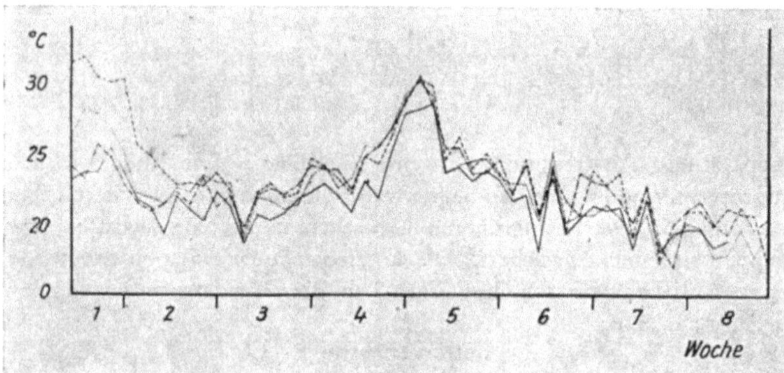

Abb. 6. Verlauf der durchschnittlichen Bodentemperaturen
Zeichenerklärung: ———— Gruppe 5 —·—·— Gruppe 7
— — — — Gruppe 6 ········ Gruppe 8

Der am Ende der 4. Versuchswoche zu erkennende und in die 5. Woche hineinreichende, in allen Kontroll- und Versuchsgruppen gleichzeitig festgestellte Anstieg der Bodentemperaturen ist die Folge einer länger währenden Warmwetterperiode, die sich erhöhend auf die ermittelten Stalltemperaturen auswirkte (vgl. Tab. 10).

Der Verlauf der in Abb. 7 dargestellten Minimalwerte der Bodentemperaturen läßt die Annäherung der Temperaturwerte der Altstreugruppen an die der Kontrollgruppe 5 schon während der zweiten Versuchswoche erkennen, so daß von diesem Zeitpunkt an eine ausgesprochene Überlegenheit der Altstreugruppen hinsichtlich ihres Wärmebildungsvermögens nicht mehr nachzuweisen war.

Verlauf der Raumtemperaturen

Die Raumtemperaturen (Tab. 10) der Kontrollgruppe 5 wichen nur in einem praktisch nicht nennenswerten Ausmaß von denen der Altstreugruppen, insbesondere der Versuchsgruppen 7 und 8, ab. Lediglich die Mittelwerte des ersten Messungstermines der Kontrollgruppe 5 ließen bis zur fünften Versuchswoche gegenüber den-

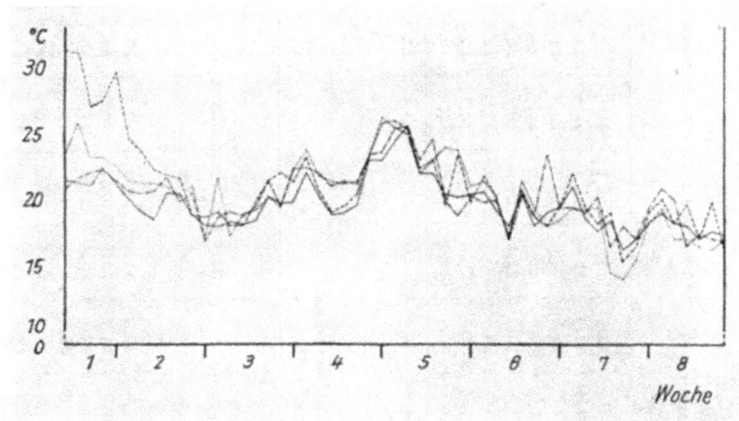

Abb. 7. Verlauf der Minimalwerte der Bodentemperaturen
Zeichenerklärung: ———— Gruppe 5 —·—·— Gruppe 7
— — — — Gruppe 6 ········ Gruppe 8

jenigen der Altstreugruppen eine unbedeutende Verminderung erkennen, die zwar auf eine Beeinflussung der Raumwärme durch die Altstreustapel hindeutet, aber nicht genügend ausgeprägt erscheint, um eindeutige Rückschlüsse zuzulassen.

Ergebnisse der parasitologischen Kotuntersuchungen

Die Ergebnisse der parasitologischen Kotuntersuchungen sind in Abb. 8 dargestellt. Eine vermehrte Oocystenausscheidung setzte im Laufe der vierten Versuchswoche und bemerkenswerter Weise in den Altstreugruppen stärker als in Kontroll-

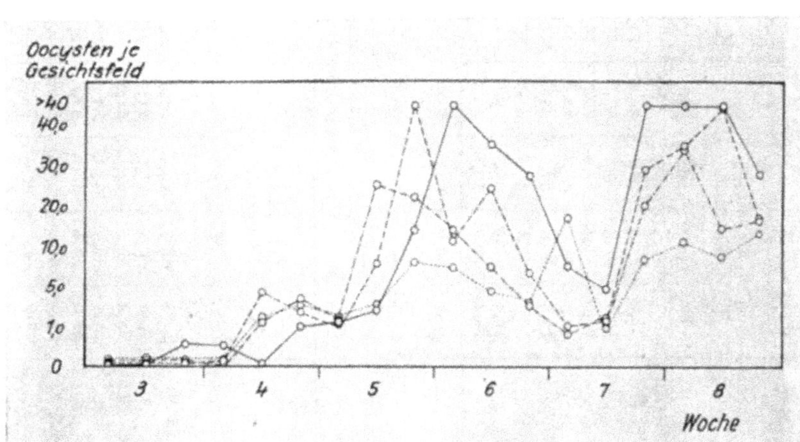

Abb. 8. Verlauf der Oocystenausscheidungsraten
Zeichenerklärung: ———— Gruppe 5 —·—·— Gruppe 7
— — — — Gruppe 6 ········ Gruppe 8

Tabelle 9

Wöchentliche Durchschnittswerte der Bodentemperaturen zu den 3 Messungsterminen und die aus ihnen berechneten durchschnittlichen Bodentemperaturen in °C

	Gruppe 5 (Kontrolle)				Gruppe 6 (starker Pferdealtstreustapel)				Gruppe 7 (schwacher Pferdealtstreustapel)				Gruppe 8 (normaler Pferdealtstreustapel)			
	7^{00}	12^{00}	18^{00}	Ø	7^{00}	12^{00}	18^{00}	Ø	7^{00}	12^{00}	18^{00}	Ø	7^{00}	12^{00}	18^{00}	Ø
1. Woche	21,5	25,4	26,1	24,3	28,5	31,1	32,7	30,9	21,7	25,4	26,4	24,5	24,0	28,3	29,8	27,4
2. Woche	20,1	21,2	22,5	21,2	23,8	24,8	25,7	24,8	20,9	22,2	22,8	21,9	21,6	22,8	23,7	22,7
3. Woche	18,6	21,7	22,1	20,8	19,6	23,0	23,6	22,1	19,3	22,7	23,4	21,8	19,6	22,5	22,7	21,6
4. Woche	20,3	23,4	24,1	22,6	21,1	26,3	25,2	24,2	22,0	26,0	25,6	24,5	22,4	25,2	25,9	24,5
5. Woche	22,5	27,4	27,0	25,6	23,8	28,0	29,2	27,0	23,0	28,3	28,8	26,7	24,2	27,0	28,4	26,5
6. Woche	19,7	22,2	22,6	21,5	19,4	24,1	24,0	22,5	20,4	23,9	23,6	22,6	19,8	23,1	23,9	22,2
7. Woche	18,4	20,9	21,3	20,2	18,7	21,9	23,7	21,4	18,5	22,3	23,0	21,3	17,1	20,3	22,1	19,9
8. Woche	18,1	19,7	19,8	19,2	18,6	20,6	21,7	20,3	18,3	21,5	21,7	20,5	17,4	19,8	19,5	18,9
Ø	19,8	22,6	23,0	21,8	21,2	24,6	25,3	23,7	20,4	23,9	24,3	22,9	20,6	23,4	24,2	22,7

Tabelle 10

Wöchentliche Durchschnittswerte der Raumtemperaturen zu den 3 Messungsterminen und die aus ihnen berechneten durchschnittlichen Raumtemperaturen in °C

	Gruppe 5 (Kontrolle)				Gruppe 6 (starker Pferdealtstreustapel)				Gruppe 7 (schwacher Pferdealtstreustapel)				Gruppe 8 (normaler Pferdealtstreustapel)			
	7^{00}	12^{00}	18^{00}	Ø	7^{00}	12^{00}	18^{00}	Ø	7^{00}	12^{00}	18^{00}	Ø	7^{00}	12^{00}	18^{00}	Ø
1. Woche	23,1	28,8	30,4	27,4	24,5	30,6	31,1	28,7	23,0	29,4	29,6	27,3	23,1	29,9	30,4	27,8
2. Woche	20,8	23,4	25,0	23,1	22,0	24,7	25,2	24,0	21,9	23,8	25,3	23,7	22,1	24,1	26,0	24,1
3. Woche	19,9	24,4	24,7	23,0	20,9	25,0	24,8	23,5	19,7	24,5	25,3	23,2	20,7	25,8	25,0	23,8
4. Woche	21,5	26,7	27,6	25,3	22,9	27,2	27,8	26,0	23,2	27,2	27,8	26,1	22,8	27,1	27,4	25,8
5. Woche	22,6	28,6	30,0	27,1	23,4	29,1	30,1	27,5	23,1	28,4	30,0	27,2	24,5	28,4	29,3	27,4
6. Woche	19,9	24,1	24,4	22,8	20,3	24,9	24,6	23,3	20,4	25,0	25,1	23,5	20,3	24,9	24,9	23,4
7. Woche	18,9	21,0	23,1	21,0	21,4	21,6	23,1	22,0	19,1	21,7	22,4	21,1	18,5	21,2	22,0	20,6
8. Woche	18,9	21,0	20,6	20,1	19,4	20,9	21,2	20,5	18,4	20,6	21,9	20,3	18,2	20,1	20,9	19,7
Ø	20,4	24,5	25,5	23,5	21,7	25,2	25,7	24,2	21,0	24,8	25,7	23,9	21,2	24,9	25,5	23,9

gruppe 5 ein. Während der fünften Versuchswoche ließen sich mit Ausnahme der Versuchsgruppe 8, in der die Ausbildung des Ausscheidungsextrems um eine Woche verzögert deutlich abgeschwächt in Erscheinung trat, in allen Gruppen die ersten Oocystenausscheidungsmaxima nachweisen. Diese waren in den Altstreugruppen im Vergleich zur Kontrollgruppe deutlich abgeschwächt, was sich in Altstreugruppe 7 in geringerer Höhe des Oocystenabsatzes, in Altstreugruppe 6 zwar nicht in verminderter Höhe, wohl aber in einer wahrnehmbaren Verkürzung seiner zeitlichen Ausdehnung äußerte. Diese Befunde erscheinen wegen der höheren Oocystenausscheidungsraten der Altstreugruppen während der vorhergehenden Versuchswoche bemerkenswert. Auch im weiteren Versuchsverlauf blieben die verringerten Oocystenausscheidungen in den Altstreugruppen augenfällig.

Mitte der 7. Versuchswoche war in allen Gruppen das zweite Ausscheidungsextrem nachzuweisen; es stellte in Kontrollgruppe 5 nach Höhe und Dauer das ausgeprägteste dar und dauerte bis Mitte der 8. Versuchswoche an. Die Ausscheidungsextreme in den Altstreugruppen 7 und 8 unterschieden sich wiederum durch deutlich verminderte Ausscheidungshöhe und verkürzte -dauer, das der Altstreugruppe 6 dagegen nur durch verkürzte zeitliche Ausdehnung von dem der Kontrollgruppe 5.

Ein Vergleich des Gesamtverlaufes der Oocystenausscheidungsraten zwischen den Altstreugruppen läßt keine ursächlichen Zusammenhänge zwischen den verwendeten Stapeltiefen und der Höhe der Oocystenausscheidungsraten vermuten. Vielmehr scheint die Mächtigkeit des Altstreustapels hierauf ohne Einfluß zu bleiben, da Versuchsgruppe 6 mit extrem hohem Altstreustapel die höchsten, Versuchsgruppe 8 mit normal hohem Altstreustapel die niedrigsten und Versuchsgruppe 7 mit extrem niedrigem Stapel in der Mitte zwischen beiden Gruppen liegende Oocystenausscheidungsraten aufwiesen, obwohl im Sinne der Sprehn-Sommerfeldschen Verdünnungstheorie zumindest in Versuchsgruppe 6 infolge der größeren Mächtigkeit des Altstreustapels eine wesentliche Senkung und in Versuchsgruppe 7 mit extrem niedrigem Stapel eine stärkere, etwa der Kontrollgruppe 5 entsprechende Anreicherung von Coccidienoocysten in der Einstreuoberfläche und dementsprechend erhöhte Oocystenausscheidungsraten zu erwarten gewesen wären.

Trotz in der Tendenz gut erkennbarer Verminderung der Oocystenausscheidungsraten in den Altstreugruppen konnte diese durch die statistische Auswertung nicht gesichert werden. Lediglich Versuchsgruppe 8 wies im Vergleich zu Kontrollgruppe 5 und Versuchsgruppe 6 wahrscheinlich gesichert geringere Oocystenausscheidungen aus.

Gesundheitszustand der Versuchstiere und Verluste

Während der 3., 5. und am Ende der 7. Versuchswoche traten in allen Gruppen spontane Coccidiosefälle mit deutlicher gesundheitlicher Beeinträchtigung der Kükenherden auf. Kontrollgruppe 5 wies hierbei im Vergleich zu den Altstreugruppen eine deutliche Erhöhung der Gesamtabgänge und insbesondere der durch Coccidiose verursachten Verluste aus (Tab. 11). Korrelationen zwischen Aufzucht auf Pferdealtstreu und dem verminderten Auftreten von Verlusten (Tab. 12) bestehen jedoch nur in Versuchsgruppe 7 und 8 und hier auch nur sehr schwach.

Tabelle 11
Verluste während der Versuchsperiode und Anteil der Todesursachen

	Gruppe 5 (Kontrolle)	Gruppe 6 (starker Pferde-altstreustapel)	Gruppe 7 (schwacher Pferde-altstreustapel)	Gruppe 8 (normaler Pferde-altstreustapel)
Tierzahl bei Versuchsbeginn	96	96	95	96
Tierzahl bei Versuchsende	78	84	87	91
Verluste insgesamt				
Stck.	18	12	8	5
v. H.	18,8	12,5	8,4	5,2
davon:				
unspezifische Ursache[1]				
Stck.	1	2	2	1
v. H.	1,0	2,1	2,1	1,0
Pullorum				
Stck.	—	3	—	2
v. H.	—	3,1	—	2,1
Coccidiose	17	7	6	2
Stck.				
v. H.	17,7	7,3	6,3	2,1

[1] Alle Todesursachen nichtinfektiöser und nichtparasitärer Art

Tabelle 12
Berechnung der Korrelationen von spezifischen Verlustminderungen in den Pferdealtsrteugruppen

	Gruppe 6 (starker Altstreustapel)	Gruppe 7 (schwacher Altstreustapel)	Gruppe 8 (normlaer Altstreustapel)
Gruppe 5	$r = 0{,}09$	$r = 0{,}15$	$r = 0{,}21$

Bezüglich der unterschiedlichen Stapeltiefen läßt die Zahl der Abgänge in den Altstreugruppen ebenfalls keine Tendenz erkennen.

4. Besprechung der Ergebnisse

Gewichtsentwicklung, Futterverbrauch, Futterverwertung sowie Zahl der Abgänge werden von den unterschiedlichen Stapeltiefen offensichtlich nicht beeinflußt. Auch eine entsprechend der unterschiedlichen Mächtigkeit der verwendeten Altstreustapel zu erwartende mechanische Verteilung von Coccidienoocysten im Sinne der SPREHN-SOMMERFELDschen Verdünnungstheorie konnte an Hand der fortlaufend erfaßten Oocystenausscheidungen im Kot nicht festgestellt werden. Die Versuchsgruppe mit dem stärksten Altstreustapel wies vielmehr von allen Altstreugruppen die höchsten Oocystenausscheidungen, die denen der Kontrollgruppe sehr nahe kamen, die Versuchsgruppe mit einem Altstreustapel normaler Mächtigkeit dagegen deutlich geringere Oocystenausscheidungen aus. In der Altstreugruppe mit extrem niedrigem Stapel, in der nach Sprehn und Sommerfeld eine starke Anreicherung von Cocciedienoocysten zu erwarten gewesen wäre, konnten zudem weder durch die parasitologische Kotuntersuchung noch durch die Beobachtung des Gesundheitszustandes der Tiere oder durch die Zahl der Abgänge Hinweise ermittelt werden, die eine solche Annahme rechtfertigen würden. Die von den genannten Autoren neben dem größeren Volumen zur Begünstigung der mechanischen Verteilung von Coccidienoocysten erforderte lockere Dichte von Altstreustapeln ist während nur achtwöchiger Aufzuchtperioden bei Benutzung frischen Pferdemistes auch nicht zu erreichen und stellt für Altstreustapel schlechthin kein Charakteristikum dar, da diese Bedingung bei dem in der Kontrollgruppe verwendeten Streumaterial (Sägespäne) weitaus besser erfüllt war.

Daher vermögen wir auch nicht die Sprehn-Sommerfeldsche Verdünnungstheorie zur Erklärung für das bei Altstreuaufzucht meistens beobachtete verminderte Auftreten von Verlusten heranzuziehen. Wir wissen uns hierbei in Gemeinschaft mit MEHNER (84, 85), der diese Theorie zur Erklärung der in den Hohenheimer Versuchen aufgetretenen geringeren Verluste in den Geflügelaltstreugruppen ebenfalls nicht anzuerkennen vermochte.

Eine Erklärung für den in den Altstreugruppen verminderten Oocystenabsatz überhaupt und dessen in den einzelnen Gruppen unterschiedliche Verminderung läßt sich aus den vorliegenden Untersuchungsergebnissen nicht ableiten. Hingegen wurde die Abhängigkeit der Wärmeentwicklung von den unterschiedlichen Stapeltiefen deutlich. Etwa nach Ablauf der 4. Versuchswoche erlosch jedoch die Wärmewirksamkeit aller Pferdealtstreustapel. Bis zum Eintritt einer schwachen, durch die geringe Menge eingebrachter organischer Substanz verzögerten Wärmeentwicklung im extrem niedrigen Altstreustapel der Versuchsgruppe 7 während der zweiten Versuchswoche wirkte dieser sogar, wie aus dessen unter den Minimalwerten der Kontrollgruppe 5 liegenden Bodenminimumtemperaturen hervorgeht, lediglich als Bodenisolierschicht.

Bei der anfänglich zwar vorhandenen, aber bald stark nachlassenden Wärmewirkung aller Pferdealtstreustapel läßt sich diese zur Erklärung der auch in diesem Versuch nachweisbaren besseren Gewichtsentwicklung der Altstreutiere nicht unmittelbar heranziehen. Die Bodentemperaturen der Kontrollgruppe 5 lagen zudem nicht so niedrig, daß ihnen ein entwicklungshemmender Einfluß zuzuerkennen wäre.

Wie in den vorhergehenden Untersuchungen wurde durch die Altstreustapel bei vermindertem Futterverbrauch der Versuchstiere deren Futterverwertung begünstigt.

Ebenso traten durch Coccidieninvasionen in allen Gruppen wiederum Wachstumsminderungen auf, die zur Höhe der nachgewiesenen Oocystenausscheidungen gut in Beziehung gebracht werden können. Erstmalig traten Wachstumsstörungen in der dritten Versuchswoche auf, die durch das erste Auftreten und den zu Beginn der vierten Versuchswoche folgenden leichten Anstieg der Oocystenausscheidungen in allen Gruppen erklärbar wurden. Der mit Ausnahme von Versuchsgruppe 8 in allen anderen Gruppen während der fünften Versuchswoche starke, zum ersten Ausscheidungsextrem führende Oocystenabsatz spiegelte sich in deutlichen Zunahmeminderungen dieser Gruppen wider. Durch den während der folgenden Woche erhöhten Oocystenabsatz in Kontrollgruppe 5 wurden auch deren Gewichtszunahmen wiederum ungünstig beeinflußt, die sich der geringeren Oocystenausscheidungen wegen in den anderen Gruppen normal gestalteten. Ebenso lassen sich die am Ende der 7. und im Verlauf der 8. Versuchswoche in allen Gruppen nachgewiesenen hohen Oocystenausscheidungen mit den weniger deutlich verminderten Gewichtszunahmen während der 7. und den ausgeprägten Zunahmeminderungen während der 8. Versuchswoche gut in Einklang bringen.

Trotz der in Altstreugruppen zumeist nachgewiesenen verringerten Oocystenausscheidung bzw. der Kupierung der zeitlichen Ausdehnung von Ausscheidungsextremen halten sich die Wachstumsbeeinträchtigungen der Altstreugruppen in den gleichen Größenordnungen wie die der Kontrollgruppe. Bei Beachtung der wöchentlichen relativen Gewichtszunahmen ergibt sich jedoch, daß sich Altstreutiere in Zeiten verminderter Oocystenausscheidungen schneller von den Folgen von Coccidieninvasionen erholen, wie dies durch ihre verbesserten Gewichtszunahmen während der 4., 6. und teilweise auch der 7. und 8. Versuchswoche bewiesen wird. Hierbei scheinen sich die quantitativen Unterschiede der Oocystenausscheidungsquoten zwischen den Altstreugruppen und ebenso zwischen diesen und der Kontrollgruppe in mäßigem Umfange auf die Höhe der in Zeiten verminderter Oocystenausscheidungen verbesserten Gewichtszunahmen sowie auf das durchschnittliche Endgewicht der einzelnen Gruppen gegensinnig auszuwirken. Damit könnten die nur insignifikant erhöhten Körpergewichte der hinsichtlich ihres Oocystenabsatzes der Kontrollgruppe sehr nahekommenden Versuchsgruppe 6 erklärt werden.

V. Vergleichende Kükenaufzuchtversuche auf Wechsel- und Pferdealtstreu bei normaler und mangelhafter Versorgung mit tierischem Eiweiß

1. Zielsetzung

Bisher konnte zwar eine Abhängigkeit der thermophysikalischen Eigenschaften der Altstreustapel, insbesondere ihres anfänglichen Wärmebildungsvermögens, von der verwendeten Stapeltiefe nachgewiesen werden; völlig unabhängig von dieser verhalten sich dagegen Gewichtsentwicklung, Futterverwertung, Höhe des Oocystenabsatzes und Zahl der Abgänge. Dies kommt besonders deutlich durch den günstigen Einfluß des extrem niedrigen Altstreustapels in Versuchsgruppe 7 auf die genannten Versuchsdaten zum Ausdruck, dessen Wirksamkeit trotz geringerer Bodentemperaturen der Wirkung weitaus stärkerer Stapel gleichzusetzen ist. Den thermophysikalischen Eigenschaften der Altstreustapel kann deswegen für die Verbesserung des Aufzuchterfolges keine ursächliche Bedeutung beigelegt werden.

Den bei Umsetzungsprozessen in Altstreustapeln biologisch-fermentativ entstehenden Wirkstoffen, wie sie experimentell oder an ihrer Wirksamkeit im Kükenwuchstest in amerikanischen, schwedischen und holländischen Untersuchungen (42, 45, 46, 47, 48, 114, 115) sowie durch die ernährungsphysiologisch volle Wirksamkeit des sehr niedrigen Altstreustapels in Versuchsgruppe 7 nachgewiesen werden konnten, kommt deshalb als vermutlichem wirksamen Prinzip in Altstreustapeln erhöhte Aufmerksamkeit zu.

Der Nachweis nutritiver Wirksamkeit von Altstreustapeln sollte durch Reduzierung des für optimales Wachstum bei Verwendung von Alleinfuttern für notwendig erachteten tierischen Eiweißanteils in Höhe von 8 v. H. (18, 23) in einer Kükenwuchsprüfung erbracht werden, da eine quantitative Bestimmung des Vitamin B_{12}-Gehaltes der Einstreu nicht möglich war und wohl auch alle nutritiv wirksamen Komponenten in Altstreustapeln nicht erfassen kann.

2. Versuchsplan

Der Versuch wurde in der Zeit vom 11. 2. bis 8. 4. 1955 durchgeführt und gliederte sich in drei Versuchsabteilungen zu jeweils zwei Gruppen von 97 bis 99 geschlechtssortierten Leghornhennenküken.

Abteilung A = normale tierische Eiweißversorgung
- Gruppe 9 = Kontrollgruppe auf Wechselstreu (5 cm Sägespäne)
- Gruppe 11 = Versuchsgruppe auf Pferdealtstreu (25 cm Pferdealtstreu mit 5 cm Sägemehldeckschicht)

Abteilung B = mangelhafte tierische Eiweißversorgung
- Gruppe 10 = Kontrollgruppe auf Wechselstreu (5 cm Sägespäne)
- Gruppe 12 = Versuchsgruppe auf Pferdealtstreu (Zusammensetzung wie oben)

Abteilung C = Magermilch als Eiweißfutterergänzung bzw. alleiniges Eiweißfuttermittel
- Gruppe 13 = Versuchsgruppe auf Pferdealtstreu (Zusammensetzung wie oben) rationierte Magermilchabgabe als Eiweißfutterergänzung
- Gruppe 14 = Versuchsgruppe auf Pferdealtstreu (Zusammensetzung wie oben) Magermilch als alleiniges Eiweißfuttermittel

Futterzusammensetzung v. H.

	Gr. 9	Gr. 10	Gr. 11	Gr. 12	Gr. 13	Gr. 14
Eiweißkonzentrat	—	—	—	—	10	—
Fischmehl	8	2	8	2	—	—
Sojaextraktionsschrot	10	16	10	16	—	—
Trockenhefe	2	3	2	3	—	—
Erbsenschrot	—	5	—	5	—	—
Gerstenschrot	15	15	15	15	20	25
abges. Haferschrot	15	15	15	15	20	25
Maisschrot	20	15	20	15	30	30
Kartoffelflocken	16	15	16	15	—	—
Weizenkleie	10	10	10	10	16	16
Futterkalk	2,75	2,5	2,75	2,5	3	3
Kochsalz	0,25	0,5	0,25	0,5	—	—
Holzkohle	1	1	1	1	1	1
Rohproteingehalte	17,8	18,1	17,8	18,1	13,5	10,6
Gesamtnährstoffe	65,1	66,6	65,1	66,6	62,6	64,5

Durch die gleichen Nährstoffgehalte der Futtermischungen in den Abteilungen A und B waren diese untereinander vergleichbar. Versuchsabteilung C diente der Untersuchung des Einflusses von Magermilch bei rationierter bzw. beliebiger Aufnahme als praxisgebräuchlichen wirtschaftseigenem Eiweißfuttermittel mit guten diätetischen Eigenschaften (80) auf die Gewichtsentwicklung und den Gesundheitszustand der Versuchstiere. In Gruppe 13 wurde Magermilch lediglich als Eiweißfutterergänzung zum Anmengen des täglich zwei Mal verabreichten Weichfutters im Verhältnis 1:3 benutzt. In Gruppe 14 diente dicksaure Magermilch ad lib. als alleiniges Eiweißfuttermittel. Hinsichtlich des Rohprotein- und tierischen Eiweißgehaltes stellt Gruppe 13 eine Zwischenstufe zwischen den Gruppen der Abteilung A und B dar. Sie dient zur Erfassung möglicherweise auftretender Wachstumsunterschiede infolge unterschiedlichen Rohprotein- und tierischen Eiweißgehaltes der Futterration. Bezüglich der Versorgung mit tierischem Eiweiß ist Gruppe 14 mit den Gruppen der Abteilung A vergleichbar. Durch diese Gruppe sollten mögliche Unterschiede der Futterwirkung der verwendeten tierischen Eiweißträger erfaßt werden.

Die Ermittlung der thermophysikalischen Eigenschaften von Altstreustapeln, die im Hinblick auf deren wirksames Prinzip bei der jahreszeitlich sehr frühen Versuchsdurchführung als besonders aussagekräftig angesehen werden müssen, wurden durch regelmäßige Messungen der in der Tiefe der Altstreustapel in Fußbodennähe herrschenden Temperaturen — in der Folge kurz als Tiefentemperaturen bezeichnet — erweitert.

3. Versuchsergebnisse

Futterverbrauch

Der Futterverbrauch wird wöchentlich in Tab. 13 belegt. Die Gruppen der ausreichend mit tierischem Eiweiß versorgten Versuchsabteilung A wiesen gegenüber den Gruppen der hiermit mangelhaft versorgten Versuchsabteilung B bei gleichem Rohproteingehalt des Futters während der gesamten Versuchsperiode einen deutlich erhöhten Futterverbrauch aus. Auch der Futterverbrauch der Versuchsgruppe 13 mit vermindertem Rohproteingehalt und nur einem um 2 v. H. höheren tierischen Eiweißgehalt war deutlich herabgesetzt und entsprach dem der Mangeldiäten, so daß sich unabhängig vom Rohproteingehalt gleichsinnige Beziehungen zwischen Höhe des Futterverbrauches und Anteil des tierischen Eiweißes im Mischfutter nachweisen lassen. Der sehr niedrige Gesamtfutterverbrauch in Versuchsgruppe 14 ist auf die bei ausreichenden Magermilchgaben als alleinigem Eiweißfuttermittel nachgewiesene Futtersparwirkung (18) zurückzuführen und gesondert zu beurteilen.

Ein den Futterverbrauch fördernder Einfluß von Pferdealtstreustapeln ließ sich lediglich in der Mangeldiätabteilung B, nicht dagegen, wie auch unsere vorhergehenden Untersuchungen auswiesen, allgemein nachweisen. Der Mehrverbrauch an Futter in Versuchsgruppe 12 resultierte aus einer gleichmäßig über die gesamte Versuchsperiode verteilten leicht erhöhten Futteraufnahme der Versuchstiere. Inwieweit sich hier die Haltung auf Pferdealtstreu im Sinne einer Erhöhung des tierischen Ei-

Tabelle 13
Futterverbrauch in g

Woche	Gruppe 9 (Kontrolle, normale tier. Eiweißversorgung)				Gruppe 10 (Kontrolle, Mangeldiät an tier. Eiweiß)				Gruppe 11 (Pferdealtstreu, normale tier. Eiweißversorgung)			
	Mischfutter		Möhren		Mischfutter		Möhren		Mischfutter		Möhren	
	Gruppenverzehr	Verzehr je Küken	Gruppenverzehr	Verzehr je Küken	Gruppenverzehr	Verzehr je Küken	Gruppenverzehr	Verzehr je Küken	Gruppenverzehr	Verzehr je Küken	Gruppenverzehr	Verzehr je Küken
1.	4790	48,9	—	—	4630	46,8	—	—	4600	46,5	—	—
2.	10370	105,8	1670	17,0	9800	99,1	1620	16,4	9955	101,4	1665	17,0
3.	12835	132,3	4050	41,8	11295	114,1	4025	40,7	12160	125,4	4240	43,7
4.	16790	176,9	6740	71,0	11340	114,5	5335	53,8	15480	158,4	6660	68,2
5.	20160	214,5	5960	63,4	16185	163,5	3555	35,9	19445	200,5	6035	62,2
6.	20660	220,7	5310	56,7	16995	172,2	4705	47,7	20540	211,8	5350	55,2
7.	26860	285,7	6670	71,0	24580	257,9	6320	66,3	27375	282,2	6675	68,8
8.	29690	315,9	6920	73,6	25945	280,8	6495	70,3	29540	306,7	6930	72,0
Gesamt	142155	1500,7	37320	394,5	120770	1248,9	32050	331,1	139095	1432,9	37545	387,1

Woche	Gruppe 12 (Pferdealtstreu, Mangeldiät an tier. Eiweiß)				Gruppe 13 (Pferdealtstreu, tier. Eiweißversorgung durch rationierte Magermilchgaben)						Gruppe 14 (Pferdealtstreu, tierische Eiweißversorgung durch Magermilch ad lib.)					
	Mischfutter		Möhren		Mischfutter		Möhren		Milch		Mischfutter		Möhren		Milch	
	Gruppenverzehr	Verzehr je Küken	Gruppenverzehr	Verzehr je Küken	Gruppenverzehr	Verzehr je Küken	Gruppenverzehr	Verzehr je Küken	Gruppenverzehr	Verzehr je Küken	Gruppenverzehr	Verzehr je Küken	Gruppenverzehr	Verzehr je Küken	Gruppenverzehr	Verzehr je Küken
1.	4690	47,4	—	—	4740	48,4	—	—	—	—	4220	43,5	—	—	—	—
2.	9895	101,0	1605	16,4	10315	105,3	1650	16,8	975	10,0	9540	98,4	2100	21,6	12930	133,3
3.	11115	116,3	4070	42,6	12305	125,6	4035	41,2	1570	16,0	10290	106,1	4070	42,0	22880	235,9
4.	14140	148,8	6440	67,8	13535	138,1	6485	66,2	3240	33,1	10790	111,2	6390	65,9	20750	213,9
4.	15010	159,7	5150	54,8	15525	163,4	4430	46,6	2215	23,3	9595	97,6	4070	41,4	29025	295,3
6.	18240	192,0	4810	50,6	18265	190,3	4805	50,1	2850	29,7	16800	167,5	4910	49,0	40275	401,5
7.	22475	236,6	6225	65,5	24375	256,8	6010	63,3	3005	31,7	24925	246,8	6545	64,8	23625	233,9
8.	28390	301,1	6940	73,6	25510	278,2	6165	67,2	2585	28,2	26760	263,4	6940	68,3	42000	413,4
Gesamt	123955	1302,9	35240	371,3	124570	1304,1	33580	351,4	16440	172,0	112920	1134,5	35025	353,0	191485	1927,2

Tabelle 14
Gewichtsentwicklung und Futterverwertung

Woche	Gruppe 9 (Kontrolle, normale tier. Eiweißversorgung)				Gruppe 10 (Kontrolle, Mangeldiät an tier. Eiweiß)				Gruppe 11 (Pferdealtstreu, ausr. tier. Eiweißversorgung)			
	∅ Kükengewicht		∅ Zunahme		∅ Kükengewicht		∅ Zunahme		∅ Kükengewicht		∅ Zunahme	
	g	relativ	g	relativ	g	relativ	g	relativ	g	relativ	g	relativ
	37,8	Schlupfgew.			36,5	Schlupfgew.			36,4	Schlupfgew.		
1.	46,8	100	9,0	100	48,2	103,0	11,7	130,0	51,6	110,3	15,2	168,9
2.	77,2	100	30,4	100	73,6	95,3	25,4	83,6	81,7	105,8	30,1	99,0
3.	120,8	100	43,6	100	107,5	89,0	33,9	77,8	126,6	104,8	44,9	103,0
4.	168,8	100	48,0	100	132,1	78,3	24,6	51,3	159,7	94,6	33,1	69,0
5.	247,0	100	78,2	100	209,5	84,8	77,4	99,0	246,1	99,6	86,4	110,5
6.	283,8	100	36,8	100	225,9	79,6	16,4	44,6	287,4	101,3	41,3	112,2
7.	330,7	100	46,9	100	275,6	83,3	49,7	106,0	328,7	99,3	41,3	88,1
8.	378,8	100	48,1	100	329,3	86,9	53,7	111,6	394,6	104,2	65,9	137,0
Gesamtzunahme			341,0	100			292,8	85,9			358,2	105,0
Nährstoffverbrauch für 100 g Gewichtszunahme	60,9 g v.E. 299,3 GN				58,5 g v.E. 295,3 g GN				55,3 g v.E. 271,1 g GN			

Woche	Gruppe 12 (Pferdealtstreu, Mangeldiät an tier. Eiweiß)				Gruppe 13 (Pferdealtstreu, tier. Eiweißversorgung, durch rationierte Magermilchgabe)				Gruppe 14 (Pferdealtstreu, normale tier. Eiweißversorgung durch Milch. ad lib.)			
	∅ Kükengewicht		∅ Zunahme		∅ Kükengewicht		∅ Zunahme		∅ Kükengewicht		∅ Zunahme	
	g	relativ	g	relativ	g	relativ	g	relativ	g	relativ	g	relativ
	35,9	Schlupfgew.			37,6	Schlupfgew.			35,8	Schlupfgew.		
1.	51,7	110,5	15,8	175,6	59,5	127,1	21,9	243,3	48,7	104,1	12,9	143,3
2.	79,0	102,3	27,3	89,8	79,0	102,3	19,5	64,1	74,5	96,5	25,8	84,9
3.	115,7	95,8	36,7	84,2	117,2	97,0	38,2	87,6	110,7	91,6	36,2	83,0
4.	164,5	97,5	48,8	101,7	168,1	99,6	50,9	106,0	153,3	90,8	42,6	88,8
5.	211,9	85,8	47,4	60,6	212,4	86,0	44,3	56,6	204,6	82,8	51,3	65,6
6.	249,4	87,9	37,5	101,9	269,7	95,0	57,3	155,7	277,6	97,8	73,0	198,4
7.	281,7	85,2	32,3	68,9	306,6	92,7	36,9	78,7	324,3	98,1	46,7	99,6
8.	365,5	96,5	83,8	174,2	362,2	95,6	55,6	115,6	398,4	105,2	74,1	154,1
Gesamtzunahme			329,6	96,7			324,6	95,2			362,6	116,8
Nährstoffverbrauch für 100 g Gewichtszunahme	54,3 g v. E. 274,7 g GN				43,1 g v. E. 277,7 g GN				43,0 g v. E. 253,7 g GN			

weißgehaltes des Futters fördernd auf den Futterverzehr ausgewirkt hat, müßte näher untersucht werden.

Gewichtsentwicklung

Die Gewichtsentwicklung der Versuchstiere wird in Tab. 14 wöchentlich belegt. Die wachstumsvermindernde Wirkung unzureichender tierischer Eiweißgaben drückt sich durch signifikant verringerte Gewichtsentwicklung in der Kontrollgruppe 10 aus. Auch innerhalb der Pferdealtstreugruppen 11 und 12 sind dieselben gesicherten Beziehungen zwischen der Höhe des tierischen Eiweißanteiles im Mischfutter und den wöchentlichen Gewichtszunahmen der Versuchstiere wahrzunehmen. Hieraus geht eindeutig der Wert tierischen Eiweißes für ein normales Wachstum der Küken hervor.

Die eine Mangeldiät an tierischem Eiweiß komplettierender Wirkung von Pferdealtstreustapeln kommt gut in der hochsignifikant verbesserten Gewichtsentwicklung der Mangeldiätgruppe 12 auf Pferdealtstreu gegenüber der gleich gefütterten Kontrollgruppe 10 auf Wechselstreu zum Ausdruck. Die Gewichtsentwicklung der unzureichend mit tierischem Eiweiß versorgten Tiere in den Pferdealtstreugruppen 12 und 13 entsprach der von normal ernährten, aber auf Wechselstreu gehaltenen Tiere in Kontrollgruppe 9. Die statistische Auswertung der Achtwochengewichte ergab zwischen diesen Gruppen Insignifikanz (Tab. 15).

Entsprechend ihrer hochwertigen Eiweißration wies die Kontrollgruppe 9 nur eine innerhalb der Fehlergrenzen liegende Gewichtsverminderung gegenüber den ihr fütterungsmäßig entsprechenden Altstreugruppen 11 und 14 aus.

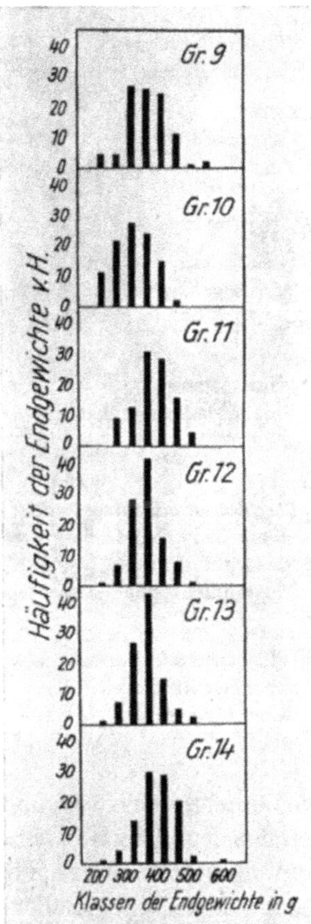

Abb. 9. Häufigkeitspolygon der Achtwochengewichte

Das in Abb. 9 dargestellte Häufigkeitspolygon der Achtwochengewichte läßt wiederum in den Altstreugruppen, und zwar unabhängig vom tierischen Eiweißgehalt des Mischfutters, im Vergleich zu den Kontrollgruppen gleicher Fütterung eine Gipfelverschiebung in die nächst höhere Gewichtsklasse und eine Verminderung des Anteils niederer sowie eine Erhöhung des Anteils höherer Gewichtsklassen erkennen, woraus sich die echte Steigerung der Durchschnittswerte der Altstreutiere erklärt. Beim Vergleich der tierischen Eiweißmangeldiätkontrollgruppe 10 und der gleichgefütterten Altstreugruppe 12 sowie der ebenfalls unzureichend mit tierischem Eiweiß versorgten Altstreugruppe 13 fallen

Tabelle 15

Ergebnisse der statistischen Auswertung der Achtwochengewichte

	Mittelwert (M), Mittelwertsdifferenzen (D), t-Werte (t) und Irrtumswahrscheinlichkeit (P)					
	mittlerer Fehler (m)	Gr. 9	Gr. 10	Gr. 11	Gr. 12	Gr. 13
Gr. 9 (Kontrolle; norm. tier. Eiweißgeh.)	$M = 378,8$ $m = \pm 7,45$					
Gr. 10 (Kontrolle; tier. Eiweißmangeldiät)	$M = 329,3$ $m = \pm 6,86$	$D = 49,5$ $t = 4,88$ $P < 0,1\%$				
Gr. 11 (Pferdealtstreu; norm. tier. Eiweißgehalt)	$M = 394,6$ $m = \pm 6,78$	$D = 15,8$ $t = 1,57$ $P \sim 10\%$	$D = 65,3$ $t = 6,77$ $P < 0,1\%$			
Gr. 12 (Pferdealtstreu; tier. Eiweißmangeldiät)	$M = 365,5$ $m = \pm 5,64$	$D = 13,3$ $t = 1,43$ $P > 10\%$	$D = 36,2$ $t = 4,09$ $P < 0,1\%$	$D = 29,1$ $t = 3,31$ $P = 0,2\%$		
Gr. 13 (Pferdealtstreu; unzureichende tier. Eiweißversorgung; rat. Magermilchgabe)	$M = 362,2$ $m = \pm 6,29$	$D = 16,6$ $t = 1,69$ $P \sim 10\%$	$D = 32,9$ $t = 3,52$ $P < 0,1\%$	$D = 32,4$ $t = 3,92$ $P < 0,1\%$	$D = 3,3$ $t < 0,5$ $P > 50\%$	
Gr. 14 (Pferdealtstreu; norm. tier. Eiweißversorg. durch Magermilch ad lib.)	$M = 398,4$ $m = \pm 6,61$	$D = 19,6$ $t = 1,97$ $P \sim 5\%$	$D = 69,1$ $t = 7,25$ $P < 0,1\%$	$D = 3,8$ $t = 0,40$ $P > 50\%$	$D = 32,9$ $t = 3,78$ $P < 0,1\%$	$D = 36,2$ $t = 3,94$ $P < 0,1\%$

die Gipfelverschiebung und die Erhöhung des Anteils höherer Gewichtsklassen besonders deutlich auf, während in den mit tierischem Eiweiß normal versorgten Altstreugruppen 11 und 14 gegenüber der ihnen bezüglich der Fütterung entsprechenden Kontrollgruppe 9 vor allem die Erhöhung des Anteils höherer Gewichtsklassen hervortritt. Die unzureichend mit tierischem Eiweiß versorgten Altstreugruppen 12 und 13 dagegen erreichen gegenüber der normal ernährten Kontrollgruppe 9 bei vermindertem Anteil höherer Gewichtsklassen durch deutlich höhere Gipfelwerte in den mittleren Größenklassen und durch ausgeglichenere Gewichtsentwicklung eine praktisch gleich gute Gewichtsentwicklung wie diese.

Futterverwertung

Eine Beeinträchtigung des Futterverwertungsvermögens durch die verabreichte Eiweißmangeldiät wurde bei beiden Haltungsmethoden nicht nachweisbar. Dagegen ließ sich eine Begünstigung der Futterverwertung durch Altstreustapel in allen Gruppen und selbst bei deutlich vermindertem Rohproteingehalt in Altstreugruppe 13 erneut beweisen.

Die in Versuchsgruppe 14 auffallend starke Verbesserung des Futterverwertungsvermögens dürfte zweifellos auf die bekanntermaßen günstigen diätetischen Wirkungen ausreichender Magermilchgaben zurückzuführen sein.

Verlauf der Bodentemperaturen

Der Verlauf der täglichen Durchschnittswerte der Bodentemperaturen ist den Abb. 10 und 11 zu entnehmen. Die wöchentlichen Mittelwerte enthält Tab. 16.

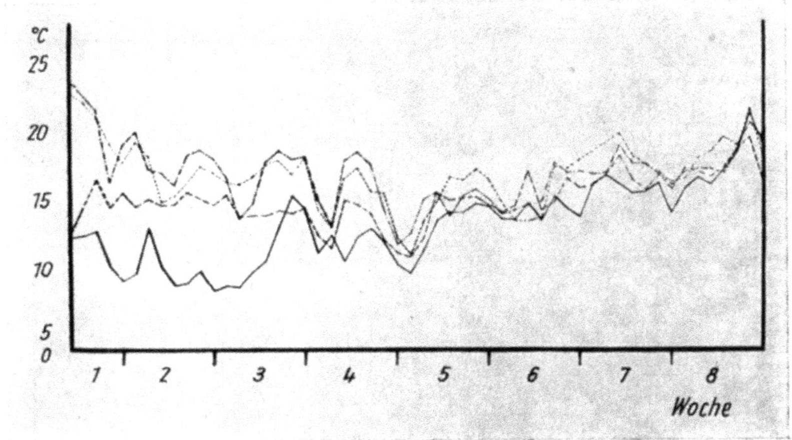

Abb. 10. Verlauf der durchschnittlichen Bodentemperaturen
Zeichenerklärung: ———— Gruppe 9 —·—·— Gruppe 11
— — — — Gruppe 10 ········ Gruppe 12

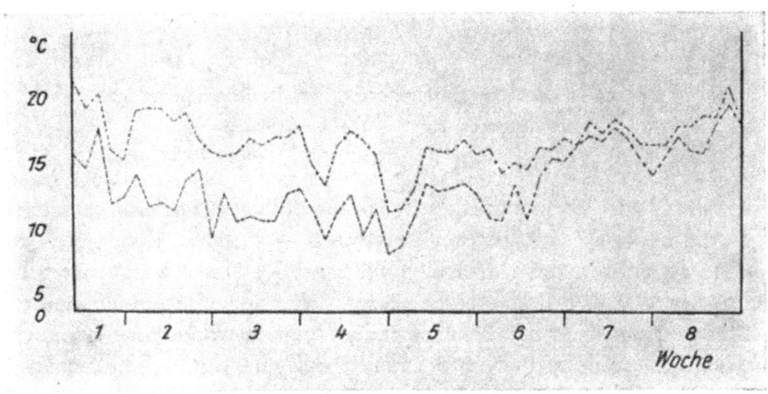

Abb. 11. Verlauf der durchschnittlichen Bodentemperaturen
Zeichenerklärung: —×—×— Gruppe 13
—·—·— Gruppe 14

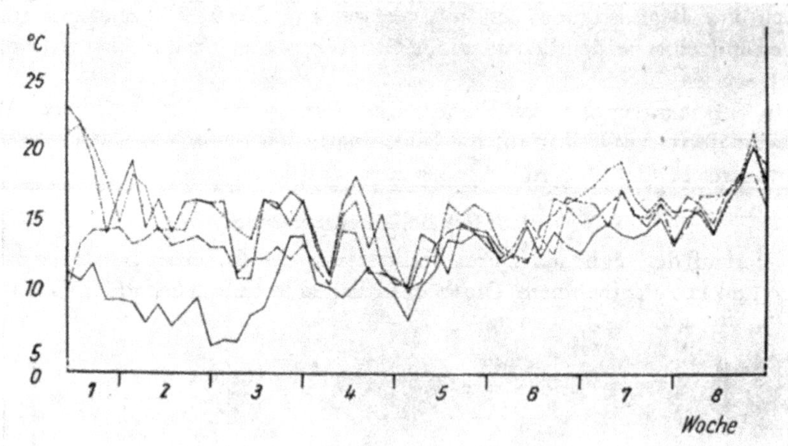

Abb. 12. Verlauf der Minimalwerte der Bodentemperaturen
Zeichenerklärung: ——— Gruppe 9 —·—·— Gruppe 11
— — — — Gruppe 10 ········ Gruppe 12

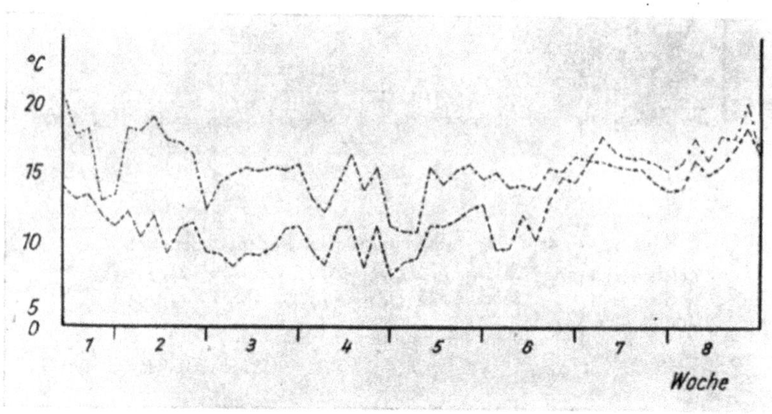

Abb. 13. Verlauf der Minimalwerte der Bodentemperaturen
Zeichenerklärung: —×—×— Gruppe 13
—·—·— Gruppe 14

Mit Ausnahme von Versuchsgruppe 14, deren Altstreustapel aus schwer verrottbarem Einstreumaterial — Rübenstecklingsstroh — bestand, ließen die Pferdealtstreugruppen gegenüber den Kontrollen während der ersten Versuchswochen eine deutliche Steigerung der Bodentemperaturen erkennen, die jedoch überraschend schnell abklang und bereits nach Ablauf der 4. Versuchswoche praktisch nicht mehr nachweisbar war. Bemerkenswert erscheint, daß die durchschnittlichen Bodentemperaturen der Kontrollgruppen von der 2. bzw. 3. Versuchswoche an fast ständig diejenigen der Pferdealtstreugruppe 14 übertrafen. Die während der ersten beiden Versuchswochen in Kontrollgruppe 9 sehr niedrig verlaufenden Bodentemperaturen

Tabelle 16

Wöchentliche Durchschnittswerte der Bodentemperaturen zu den 3 Messungsterminen und die aus ihnen berechnete durchschnittliche Bodentemperatur in °C

Woche	Gruppe 9 (Kontrolle, normale tierische Eiweißversorgung)				Gruppe 10 (Kontrolle, Mangeldiät an tierischem Eiweiß)				Gruppe 11 (Pferdealtstreu, normale tierische Eiweißversorgung)				Gruppe 12 (Pferdealtstreu, Mangeldiät an tierischem Eiweiß)				Gruppe 13 (Pferdealtstreu, tier. Eiweißversorgung durch ration. Magermilchgabe)				Gruppe 14 (Pferdealtstreu, tier. Eiweißversorgung durch Magermilch ad. lib.)			
	7^{00}	12^{00}	18^{00}	Ø	7^{00}	12^{00}	18^{00}	Ø	7^{00}	12^{00}	18^{00}	Ø	7^{00}	12^{00}	18^{00}	Ø	7^{00}	12^{00}	18^{00}	Ø	7^{00}	12^{00}	18^{00}	Ø
1.	10,4	11,2	12,4	11,4	13,2	15,0	16,2	14,8	20,4	20,4	21,9	21,0	19,6	21,0	21,7	20,9	17,5	19,6	19,5	18,9	12,8	15,5	15,4	14,6
2.	8,2	10,1	11,4	9,9	13,6	15,3	15,9	15,0	16,3	18,3	19,2	18,0	16,0	16,7	18,0	16,9	17,3	18,7	18,6	18,2	10,8	13,0	14,0	12,6
3.	10,0	11,7	12,7	11,5	12,4	15,7	14,4	14,2	15,4	16,7	18,3	16,8	15,1	18,4	17,6	17,1	15,2	17,1	17,8	16,7	9,9	12,4	12,9	11,8
4.	10,7	11,5	12,7	11,7	12,2	13,2	13,6	13,0	15,0	15,8	15,4	15,5	14,3	15,6	15,0	15,0	14,5	15,7	15,5	15,3	10,0	11,1	10,7	10,6
5.	13,0	13,1	13,3	13,1	13,9	14,2	15,8	14,6	14,9	14,5	14,9	14,8	16,3	14,5	15,5	15,5	14,7	14,4	16,0	15,1	12,3	14,4	12,2	12,3
6.	14,5	14,0	13,9	14,1	15,1	14,8	16,1	15,4	15,8	14,9	15,8	15,6	15,6	15,3	15,3	15,5	15,9	15,4	15,7	15,7	12,8	13,3	12,8	13,0
7.	14,2	15,8	17,3	15,8	16,2	17,0	16,6	16,6	16,7	17,9	17,4	17,4	17,5	18,6	18,1	18,1	17,0	17,8	17,1	17,3	16,1	17,3	15,7	16,4
8.	17,2	18,2	18,1	17,9	17,4	18,1	17,5	17,7	17,7	18,6	19,2	18,5	17,3	18,8	18,5	18,2	18,1	18,5	18,4	18,4	17,1	17,4	17,2	17,3
Ø	12,4	13,3	14,0	13,2	14,3	15,5	15,5	15,1	16,4	17,1	17,7	17,1	16,4	17,3	17,4	17,0	16,3	17,1	17,3	16,9	12,7	14,0	13,8	13,5

Tabelle 17

Wöchentliche Durchschnittswerte der Tiefentemperaturen zu den 3 Messungsterminen und die aus ihnen berechnete durchschnittliche Tiefentemperatur in °C

	Gruppe 11 (Pferdealtstreu, normale tierische Eiweißversorgung)				Gruppe 12 (Pferdealtstreu, Mangeldiät an tierischem Eiweiß)				Gruppe 13 (Pferdealtstreu, tierische Eiweißversorgung durch ration. Magermilchgabe)				Gruppe 14 (Pferdealtstreu, tierische Eiweißversorgung durch Magermilch ad lib.)			
	7^{00}	12^{00}	18^{00}	Ø	7^{00}	12^{00}	18^{00}	Ø	7^{00}	12^{00}	18^{00}	Ø	7^{00}	12^{00}	18^{00}	Ø
1. Woche	25,2	24,9	25,0	25,0	17,9	18,4	18,7	18,4	19,9	20,1	20,4	20,2	12,2	12,5	12,5	12,4
2. Woche	21,1	20,7	20,0	20,6	16,8	17,2	17,3	17,1	18,2	18,4	18,2	18,3	11,7	11,3	11,2	11,4
3. Woche	16,2	16,1	16,0	16,1	17,4	17,2	17,3	17,3	16,5	16,6	16,6	16,6	8,9	8,8	8,6	8,8
4. Woche	14,0	14,1	14,0	14,0	17,0	17,0	17,0	17,0	16,2	15,9	15,8	16,0	8,9	9,0	8,9	8,9
5. Woche	14,8	14,8	14,8	14,8	15,2	15,3	15,3	15,3	15,0	14,9	15,1	15,0	8,9	8,8	9,0	8,9
6. Woche	15,3	15,4	15,4	15,4	14,7	14,8	14,7	14,7	14,8	15,0	15,0	15,0	10,5	10,7	10,8	10,7
7. Woche	17,0	17,0	17,0	17,0	16,9	17,0	17,0	17,0	16,3	16,2	16,5	16,3	13,6	13,9	14,0	13,8
8. Woche	17,8	18,1	18,5	18,1	17,1	17,3	17,6	17,3	16,2	16,4	16,9	16,5	15,0	15,2	15,4	15,2
Ø	17,4	17,4	17,4	17,4	16,5	16,7	16,8	16,7	16,5	16,6	16,8	16,6	11,2	11,2	11,2	11,2

erklären sich aus der Lage des Aufzuchtabteiles im Stall, das am östlichen Giebel des Stalles lag und dadurch den zu dieser Jahreszeit vornehmlich aus östlicher Richtung angreifenden Witterungseinflüssen auf Fußboden- und Fundamenttemperatur ausgesetzt war. Die Bodenwärmegrade erhöhten sich demzufolge erst in dieser Gruppe nach längerer Einwirkungsdauer der Stallbeheizung im Verlaufe der 3. Versuchswoche.

Der Verlauf der Minimalwerte der Bodentemperaturen (Abb. 12 und 13) in Altstreugruppe 14, die sich erst im Laufe der 7. Versuchswoche denen der Kontrollgruppen näherten, macht die in thermischer Hinsicht vorhandene Sonderstellung dieser Gruppe deutlich. Ihre niedrigen Temperaturwerte weisen zudem auf die nur allmählich ablaufenden thermischen Umsetzungsprozesse in diesem Stapel hin.

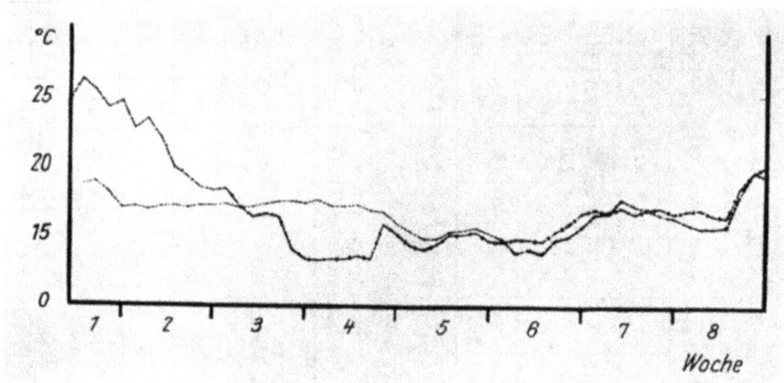

Abb. 14. Verlauf der durchschnittlichen Tiefentemperaturen
Zeichenerklärung: —·—·— Gruppe 11
········ Gruppe 12

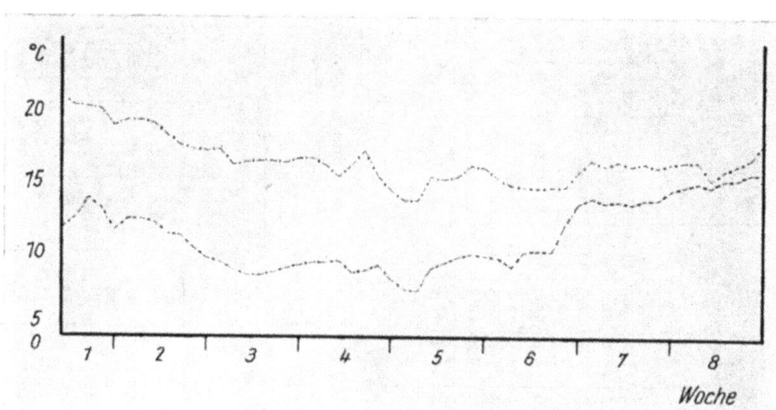

Abb. 15. Verlauf der durchschnittlichen Tiefentemperaturen
Zeichenerklärung: —×—×— Gruppe 13
—··—··— Gruppe 14

Tabelle 18

Wöchentliche Durchschnittswerte der Raumtemperaturen zu den 3 Messungsterminen und die aus ihnen berechnete durchschnittliche Raumtemperatur in °C

	Gruppe 9 (Kontrolle, normale tierische Eiweißversorgung)				Gruppe 10 (Kontrolle, Mangeldiät an tierischem Eiweiß)				Gruppe 11 (Pferdealtstreu, normale tierische Eiweißversorgung)			
	7^{00}	12^{00}	18^{00}	Ø	7^{00}	12^{00}	18^{00}	Ø	7^{00}	12^{00}	18^{00}	Ø
1. Woche	17,6	21,7	22,9	20,9	19,4	22,8	24,2	22,3	21,6	23,3	24,8	23,3
2. Woche	15,3	20,3	20,8	18,8	18,3	22,1	23,3	21,2	21,5	24,0	26,0	23,8
3. Woche	14,6	20,2	18,9	17,9	17,5	21,5	21,3	20,1	22,1	23,4	24,1	23,2
4. Woche	17,0	18,3	17,6	17,6	18,9	20,1	20,0	19,7	19,6	20,0	19,6	19,7
5. Woche	17,8	17,6	17,6	17,7	19,1	18,9	19,4	19,1	20,2	18,6	19,6	19,5
6. Woche	18,7	17,7	17,1	17,9	20,5	19,4	19,5	19,8	20,3	19,1	19,6	19,7
7. Woche	16,9	20,2	19,1	18,7	18,1	20,6	19,5	19,4	19,0	20,1	19,0	19,4
8. Woche	17,8	20,1	18,6	18,8	18,9	20,7	20,4	20,0	18,4	20,9	19,4	19,5
Ø	16,9	19,4	19,0	18,5	18,8	20,7	20,9	20,1	20,3	21,1	21,5	21,0

	Gruppe 12 (Pferdealtstreu, Mangeldiät an tierischem Eiweiß)				Gruppe 13 (Pferdealtstreu, tierische Eiweißversorgung durch ration. Magermilchgabe)				Gruppe 14 (Pferdealtstreu, tierische Eiweißversorgung durch Magermilch ad lib.)			
	7^{00}	12^{00}	18^{00}	Ø	7^{00}	12^{00}	18^{00}	Ø	7^{00}	12^{00}	18^{00}	Ø
1. Woche	19,2	21,4	22,8	21,3	19,0	22,5	23,2	21,7	17,6	21,4	22,3	20,5
2. Woche	19,6	22,0	23,9	21,9	20,9	22,4	23,4	22,2	19,4	21,4	22,9	21,2
3. Woche	20,0	22,0	21,9	21,3	19,3	20,9	20,1	20,1	17,1	17,3	23,4	19,3
4. Woche	18,4	20,0	18,4	19,0	17,3	18,1	17,1	17,5	16,0	18,2	17,0	17,1
5. Woche	19,3	20,4	18,9	19,5	18,9	17,9	18,3	18,4	18,1	17,0	17,6	17,6
6. Woche	19,1	18,6	18,8	18,8	20,1	17,2	18,0	18,5	18,3	17,7	17,8	17,9
7. Woche	18,2	19,8	18,7	18,9	17,3	19,4	20,0	18,9	16,3	18,0	18,9	17,7
8. Woche	18,4	20,7	19,6	19,5	18,9	20,7	19,7	19,7	18,8	19,8	18,3	18,9
Ø	19,0	20,6	20,3	20,0	19,0	19,8	19,9	19,5	17,7	18,7	19,7	18,7

Verlauf der Tiefentemperaturen

Dem Verlauf der exothermischen Umsetzungsprozesse in den Altstreustapeln entsprach auch der Verlauf der Tiefentemperaturen (Abb. 14 und 15, Tab. 17), die nach anfänglichem Anstieg bis zur 5. bzw. 6. Versuchswoche ständig fallende Werte auswiesen und dadurch mit dem Verlauf der durchschnittlichen Bodentemperaturen gut in Einklang stehen. Danach folgte bis zum Versuchsende ein leichter Temperaturanstieg, den die mit fortschreitender Jahreszeit zunehmende Erwärmung des Stallfundamentes verursachte.

Während des gleichen Zeitraumes fallen die in den Pferdealtstreugruppen, insbesondere in Versuchsgruppe 11 erhöhten Raumtemperaturen (Tab. 18) auf, die gegenüber Kontrollgruppe 9 besonders deutlich werden und mit der Wärmeentwicklung der Altstreustapel in Zusammenhang gebracht werden können. Der thermisch träge Altstreustapel in Versuchsgruppe 14 dagegen ließ keine Beeinflussung der Raumwärme zu, vielmehr entsprach diese derjenigen der Kontrollgruppe 9. Die geringfügigen Temperaturunterschiede zwischen Kontrollgruppe 10 und den Altstreugruppen 11 bis 13 gebieten jedoch bei der Beurteilung des Einflusses der Bodentemperatur auf die Raumtemperatur äußerste Zurückhaltung; ein solcher Einfluß scheint uns nur bei der Versuchsgruppe 11 während der ersten drei Versuchswochen vorzuliegen, da diese zugleich deutlich erhöhte Bodentemperaturen auswies.

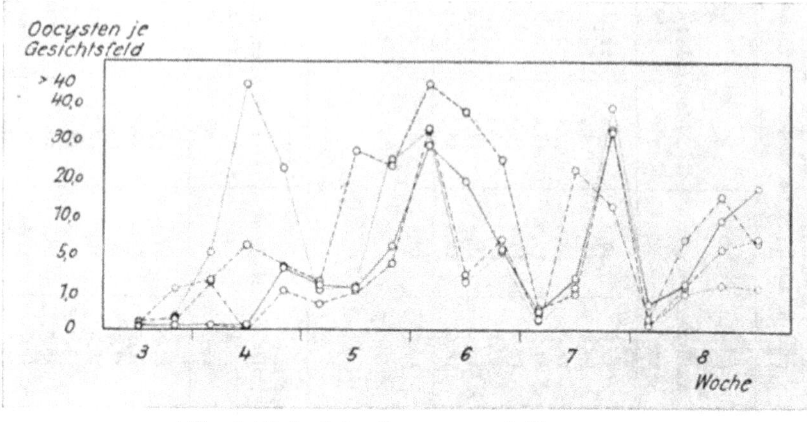

Abb. 16. Verlauf der Oocystenausscheidungsarten

Zeichenerklärung: ———— Gruppe 9 —·—·— Gruppe 11
— — — — Gruppe 10 ········ Gruppe 12

Ergebnisse der parasitologischen Kotuntersuchungen

Der besseren Übersichtlichkeit wegen sind diese in zwei Abbildungen dargestellt. Abb. 16 enthält die Untersuchungsergebnisse der Versuchsabteilung A und B, Abb. 17 die der Versuchsabteilung C.

Aus dem stärkeren Oocystenabsatz und dessen schnellerem Anstieg im Verlauf der 3. bis 5. bzw. 6. Versuchswoche in der Kontrollgruppe 10 und in den Altstreugruppen 12 und 13, der hauptsächlich in wesentlich verstärkter Ausprägung des Oocystenausscheidungsextems zum Ausdruck kommt, wird der Einfluß des unzureichenden tierischen Eiweißgehaltes des Mischfutters deutlich. Im weiteren Versuchsverlauf ließen sich dagegen ernährungsphysiologisch bedingte Unterschiede im Oocystenabsatz zwischen den vollwertig und mangelhaft mit tierischem Eiweiß versorgten Gruppen nicht mehr nachweisen.

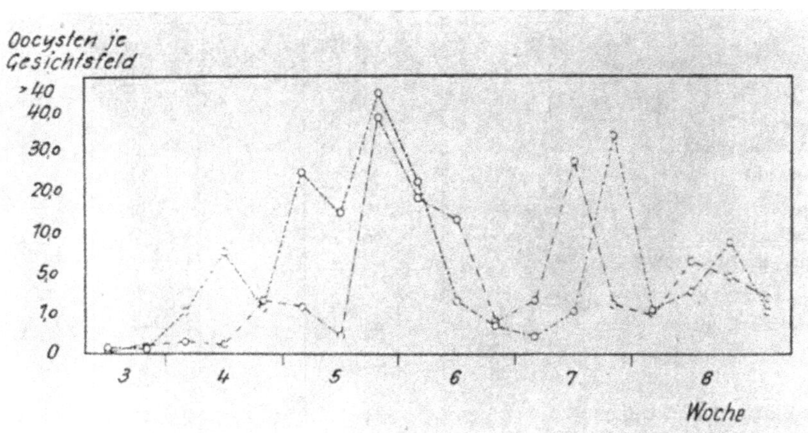

Abb. 17. Verlauf der Oocystenausscheidungsarten
Zeichenerklärung: —×—×— Gruppe 13
—·—·— Gruppe 14

Der Verlauf der Oocystenausscheidungen in den Pferdealtstreugruppen im Vergleich zu den Kontrollgruppen gestaltet sich nicht einheitlich. Während die ausreichend mit tierischem Eiweiß versorgten Versuchsgruppen 11 und 14 zu ihrer Kontrollgruppe 9 ohne wesentliche Unterschiede in der Stärke des Oocystenabsatzes blieben, ließ sich in den mit tierischem Eiweiß mangelhaft versorgten Altstreugruppen bis zur 6. Versuchswoche trotz des nach erfolgtem ersten Oocystennachweis rascheren Anstiegs der Ausscheidungsraten im ganzen eine Verminderung des Oocystenabsatzes, hauptsächlich durch erheblich verminderte zeitliche Ausdehnung der Ausscheidungsextreme und im Fall der Versuchsgruppe 12 auch der Ausscheidungsstärke bedingt, gegenüber ihrer Kontrollgruppe 10 nachweisen. Im weiteren Versuchsverlauf stellten sich jedoch auch zwischen diesen Gruppen keine wesentlichen Unterschiede im Oocystenabsatz mehr ein. In allen Kontroll- und Versuchsgruppen fiel das Oocystenausscheidungsextrem in die 7. Versuchswoche und klang schnell ab.

Die vorliegenden parasitologischen Untersuchungsbefunde weichen insofern von unseren bisherigen Ergebnissen ab, als eine die Oocystenausscheidungsraten erniedrigende Wirkung von Altstreustapeln nur in den Altstreugruppen mit tierischer Eiweißmangeldiät, nicht dagegen in ausreichend mit tierischem Eiweiß versorgten Altstreugruppen ermittelt werden konnte.

Tabelle 19
Verluste während der Versuchsperiode und Anteil der Todesursachen (Stck.)

	Tierzahl bei Versuchsbeginn	Tierzahl bei Versuchsende	Verluste Insgesamt	davon Unspezifische Ursache[1]	davon Coccidiose
Gruppe 9 (Kontrolle, norm. tier. Eiw. Vers.)	98	94	4	3	1
Gruppe 10 (Kontrolle tier. Eiw. Mangeld.)	99	92	7	—	7
Gruppe 11 (Pferdealtstreu, norm. tier Eiw. Vers.)	99	96	3	—	3
Gruppe 12 (Pferdealtstreu, tier. Eiw. Mangeld.)	99	94	5	4	1
Gruppe 13 (Pferdealtstreu tier. Eiw.-Vers. durch ration. Magermilchg.)	98	94	4	1	3
Gruppe 14 (Pferdealtstreu, tier. Eiw. Vers. durch Magermilch ad lib.)	97	96	1	1	—

[1] Alle Todesursachen nichtinfektiöser und nichtparasitärer Art

Verluste

Die Zahl der Abgänge und der Anteil der im Rahmen der Versuchsanstellung besonders interessierenden Todesursachen wird in Tab. 19 belegt. Die Verluste waren in allen Gruppen gering und lassen keine gültigen Schlußfolgerungen zu. Lediglich die erhöhte Zahl an Coccidioseabgängen in der Kontrollgruppe 10 fällt auf.

4. Besprechung der Ergebnisse

Hinsichtlich der Höhe des Futterverbrauches ist dessen gleichsinnige Abhängigkeit von der Höhe des tierischen Eiweißgehaltes der verwendeten Mischfutter offensichtlich, wobei sich in den tierischen Eiweißmangeldiät-Gruppen die Pferdealtstreustapel im Sinne einer Erhöhung des tierischen Eiweißgehaltes auch erhöhend auf den Futterverzehr auswirkten, ohne jedoch die futterverbrauchsenkende Wirkung der tierischen Eiweißmangeldiät völlig aufheben zu können. Bei normal hohem tierischen Eiweißgehalt dagegen wirkt sich Pferdealtstreu vermindernd auf den Futterverbrauch aus, wodurch unsere bisherigen Untersuchungen bestätigt werden.

Die eine tierische Eiweißmangeldiät aufwertenden Wirkungen von Altstreustapeln kommen in der hochsignifikant verbesserten Gewichtsentwicklung der Mangeldiät-Altstreugruppen 12 und 13 gegenüber der Mangeldiät-Kontrollgruppe 10 und in der unter deutlich vermindertem Futterverbrauch erzielten, gegenüber der normal ernährten Kontrollgruppe 9 gleichguten Gewichtsentwicklung dieser Gruppen gut zum Ausdruck.

Zur Erzielung einer im Vergleich zur bisher üblichen Aufzuchtmethode auf Wechselstreu befriedigenden Gewichtsentwicklung dürfte bei Pferdealtstreuaufzucht das wirtschaftlich vertretbare tierische Eiweißminimum mit 2 v. H. bestimmt sein.

Ein optimales Kükenwachstum läßt sich jedoch auf Pferdealtstreu hiermit nicht erreichen, weil der geringe tierische Eiweißgehalt des Futters einerseits Coccidieninvasionen während der frühen Jugendentwicklung in gewissem Umfange begünstigt und andererseits die Höhe des Futterverbrauches begrenzt, wie aus dem Vergleich der Versuchsdaten der normal mit tierischem Eiweiß versorgten Altstreugruppen 11 und 14 mit denen der Mangeldiätgruppen auf Altstreu hervorgeht. In Altstreugruppe 14 wird die Wachstumsverbesserung zwar nicht durch erhöhte Futteraufnahme der Versuchstiere erklärbar — auf die futtersparende Wirkung ausreichender Magermilchgaben wurde bereits verwiesen — wohl aber durch die außerordentlich günstigen diätetischen Wirkungen der Magermilch, die sich in relativ ausgeglichenen und guten Gewichtszunahmen während der letzten drei Versuchswochen trotz nachgewiesener starker Oocystenausscheidungen äußert.

Trotz dieser ineinandergreifenden Beziehungen bleibt der entwicklungsfördernde Einfluß von Altstreustapeln auf unzureichend mit tierischem Eiweiß versorgte Küken deutlich und erfordert eine ursächliche Klärung.

Wie in unseren bisherigen Versuchen, so läßt sich auch in den vorliegenden, jahreszeitlich sehr frühen und darum hinsichtlich der Wirkung der von Altstreustapeln erzeugten Bodenwärme besonders aufschlußreichen Untersuchungen ein wachstumsbegünstigender Einfluß der Bodenwärme ausschließen.

Aus dem Verlauf der Bodentemperaturen kann eine deutliche Wärmewirkung in den Altstreustapeln trotz des anfänglich herrschenden Winterwetters nur bis zum Ablauf der 4. Versuchswoche nachgewiesen werden. Später rechtfertigen die geringfügigen Temperaturunterschiede zwischen den Altstreugruppen 11 bis 13 und vor allem der Kontrollgruppe 10 die Annahme einer gesonderten Wärmewirkung nicht mehr. Bei Inbetrachtziehung des Verlaufs der minimalen Bodentemperaturen tritt die Geringfügigkeit dieser Temperaturunterschiede noch deutlicher hervor.

Wird die Gewichtsentwicklung der Versuchstiere während der ersten vier Wochen in Beziehung zum Verlauf der Bodentemperaturen in den einzelnen Gruppen gesetzt, so zeigt sich hierauf trotz der deutlich niedrigeren Bodentemperaturen in den Kontrollgruppen und der stärkeren Wärmebildung in den Altstreugruppen kein Einfluß. Lediglich durch die Wachstumsbeeinträchtigung der Kontrollgruppe 10 in der 4. Versuchswoche infolge stärkerer Coccidieninvasionen, wie sie durch den Verlauf des Oocystenabsatzes nachgewiesen werden, wird durch die niedrigeren Bodentemperaturen in dieser Gruppe ein solcher vorgetäuscht. Doch die während der ersten drei Versuchswochen sowie auch während der 5. Versuchswoche angenähert gleichmäßige Gewichtsentwicklung der Kontroll- und Versuchstiere beweist, daß kein Einfluß der Bodenwärme auf die Gewichtsentwicklung vorliegen kann. Es ist vielmehr charakteristisch, daß die verbesserten Körpergewichte aller Altstreugruppen am Versuchsende wiederum aus verbesserten Gewichtszunahmen während der letzten Versuchswochen resultieren, in denen eine Wärmewirkung der Altstreustapel nicht mehr nachweisbar war.

Dies deutet zweifellos auf eine nutritive Wirksamkeit solcher Stapel hin und läßt sich durch die Aufnahme der Tiere von biologisch-fermentativ gebildeten, futterkomplettierenden Wirkstoffen aus der Einstreu vorbehaltlos erklären. Bei einem 3%igen Trockenhefeanteil im Mischfutter, der nach FANGAUF (20) den täglichen Bedarf wachsender Küken an B-Vitaminen deckt, dürfte es sich hierbei vornehmlich um eine Antibiotika-Vitamin-B_{12}-Zufuhr handeln, wie sie experimentell (37) und im Tierversuch (113) nachgewiesen werden konnte.

Trotz relativ niedriger Bodentemperaturen und dadurch gegebener ungünstiger Sporulationsbedingungen für Coccidienoocysten wird die Gewichtsentwicklung aller Versuchs- und Kontrolltiere wiederum durch erhöhte Coccidieninvasionen beeinträchtigt. Alle Gruppen reagieren in der 4. Versuchswoche auf die fortgesetzten Coccidieninvasionen mit Zunahmeminderungen, die in Kontrollgruppe 10 entsprechend ihrer hohen Oocystenausscheidungen besonders augenfällig werden. Noch deutlicher treten diese Beziehungen in der 5. Versuchswoche hervor; so haben die ansteigenden Oocystenausscheidungsraten in den Altstreugruppen 12 bis 14 unternormale Gewichtszunahmen zur Folge, die relativ gering bleibenden Oocystenausscheidungsraten in Kontrollgruppe 9 und Altstreugruppe 11 dagegen lassen gute Gewichtszunahmen zu. Lediglich der hohe Oocystenabsatz in Kontrollgruppe 10 steht im Gegensatz zu ihren unbeeinflußt gebliebenen Gewichtszunahmen, die sich möglicherweise aus einer kurzfristig wirksamen, dem hohen Oocystenabsatz der Vorwoche proportionalen Resistenz (64, 106, 107) erklären.

Die Zunahmeminderungen der 6. Versuchswoche stehen ebenfalls gut im Einklang mit den ermittelten extremen Oocystenausscheidungsraten, desgleichen die Wachstumsverzögerungen der 7. Versuchswoche. Auch während der letzten Versuchswoche entsprechen die wöchentlichen Zunahmen durchaus dem Verlauf der nachgewiesenen Oocystenausscheidungen, in welcher der abklingende Oocystenabsatz in den Altstreugruppen 12 und 14 deren Zunahmen nicht beeinträchtigt, die ansteigenden Oocystenausscheidungen in den Gruppen 9, 10 und 11 dagegen die Gewichtszunahmen dieser Gruppen vermindert. Lediglich in Altstreugruppe 13 erscheinen diese Beziehungen durch die trotz fallenden Oocystenabsatzes beeinträchtigten Gewichtszunahmen wiederum unklar.

Der quantitativ sehr ähnliche Verlauf des Oocystenabsatzes in den Pferdealtstreugruppen 11 und 14 einerseits und der Kontrollgruppe 9 andererseits dürften im Verein mit der in diesen Gruppen ausreichenden tierischen Eiweißversorgung die Ursache für das Ausbleiben eines gesicherten Wachstumseffektes durch die verwendete Altstreu darstellen. In den Mangeldiätgruppen auf Altstreu hingegen wurde die zeitliche Ausdehnung des Ausscheidungsextrems im Vergleich zur Kontrollgruppe 10 mit gleichartiger Fütterung kupiert, woraus eine weniger starke gesundheitliche Beeinträchtigung und schnellere Erholung dieser Tiere resultiert. Die Annahme einer nutritiven und Coccidieninvasionen abschwächenden Wirksamkeit von Pferdealtstreustapeln, erhärtet durch unsere Mangeldiätversuche, erscheint daher nicht abwegig.

Eine Beurteilung von Altstreustapeln in thermophysikalischer Hinsicht wird durch die zwischen den ermittelten Boden- und Tiefentemperaturen bestehenden Beziehungen möglich, die hierüber eingehendere Aufschlüsse als die alleinige Beurteilung des Verlaufes der Bodentemperaturen geben, zumal diese vor allem während der ersten drei Versuchswochen von der Raumbeheizung beeinflußt werden.

Bereits eine oberflächliche Betrachtung der in den Tab. 16 und 17 wiedergegebenen wöchentlichen Mittelwerte der Tiefen- und Bodentemperaturen beweist trotz gleicher nutritiver Wirksamkeit das unterschiedliche thermophysikalische Verhalten der Stapel, wodurch dessen untergeordnete Bedeutung für die Gewichtsentwicklung und den Gesundheitszustand der Tiere erneut bestätigt wird.

Die anfängliche stürmische Wärmebildung im Altstreustapel der Gruppe 11 beeinflußt während der ersten beiden Versuchswochen deutlich die Bodentemperaturen und kann als typisch für den Verlauf exothermischer Zersetzungsprozesse in Pferdealtstreustapeln angesehen werden. In Versuchsgruppe 12 dagegen tritt im Ablauf wärmebildender Prozesse eine bis in die zweite Versuchswoche hineinreichende Verzögerung ein, die gegenüber Versuchsgruppe 11 zu einer Verlängerung der Dauer exothermischer Prozesse in der Stapeltiefe führt. Dies geht aus den während der 3. bis 5. Versuchswoche erhöhten Tiefentemperaturen hervor. Hierbei werden jedoch die Bodentemperaturen in diesen Stapeln nicht nachhaltig beeinflußt, was somit auf eine vorhandene thermische Isoliertheit der untersten Einstreuschichten im Altstreustapel 12 hindeutet. In Versuchsgruppe 13 zeichnet sich zwar während der 1. und abgeschwächt auch während der 2. Versuchswoche eine erhöhte Temperaturentwicklung in der Stapeltiefe ab, doch bleibt diese ebenfalls ohne deutliche Auswirkung auf die Bodentemperaturen. Der thermisch träge Altstreustapel 14 dagegen läßt gar keinen Einfluß der Tiefentemperaturen auf die Bodentemperaturen erkennen.

Deutliche Einwirkungen der Tiefentemperaturen auf die Bodentemperaturen lassen sich somit nur während der ersten zwei Versuchswochen in Versuchsgruppe 11 und abgeschwächt während der 1. Versuchswoche in Versuchsgruppe 12 nachweisen. In den übrigen Altstreugruppen dagegen bleibt dieser Einfluß undeutlich oder fehlt gänzlich. Daß das relativ rasche Absinken der Tiefentemperaturen in allen Altstreustapeln keine Beendigung exothermischer Umsetzungsprozesse im Stapelinneren bedeutet, dürfte aus der bis in die 8. Versuchswoche andauernden, gegenüber der thermisch trägen Altstreugruppe 14 deutlich nachweisbaren Erhöhung der Tiefentemperaturen in den übrigen Altstreugruppen hervorgehen. Es scheint sich vielmehr nach Erschöpfung anfänglich stärkerer wärmebildender Prozesse, die nach Ablauf der 4. bzw. 5. Versuchswoche in der Stapeltiefe aller thermisch tätigen Altstreustapel erlöschen, ein in engen Grenzen schwankender Gleichgewichtszustand zwischen Tiefen- und Bodentemperaturen herauszubilden, der zwar keine gesonderte Wärmewirkung mehr zuläßt, jedoch soweit wirksam bleibt, daß alle Altstreustapel als kältedämmende Bodenisolierschichten angesehen werden können.

VI. Vergleichende Kükenaufzuchtversuche auf Wechsel- und Pferdealtstreu unter Verabreichung präventiver Sulfonamidgaben bei ausreichendem und mangelhaftem Gehalt des Futters an tierischem Eiweiß

1. Zielsetzung

Die durch Coccidieninvasionen unabhängig von der Jahreszeit und von den verwendeten Einstreuarten hervorgerufenen Wachstumsbeeinträchtigungen überlagerten in allen bisherigen Fällen die nutritive Wirksamkeit von Altstreustapeln besonders in den tierischen Eiweißmangeldiätgruppen. Für eine Darstellung der potentiellen nutritiven Wirkung von Altstreustapeln auf das Kükenwachstum, insbesondere bei mangelhafter Zufuhr an tierischem Eiweiß, schien es daher wünschenswert, den störenden Einfluß eines Coccidienbefalls durch entsprechende Maßnahmen unwirksam zu machen.

Langjährige Erfahrungen in der Coccidiosebekämpfung mit der auf LEVINE (77) zurückgehenden Sulfonamidtherapie in den USA und die einmütig auf der Studientagung der Europäischen Organisation für wirtschaftliche Zusammenarbeit (O.E.E.C.) zur Bekämpfung von Geflügelkrankheiten gebilligte Ansicht, daß die präventive Sulfamidbehandlung z. Z. die einzig wirksame Möglichkeit zur Coccidioseverhütung bei Küken in Intensivaufzucht darstellt (35), veranlaßten uns zu dem Entschluß, einen Versuch mit ständiger Anwendung von Sulfonamidgaben in unterschwelligen Dosen anzusetzen, um die zur Erzielung einer ausreichenden Immunität erforderliche Erkrankung der Versuchstiere (104) in ihrem Verlauf zwar zu begrenzen, aber die Aufnahme sporulierter Oocysten nicht von vornherein zu beschränken. Diese Maßnahme schien notwendig, da nach BABCOCK und Mitarbeitern (3) die Belastungsfähigkeit einer nach Coccidienbefall ausgebildeten Immunität der Versuchstiere durch die Anzahl der aufgenommenen Coccidienoocysten bestimmt wird. Eine Beschränkung der Invasionsstärke von vornherein hätte in unseren Untersuchungen zu Störungen in der Ausbildung der erworbenen Immunität und möglicherweise zu falschen Versuchsergebnissen geführt.

Nach KENNARD und CHAMBERLIN (69) erhöht sich die hygienische und nutritive Wirkung von Altstreustapeln vor allem bei unzureichender tierischer Eiweißversorgung der Küken mit zunehmender Lagerzeit und fortschreitender Zersetzung (Kompostierung) des Streumaterials. Auch HALBROOK und Mitarbeiter (45, 57) konnten bei längerer Lagerung des Streumaterials eine Vitamin-B_{12}-Anreicherung in ihm feststellen. In nutritiver Hinsicht müßte demnach eine Altstreu um so wertvoller werden, je älter sie ist.

Diesen praktisch bedeutungsvollen Vorzügen solcher Stapel stehen jedoch begründete Bedenken bezüglich der Übertragung infektiöser und parasitärer Krankheitserreger durch eine mehrmalige Verwendung von Altstreustapeln zur Kükenaufzucht gegenüber. Nach den Untersuchungen von BOTTS und Mitarbeitern (8) sowie GERRIETS und Mitarbeitern (41) scheint zwar keine Übertragung von Pullorumkeimen durch Altstreustapel auf die nachfolgenden Küken stattzufinden, doch das Problem der Übertragung parasitärer Krankheitserreger, insbesondere von

Coccidienoocysten, durch mehrmalige Aufzucht auf denselben Pferdealtstreustapeln besitzt größtes wissenschaftliches und praktisches Interesse.

Untersuchungen über die natürliche Coccidieoseübertragung unter Einschluß laufender parasitologischer Kotuntersuchungen der Küken, die auf wiederholt zur Kükenaufzucht benutzten Altstreustapeln gehalten werden, liegen unseres Wissens bisher nicht vor und wurden deshalb in unser Versuchsprogramm mit einbezogen.

2. Versuchsplan

Der Versuch gliederte sich in zwei Versuchsabteilungen und wurde in der Zeit vom 27. 4. bis 25. 6. 1955 durchgeführt. Jede Gruppe wurde mit 140 geschlechtssortierten Leghornhennenküken besetzt.

Versuchsabteilung A = normale tierische Eiweißversorgung

Gruppe 15 = Kontrollgruppe auf Wechselstreu (5 cm Sägemehl) ohne präventiven Eleudronzusatz

Gruppe 16 = Kontrollgruppe auf Wechselstreu (5 cm Sägemehl) mit präventiven Eleudronzusatz (0,05 v. H. im Tränkwasser) ab 2. Versuchswoche

Gruppe 17 = Versuchsgruppe auf Pferdealtstreu (25 cm Pferdealtstreu, 5 cm Sägemehldeckschicht) ohne präventiven Eleudronzusatz

Gruppe 18 = Versuchsgruppe auf Pferdealtstreu (25 cm Pferdealtstreu, 5 cm Sägemehldeckschicht) mit präventivem Eleudronzusatz (0,05 v. H. im Tränkwasser) ab 2. Versuchswoche

Versuchsabteilung B = mangelhafte tierische Eiweißversorgung auf schon zur Kükenaufzucht verwendeter Pferdealtstreu

Gruppe 19 = Versuchsgruppe auf Pferdealtstreu (25 cm Pferdealtstreu, 5 cm Sägemehldeckschicht) ohne präventiven Eleudronzusatz

Gruppe 20 = Versuchsgruppe auf Pferdealtstreu (25 cm Pferdealtstreu, 5 cm Sägemehldeckschicht) mit präventiven Eleudronzusatz (0,05 v. H. im Tränkwasser) ab 2. Versuchswoche

Die verwendeten Alleinfutter hatten folgende prozentuale Zusammensetzung (Siehe Tabelle S. 50 oben).

Der tierische Eiweißgehalt des Alleinfutters in Versuchsabteilung B betrug mit 2,5 v. H. lediglich ein Viertel desjenigen der Versuchsabteilung A.

Auf die Aufnahme einer tierischen Eiweißmangeldiät-Kontrollgruppe in Versuchsabteilung B konnte nach unseren vorhergehenden Versuchsergebnissen verzichtet werden, die eine klare Entwicklungsminderung der Versuchstiere in dieser Gruppe erbrachten.

Zur Prüfung der Übertragbarkeit natürlicher Coccidieninvasionen durch Aufzucht der Versuchstiere auf bereits von Küken während einer achtwöchigen Aufzuchtperiode belaufenen Pferdealtstreustapeln und zur Kontrolle ihrer vermeintlich sich steigernden nutritiven Wirksamkeit wurden die Altstreustapel der Versuchsgruppen 13 und 14, die bis auf eine oberflächliche Lockerung unbehandelt geblieben waren,

	Versuchsabteilung A Gruppen 15, 16, 17, 18	Versuchsabteilung B Gruppen 19, 20
Abgesiebtes Haferschrot	15	15
Gerstenschrot	15	15
Maisschrot	20	25
Kartoffelflocken	17	10
Weizenkleie	5	—
Phosphorsaurer Futterkalk	2,6	2,5
Kochsalz	0,4	0,5
Sojaextraktionsschrot	5	20
Erbsenschrot	—	5
Trockenhefe	—	2
Eiweißkonzentrat bestehend aus:	20	5
30 v. H. Fischmehl		
20 v. H. Tierkörpermehl		
15 v. H. Sojaextraktionsschrot		
8 v. H. Sonnenblumenschilfer		
7 v. H. Leinsaatschrot		
12 v. H. Trockenhefe		
4 v. H. Maiskleber		
3 v. H. kohlensaurer Kalk		
1 v. H. Holzkohle		
Rohproteingehalt	18,9	19,2
Gesamtnährstoffgehalt	64,6	65,4

zur Aufzucht der Tiere in Versuchsgruppe 19 und 20 benutzt. Die Zeitspanne zwischen Räumung der Stapel mit den vorhergehenden Versuchstieren und Neubesetzung durch Eintagsküken betrug 12 Tage.

Alle Altstreustapel wurden zu Versuchsbeginn und am Versuchsabschluß parasitologisch untersucht.

3. Versuchsergebnisse

Futterverbrauch

Angaben über den Futterverbrauch enthält Tab. 20. Zunächst geht hieraus sehr deutlich der von HOHLS (56) festgestellte und von uns bestätigte erhöhende Einfluß ausreichender tierischer Eiweißgaben auf den Futterverbrauch der Tiere bei gleichem Rohproteingehalt der Futtermischungen hervor. Innerhalb jeder Versuchsabteilung beeinflußten präventive Eleudrongaben bei jeweils gleich hohem tierischen Eiweißgehalt die Höhe des Futterverbrauches nur wenig und nicht einheitlich. Während die präventiv behandelte Kontrollgruppe 16 und Altstreugruppe 20 im Vergleich zu den ihnen hinsichtlich des tierischen Eiweißgehaltes entsprechenden, aber un behandelt gebliebenen Gruppen 15 und 19 einen geringfügig verminderten Futterverbrauch auswiesen, war dieser in der präventiv behandelten Altstreugruppe 18 unbedeutend erhöht. Der aus unseren bisherigen Versuchen bekannte futterverbrauchsenkende Einfluß von Pferdealtstreustapeln blieb dieses Mal aus.

Tabelle 20

Futterverbrauch in g

Woche	Gruppe 15 (Kontrolle, ohne Präventivbehandlung)				Gruppe 16 (Kontrolle mit Präventivbehandlung)				Gruppe 17 (Pferdealtstreu ohne Präventivbehandlung)			
	Mischfutter		Grünfutter		Mischfutter		Grünfutter		Mischfutter		Grünfutter	
	Gruppen-verzehr	Verzehr je Küken	Gruppen-verzehr	Verzehr je Küken	Gruppen-verzehr	Verzehr je Küken	Gruppen-verzehr	Verzehr je Küken	Gruppen-verzehr	Verzehr je Küken	Gruppen-verzehr	Verzehr je Küken
1.	6060	43,9	—	—	6805	48,6	—	—	7790	55,7	—	—
2.	11190	81,7	—	—	11520	82,7	—	—	11730	84,4	—	—
3.	12940	94,5	2600	18,9	13950	100,4	2600	18,7	14290	102,8	2600	18,7
4.	16360	120,3	4100	30,1	17030	123,7	4100	29,8	17630	128,3	4100	29,8
5.	21210	161,5	5600	42,6	20890	158,6	5600	42,5	22950	170,1	5600	41,5
6.	30500	252,2	5600	46,4	26060	205,0	5600	44,1	25910	211,9	5600	45,8
7.	34365	316,4	5600	51,6	38220	303,3	5600	44,4	35530	307,3	5600	48,4
8.	37320	357,8	5600	53,7	44260	351,3	5600	44,4	41750	369,1	5600	49,5
Gesamt	169945	1428,3	29100	243,3	178735	1373,6	29100	223,9	177580	1429,6	29100	233,7

Woche	Gruppe 18 (Pferdealtstreu mit Präventivbehandlung)				Gruppe 19 (abgelagerte Pferdealtstreu, Mangeldiät an tier. Eiweiß, ohne Präventivbehandlung)				Gruppe 20 (abgelagerte Pferdealtstreu, Mangeldiät an tier. Eiweiß mit Präventivbehandlung)			
	Mischfutter		Grünfutter		Mischfutter		Grünfutter		Mischfutter		Grünfutter	
	Gruppen-verzehr	Verzehr je Küken	Gruppen-verzehr	Verzehr je Küken	Gruppen-verzehr	Verzehr je Küken	Gruppen-verzehr	Verzehr je Küken	Gruppen-verzehr	Verzehr je Küken	Gruppen-verzehr	Verzehr je Küken
1.	6610	47,2	—	—	5545	39,8	—	—	5125	36,6	—	—
2.	11540	82,8	—	—	10660	76,7	—	—	10500	75,0	—	—
3.	13530	98,0	2600	18,8	12760	92,7	2600	18,9	12900	93,5	2600	18,9
4.	17170	125,3	4100	29,9	15090	115,1	4100	31,3	16040	118,5	4100	30,3
5.	20560	155,4	5600	42,3	19080	154,1	5600	45,3	19070	143,4	5600	42,1
6.	31480	240,3	5600	42,7	22840	189,9	5600	46,6	26500	205,4	5600	43,4
7.	37010	282,5	5600	42,7	30795	266,4	5600	48,4	34575	270,3	5600	43,8
8.	54550	416,4	5600	42,7	41325	362,5	5600	49,1	41715	330,3	5600	44,3
Gesamt	192450	1447,9	29100	219,1	158095	1297,5	29100	239,6	166425	1273,0	29100	222,8

Tabelle 21
Gewichtsentwicklung und Futterverwertung

	Gruppe 15 (Kontrolle ohne Präventivbehandlung)				Gruppe 16 (Kontrolle mit Präventivbehandlung)				Gruppe 17 (Pferdealtstreu ohne Präventivbehandlung)			
	∅ Gewicht		∅ Zunahme		∅ Gewicht		∅ Zunahme		∅ Gewicht		∅ Zunahme	
	g	relativ	g	relativ	g	relativ	g	relativ	g	relativ	g	relativ
	36,7	Schlupfgew.			35,8	Schlupfgew.			35,3	Schlupfgew.		
1. Woche	56,2	100	19,8	100	58,9	104,8	23,1	116,7	58,0	103,2	22,7	114,6
2. Woche	83,4	100	27,2	100	86,2	103,4	27,3	100,4	84,8	101,7	26,4	97,1
3. Woche	112,7	100	29,3	100	122,2	108,3	43,2	147,1	120,3	106,7	35,5	121,2
4. Woche	144,4	100	31,7	100	155,0	107,3	32,8	103,8	156,1	108,1	35,8	112,9
5. Woche	186,8	100	42,4	100	193,5	103,6	38,5	90,8	194,7	104,2	38,6	91,0
6. Woche	221,2	100	34,4	100	243,4	110,0	49,9	145,1	247,5	111,9	52,8	153,5
7. Woche	292,5	100	71,3	100	300,0	102,6	56,6	79,4	317,7	108,6	70,2	98,5
8. Woche	372,1	100	79,6	100	422,6	113,6	122,6	154,0	409,1	109,9	91,4	114,8
Gesamtzunahme			335,7	100			386,8	115,2			373,8	111,3
Nährstoffverbrauch für 100 g Gewichtszunahme	62,2 g v. E. 281,3 g GN				55,3 g v. E. 234,5 g GN				59,5 g v. E. 252,6 g GN			

	Gruppe 18 (Pferdealtstreu mit Präventivbehandlung)				Gruppe 19 (abgelagerte Pferdealtstreu, Mangeldiät an tierischem Eiweiß, ohne Präventivbehandlung)				Gruppe 20 (abgelagerte Pferdealtstreu, Mangeldiät an tierischem Eiweiß, mit Präventivbehandlung)			
	∅ Gewicht		∅ Zunahme		∅ Gewicht		∅ Zunahme		∅ Gewicht		∅ Zunahme	
	g	relativ	g	relativ	g	relativ	g	relativ	g	relativ	g	relativ
	36,9	Schlupfgew.			36,5	Schlupfgew.			37,1	Schlupfgew.		
1. Woche	56,1	99,8	19,2	97,0	55,6	98,9	19,1	96,5	59,4	105,7	22,3	112,6
2. Woche	78,9	94,6	22,8	83,8	76,4	91,6	20,8	76,5	76,7	92,0	17,3	63,6
3. Woche	116,9	103,7	38,0	129,7	102,5	90,9	26,1	89,1	110,3	97,9	33,6	114,7
4. Woche	146,3	101,3	29,4	92,7	129,5	89,7	27,0	85,2	137,5	95,2	27,2	85,8
5. Woche	201,1	107,7	54,8	129,2	180,0	96,4	50,5	119,1	196,7	105,3	59,2	139,6
6. Woche	247,6	111,9	46,5	135,2	224,8	101,6	44,8	130,2	244,2	110,4	47,5	138,1
7. Woche	315,6	107,9	68,0	95,4	263,0	89,9	38,2	53,6	297,3	100,6	50,1	70,3
8. Woche	455,6	122,4	140,0	175,9	373,8	100,5	110,8	139,2	424,8	114,2	130,5	163,9
Gesamtzunahme			418,7	124,7			337,3	100,5			387,7	115,5
Nährstoffverbrauch für 100 g Gewichtszunahme	53,7 g v. E. 228,1 g GN				63,8 g v. E. 257,9 g GN				54,4 g v. E. 219,8 g GN			

Gewichtsentwicklung

Die Gewichtsentwicklung der Versuchstiere wird in Tab. 21 belegt.

Die präventiv behandelten Kontroll- und Versuchsgruppen wiesen ohne Rücksicht auf den tierischen Eiweißgehalt der Alleinfutter im Vergleich zu den ihnen bezüglich der Fütterung entsprechenden, jedoch unbehandelt gebliebenen Gruppen ein hochsignifikant verbessertes Endgewicht aus (s. Tab. 22). Dieses resultierte hauptsächlich aus verbesserten Gewichtszunahmen in der 3., 5. und 8. Versuchswoche.

Tabelle 22

Ergebnisse der statistischen Auswertung der Achtwochengewichte

	Mittelwert (M) Mittelwertsdifferenzen (D), t-Werte (t) und Irrtumswahrscheinlichkeit (P)					
	mittlerer Fehler (m)	Gr. 15	Gr. 16	Gr. 17	Gr. 18	Gr. 19
Gruppe 15 (Kontrolle; ohne präv. Behandlung)	$M = 372,1$ $m = \pm 8,26$					
Gruppe 16 (Kontrolle; mit präv. Behandlung)	$M = 422,6$ $m = \pm 8,15$	$D = 50,5$ $t = 4,36$ $P < 0,1\%$				
Gruppe 17 (Altstreu; ohne präv. Behandlung)	$M = 409,1$ $m = \pm 7,85$	$D = 37,0$ $t = 3,25$ $P = 0,1\%$	$D = 13,5$ $t = 1,10$ $P > 25\%$			
Gruppe 18 (Altstreu; mit präv. Behandlung)	$M = 455,6$ $m = \pm 6,32$	$D = 83,5$ $t = 8,16$ $P < 0,1\%$	$D = 33,0$ $t = 3,22$ $P = 0,1\%$	$D = 46,5$ $t = 4,66$ $P < 0,1\%$		
Gruppe 19 (abgelag. Altstreu Mangeldiät an tier. Eiweiß; ohne präv. Behandlung)	$M = 373,8$ $m = \pm 8,99$	$D = 1,7$ $t = 0$	$D = 48,8$ $t = 4,04$ $P < 0,1\%$	$D = 35,3$ $t = 2,95$ $P = 1\%$	$D = 81,8$ $t = 7,60$ $P < 0,1\%$	
Gruppe 20 (abgelag. Altstreu Mangeldiät an tier. Eiweiß; mit präv. Behandlung)	$M = 424,8$ $m = \pm 6,86$	$D = 52,7$ $t = 4,95$ $P < 0,1\%$	$D = 2,2$ $t = 0$	$D = 15,7$ $t = 1,51$ $P > 10\%$	$D = 30,8$ $t = 3,31$ $P = 0,1\%$	$D = 51,0$ $t = 4,55$ $P < 0,1\%$

Unabhängig vom prophylaktischen Eleudronzusatz wird der entwicklungsfördernde Einfluß von Altstreustapeln auf die Versuchstiere deutlich. Sowohl die unbehandelten als auch die behandelten Altstreugruppen in Versuchsabteilung A wiesen im Vergleich zu den ihnen entsprechenden Kontrollgruppen hochsignifikant verbesserte Endgewichte aus, die durch verbesserte Gewichtszunahmen während der letzten drei Versuchswochen zustande kamen. Bei einem Vergleich der Gewichtsentwicklung der unbehandelten Pferdealtstreugruppe 17 mit der prophylaktisch behandelten Kontrollgruppe 16 ergaben sich jedoch interessanterweise keine gesicherten Wachstumsunterschiede.

Die verabreichte Mangeldiät an tierischem Eiweiß in Versuchsabteilung B führte erwartungsgemäß zu keiner optimalen Gewichtsentwicklung. Das präventiv behandelte Versuchsgruppenpaar 18 und 20 unterschied sich ebenso wie das unbehandelte Versuchsgruppenpaar 17 und 19 durch hochsignifikant verbesserte Achtwochengewichte der normal mit tierischem Eiweiß versorgten Gruppen 17 und 18. Bemerkenswert erscheint jedoch, daß die Mangeldiät an tierischem Eiweiß in Versuchsgruppe 20 bei gleichzeitiger Präventivbehandlung mit Eleudron zu gleich gutem Wachstum wie die ausreichende tierische Eiweißversorgung ohne Präventivbehandlung in Versuchsgruppe 17 führte. Ebenso konnte wiederum eine gute Übereinstimmung in der Gewichtsentwicklung der auf Pferdealtstreu gehaltenen, aber mangelhaft mit tierischem Eiweiß versorgten Tiere und der Kontrolltiere mit ausreichenden tierischen Eiweißgaben auf Wechselstreu erzielt werden. Hinsichtlich der nutritiven Wirksamkeit der Altstreustapel fanden sich somit unsere vorhergehenden Versuchsergebnisse voll bestätigt.

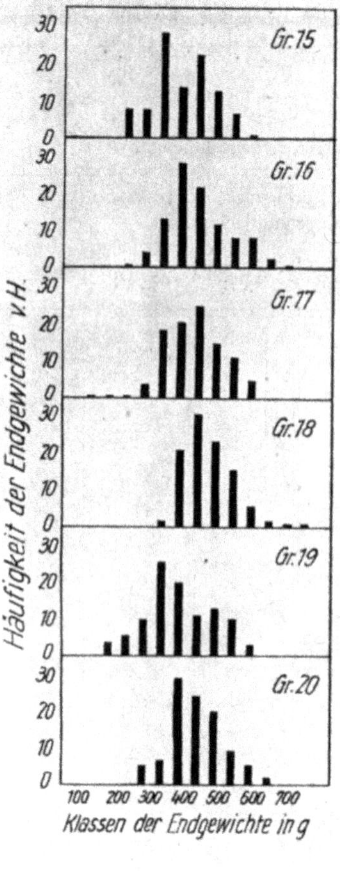

Abb. 18. Häufigkeitspolygon der Achtwochengewichte

Aus der in Abb. 18 dargestellten Häufigkeitsverteilung der Endgewichte gehen wiederum zwischen den bezüglich der Fütterung vergleichbaren Kontroll- und Versuchsgruppenpaaren die von unseren vorhergehenden Untersuchungen bekannten Gipfelverschiebungen in die nächst höhere Gewichtsklasse — im Falle der Kontrollgruppe 15 und der Pferdealtstreugruppe 17 betrug die Gipfelverschiebung sogar zwei Gewichtsklassen — sowie ein vergrößerter Anteil höherer und ein verminderter Anteil niederer Gewichtsklassen in den Altstreugruppen hervor. Dieselben Beziehungen konnten auch zwischen den unbehandelten und behandelten Kontrollgruppen sowie zwischen den präventiv behandelten und nicht behandelten tierischen Eiweißmangeldiät-Gruppen nachgewiesen werden. Die unbehandelte tierische Eiweißmangeldiät-Gruppe 19 entsprach in der Häufigkeitsverteilung ihrer Gewichte annähernd der ebenfalls unbehandelten, aber ausreichend mit tierischem Eiweiß versorgten Versuchsgruppe 15, die präventiv behandelte Mangeldiät-Altstreugruppe 20 der ebenfalls präventiv behandelten, aber normal ernährten Kontrollgruppe 16 und der zwar gleich gefütterten, aber unbehandelt gebliebenen Pferdealtstreugruppe 17. Somit weist die Häufigkeitsverteilung nach, daß die höheren durchschnittlichen Endgewichte nicht durch zufällige Anhäufung extrem schwerer Tiere in einzelnen Gruppen, sondern durch größere Häufigkeiten der mittleren und höheren Gewichtsklassen in diesen verursacht worden sind.

Futterverwertung

Angaben über die Futterverwertung enthält ebenfalls Tab. 21. Auch hier begünstigten vorbeugende Eleudrongaben in allen Fällen das Futterverwertungsvermögen, wobei durch die Pferdealtstreustapel ein zusätzlicher Effekt angedeutet erscheint. Unterschwellige Eleudrongaben übertrafen jedoch die Wirkung von Altstreustapeln, wie aus dem Vergleich der Verwertungszahlen der präventiv behandelten Kontrollgruppe 16 und der unbehandelt gebliebenen Altstreugruppen 17 und 19 ersichtlich wird.

Verlauf der Bodentemperaturen

Der Verlauf der täglichen durchschnittlichen Bodentemperaturen ist in Abb. 19 und 20 dargestellt, die wöchentlichen Mittelwerte sind in Tab. 23 belegt.

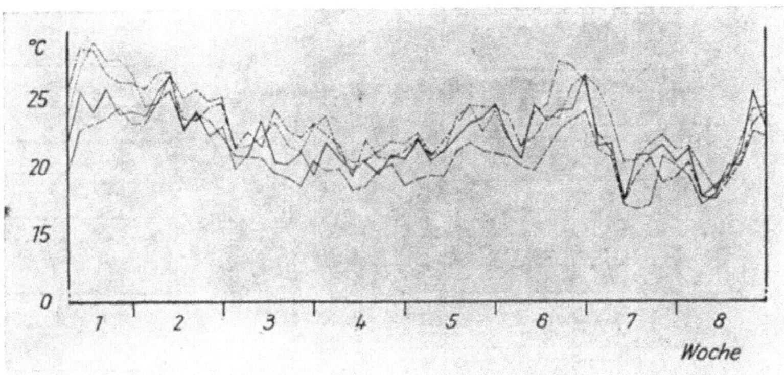

Abb. 19. Verlauf der durchschnittlichen Bodentemperaturen

Zeichenerklärung: ———— Gruppe 15 —·—·— Gruppe 17
— — — — Gruppe 16 ········ Gruppe 18

Die in der 5. und 6. Versuchswoche auffallenden Temperaturerhöhungen in allen Gruppen verursachte die verstärkte Raumheizung, die wegen der stärkeren Coccidieninvasionen bei den Tieren notwendig wurde.

Erwartungsgemäß übertrafen die Bodentemperaturen der Versuchsgruppen 17 und 18 mit frischen Pferdealtstreustapeln diejenigen der abgelagerten Altstreustapel sowie der Kontrollgruppen während der ersten beiden Versuchswochen sehr deutlich. Später verengten sich jedoch die Temperaturkurven so, daß von der 4. Versuchswoche an zwischen den Altstreugruppen 17 und 18 sowie der Kontrollgruppe 15 nur noch unbedeutende Unterschiede bestanden. Die Bodentemperaturen der Kontrollgruppe 16 dagegen entsprachen erst nach Ablauf der 6. Versuchswoche denen der Versuchsgruppen auf frischer Pferdealtstreu.

Tabelle 23

Wöchentliche Durchschnittswerte der Bodentemperaturen zu den 3 Messungsterminen und die aus ihnen berechnete durchschnittliche Bodentemperatur °C

Woche	Gruppe 15 (Kontrolle ohne Eleudronzusatz)				Gruppe 16 (Kontrolle mit Eleudronzusatz)				Gruppe 17 (Pferdealtstreu ohne Eleudronzusatz)				Gruppe 18 (Pferdealtstreu mit Eleudronzusatz)				Gruppe 19 (abgel. Pferdealtstreu, Eiweißmangeldiät ohne Eleudronzusatz)				Gruppe 20 (abgel. Pferdealtstreu, Eiweißmangeldiät mit Eleudronzusatz)			
	7⁰⁰	12⁰⁰	18⁰⁰	Ø	7⁰⁰	12⁰⁰	18⁰⁰	Ø	7⁰⁰	12⁰⁰	18⁰⁰	Ø	7⁰⁰	12⁰⁰	18⁰⁰	Ø	7⁰⁰	12⁰⁰	18⁰⁰	Ø	7⁰⁰	12⁰⁰	18⁰⁰	Ø
1.	24,3	24,3	25,2	24,6	20,6	23,5	24,1	22,8	24,6	27,8	28,3	26,9	25,5	27,5	28,1	27,1	21,2	23,0	24,2	22,8	22,2	24,1	26,3	24,2
2.	23,6	24,8	23,3	23,9	23,3	24,1	23,6	23,7	24,7	25,0	25,2	25,0	24,8	25,6	25,0	25,2	22,4	22,7	23,2	22,8	21,5	21,3	22,3	21,7
3.	19,9	22,1	21,4	21,2	19,5	19,8	20,4	19,9	22,0	22,8	22,4	22,5	21,0	21,8	22,9	21,9	21,7	21,7	22,5	22,0	19,3	20,0	21,2	20,2
4.	19,7	21,5	20,0	20,4	18,5	19,2	20,0	19,3	20,8	20,9	21,3	21,0	20,7	22,1	21,3	21,4	21,0	21,3	21,1	21,2	18,7	19,3	20,1	19,4
5.	21,5	23,2	22,3	22,4	20,3	19,8	20,9	20,3	22,4	23,1	23,2	23,0	22,4	22,7	22,9	22,7	23,5	22,5	23,2	23,1	21,7	22,1	21,4	21,8
6.	21,9	24,2	24,7	23,7	20,6	21,2	22,7	21,5	23,5	25,2	26,2	25,0	22,2	23,5	24,9	23,6	24,2	24,4	25,8	24,8	22,0	22,7	23,9	22,9
7.	18,7	20,8	21,4	20,4	18,7	18,3	20,1	19,1	19,6	19,6	20,2	19,8	21,4	22,3	22,6	22,1	20,9	20,6	21,3	21,0	19,0	19,6	20,7	19,8
8.	19,2	20,7	22,5	20,8	18,1	19,9	21,6	19,9	18,5	19,6	22,5	20,2	19,9	21,4	22,3	21,3	20,1	20,5	23,1	21,3	18,3	20,1	23,1	20,5
Ø	21,0	22,7	22,5	22,1	19,9	20,6	21,6	20,8	22,0	22,9	23,6	22,9	22,2	23,3	23,7	23,1	21,9	22,1	23,0	22,4	20,3	21,1	22,3	21,3

Tabelle 24

Wöchentliche Durchschnittswerte der Tiefentemperaturen zu den 3 Messungsterminen und die aus ihnen berechnete durchschnittliche Tiefentemperatur in °C

	Gruppe 17 (Pferdealtstreu ohne Eleudronzusatz)				Gruppe 18 (Pferdealtstreu mit Eleudronzusatz)				Gruppe 19 (abgel. Pferdealtstreu, Eiweißmangeldiät ohne Eleudronzusatz)				Gruppe 20 (abgel. Pferdealtstreu, Eiweißmangeldiät mit Eleudronzusatz)			
	7⁰⁰	12⁰⁰	18⁰⁰	Ø	7⁰⁰	12⁰⁰	18⁰⁰	Ø	7⁰⁰	12⁰⁰	18⁰⁰	Ø	7⁰⁰	12⁰⁰	18⁰⁰	Ø
1. Woche	27,2	27,6	27,7	27,5	22,0	22,6	23,2	22,6	17,7	18,0	18,5	18,0	22,5	21,9	22,3	22,2
2. Woche	27,6	27,4	27,3	27,4	23,8	23,7	23,9	23,8	20,3	20,4	20,4	20,4	20,6	20,4	20,4	20,4
3. Woche	22,8	22,8	22,9	22,9	21,0	21,0	21,3	21,1	19,5	19,3	19,5	19,4	18,6	18,8	18,6	18,7
4. Woche	20,2	20,1	19,9	20,1	20,3	20,2	20,5	20,3	18,4	18,4	18,4	18,4	17,3	17,3	17,6	17,4
5. Woche	21,2	21,0	21,4	21,2	21,8	21,9	22,0	21,9	19,6	19,8	20,0	19,8	19,4	19,1	19,7	19,4
6. Woche	21,9	21,9	21,9	21,9	22,2	22,7	23,0	22,6	21,0	20,9	21,3	21,0	21,2	21,3	21,6	21,4
7. Woche	20,9	21,0	21,0	21,0	22,3	22,5	22,4	22,4	21,2	21,2	21,1	21,2	20,1	20,2	20,3	20,2
8. Woche	20,1	20,3	20,6	20,3	21,1	21,4	21,6	21,4	21,1	21,4	21,7	21,4	20,2	20,4	20,9	20,5
Ø	22,7	22,7	22,7	22,7	21,8	22,0	22,2	22,0	19,9	19,9	20,1	20,0	19,9	19,9	20,1	20,0

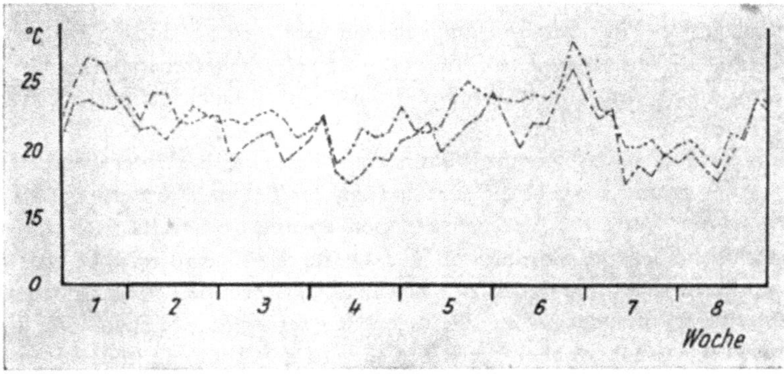

Abb. 20. Verlauf der durchschnittlichen Bodentemperaturen
Zeichenerklärung: —×—×— Gruppe 19
—·—·— Gruppe 20

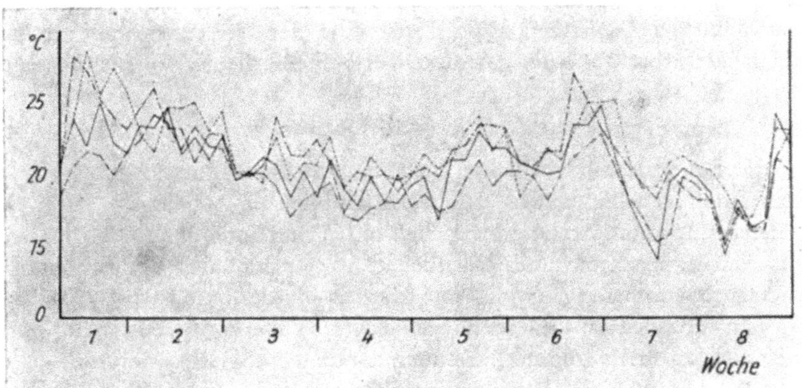

Abb. 21. Verlauf der Minimalwerte der Bodentemperaturen
Zeichenerklärung: ——— Gruppe 15 —·—·— Gruppe 17
– – – – Gruppe 16 · · · · · · · · Gruppe 18

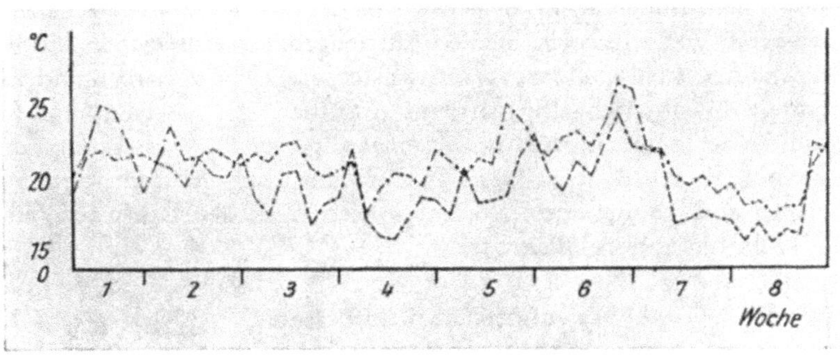

Abb. 22. Verlauf der Minimalwerte der Bodentemperaturen
Zeichenerklärung: —×—×— Gruppe 19
—·—·— Gruppe 20

Die abgelagerten Pferdealtstreustapel in den Gruppen 19 und 20 zeigten keine eigene Wärmewirkung mehr. Die Temperaturwerte des Altstreustapels in Gruppe 19 glichen etwa denen der Kontrollgruppe 15, die der Versuchsgruppe 20 denen der Kontrollgruppe 16.

Aus dem Verlauf der täglich ermittelten Tiefstwerte der Bodentemperaturen, dargestellt in Abb. 21 und 22, geht die Annäherung der Temperaturwerte der Kontrollgruppe 15 an die Werte der Versuchsgruppen 17 und 18 bereits nach Ablauf der 1. Versuchswoche hervor, während die Tiefstwerte der Kontrollgruppe 16 zwar zur gleichen Zeit ebenfalls mit denen der bezeichneten Gruppen verschmolzen, doch später bis in die 7. Versuchswoche hinein deutlich vermindert blieben. Die während der ersten vier Versuchswochen niedrigen und in der Tendenz konstanten Tiefstwerte in den Gruppen 19 und 20 bestätigen die thermische Inaktivität der abgelagerten Pferdealtstreustapel. Um so bedeutungsvoller erscheint die Tatsache, daß die Tiefstwerte dieser Gruppen bereits nach der 2. Versuchswoche mit den Werten der Versuchsgruppen 17 und 18 sowie der Kontrollgruppe 15 übereinstimmten und keine größeren Unterschiede zeigten. Die Tiefstwerte der Versuchsgruppe 20 unterschritten dabei fast während der gesamten Versuchszeit die der Versuchsgruppe 19.

Verlauf der Tiefentemperaturen

Der Verlauf der durchschnittlichen Tiefentemperaturen ist täglich in Abb. 23 und 24 dargestellt, die wöchentlichen Mittelwerte sind in Tab. 24 belegt.

Die Tiefentemperaturkurven entsprachen bis gegen Ende der 6. Versuchswoche durchaus den verwendeten unterschiedlichen Stapelmaterialien und erhöhten sich in den Versuchsgruppen 17 und 18 mit frischen Pferdealtstreustapeln für längere Zeit. In den Gruppen 19 und 20 mit abgelagerten Pferdealtstreustapeln konnten zwar anfänglich ebenfalls erhöhte Tiefentemperaturen nachgewiesen werden, bedingt durch die Lockerung und Durchlüftung des untersten Einstreuhorizontes beim Einbringen der Tiefenthermometer und dadurch ausgelöster örtlicher Umsetzungsprozesse, doch stellten sich diese schnell auf verhältnismäßig konstante, nur tendenziell fallende Temperaturwerte ein, die im Vergleich zu denen der Versuchsgruppe 17 und 18 bis zum Ende der 6. Versuchswoche deutlich vermindert blieben. Der mit Beginn der 5. Versuchswoche in allen Altstreugruppen einsetzende Anstieg der Tiefentemperaturen wird aus der Versuchsanstellung nicht erklärbar und kam in Altstreugruppe 18 am nachhaltigsten zum Ausdruck. Es erscheint uns hierbei fraglich, ob dieser Temperaturanstieg mit einer allgemeinen Verstärkung der Umsetzungsprozesse in den Altstreustapeln in Zusammenhang gebracht werden kann, da eine solche Annahme zumindest in den abgelagerten Altstreustapeln der Versuchsabteilung B sehr unwahrscheinlich wäre.

Verlauf der Raumtemperaturen

Die wöchentlichen Mittelwerte der Raumtemperaturen enthält Tab. 25. Die Temperaturerhöhung während der 5. und 6. Versuchswoche spiegelt die verstärkte Raumheizung infolge des verschlechterten Gesundheitszustandes der Tiere wider.

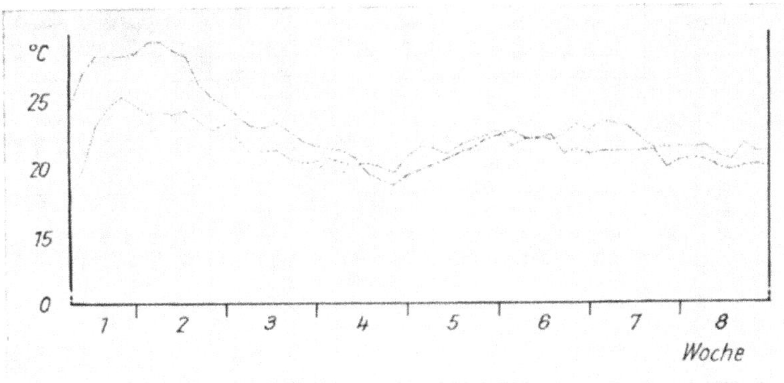

Abb. 23. Verlauf der durchschnittlichen Tiefentemperaturen
Zeichenerklärung: —·—·— Gruppe 17
········ Gruppe 18

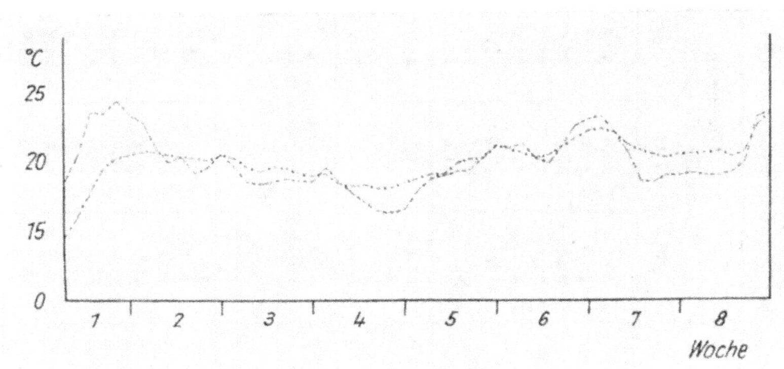

Abb. 24. Verlauf der durchschnittlichen Tiefentemperaturen
Zeichenerklärung: —×—×— Gruppe 19
—··—··— Gruppe 20

Die Werte in den Kontrollgruppen lagen von der 3. bis 6. Versuchswoche niedriger als in den Altstreugruppen. Auch hierbei scheint uns der ursächliche Zusammenhang nicht in der Versuchsanstellung, sondern vielmehr in ungleichmäßiger Handhabung der Heizquellen zu suchen sein. Auffallend niedrig hielten sich während der ersten beiden Versuchswochen die Raumtemperaturen in Altstreugruppe 20, die erst nach Ablauf der 5. Versuchswoche denen der übrigen Versuchsgruppen entsprachen.

Ergebnisse der parasitologischen Kotuntersuchungen

Die Ergebnisse der parasitologischen Kotuntersuchungen der Versuchsabteilung A sind in Abb. 25, die der Versuchsabteilung B in Abb. 26 dargestellt.

Tabelle 25

Wöchentliche Durchschnittswerte der Raumtemperaturen zu den 3 Messungsterminen und die aus ihnen berechnete durchschnittliche Raumtemperatur in °C

	Gruppe 15 (Kontrolle ohne Eleudronzusatz)				Gruppe 16 (Kontrolle mit Eleudronzusatz)				Gruppe 17 (Pferdealtstreu ohne Eleudronzusatz)			
	7^{00}	12^{00}	18^{00}	Ø	7^{00}	12^{00}	18^{00}	Ø	7^{00}	12^{00}	18^{00}	Ø
1. Woche	26,7	29,5	29,9	28,7	26,5	29,8	30,3	28,8	24,8	29,3	29,5	27,9
2. Woche	27,9	28,3	27,6	27,9	28,0	28,9	28,3	28,4	28,8	28,6	28,5	28,6
3. Woche	23,8	24,9	24,6	24,4	24,8	26,1	26,0	25,6	26,6	26,8	27,6	27,0
4. Woche	21,6	22,8	22,4	22,2	23,2	23,1	23,2	23,2	25,3	24,2	24,4	24,6
5. Woche	24,9	24,1	23,4	24,1	26,0	24,9	25,0	25,3	27,2	26,8	26,6	26,9
6. Woche	22,9	25,8	26,1	24,9	24,6	26,4	27,1	26,0	25,9	27,5	28,1	27,1
7. Woche	18,1	20,7	21,9	20,2	22,9	22,1	22,9	22,6	19,7	21,2	22,3	21,1
8. Woche	17,6	21,0	22,7	20,4	18,2	21,4	23,2	20,9	17,9	21,2	23,8	20,9
Ø	22,9	24,6	24,7	24,0	24,2	25,3	25,7	25,1	24,5	25,6	26,3	25,5

	Gruppe 18 (Pferdealtstreu mit Eleudronzusatz)				Gruppe 19 (abgel. Pferdealtstreu, Eiweißmangeldiät ohne Eleudronzusatz)				Gruppe 20 (abgel. Pferdealtstreu, Eiweißmangeldiät mit Eleudronzusatz)			
	7^{00}	12^{00}	18^{00}	Ø	7^{00}	12^{00}	18^{00}	Ø	7^{00}	12^{00}	18^{00}	Ø
1. Woche	24,8	29,4	29,5	27,9	24,2	28,3	28,8	27,1	22,9	28,0	30,2	23,2
2. Woche	28,0	28,3	28,4	28,2	27,4	27,9	27,4	27,5	25,7	26,1	26,9	26,3
3. Woche	25,9	26,9	27,3	26,7	25,6	26,4	26,8	26,3	23,6	24,9	25,8	24,8
4. Woche	24,8	24,9	25,2	25,0	25,0	23,9	24,6	24,5	23,4	23,5	24,4	23,8
5. Woche	26,8	25,3	25,7	25,9	28,1	26,4	26,3	26,9	27,4	24,5	27,1	26,3
6. Woche	25,3	27,0	27,3	26,5	25,6	26,7	27,3	26,5	24,9	26,4	27,9	26,4
7. Woche	21,1	22,1	22,4	21,9	20,4	21,1	22,2	23,5	21,6	22,0	22,6	22,1
8. Woche	22,1	21,6	23,7	22,5	18,0	21,4	23,9	21,1	17,9	21,6	25,3	21,6
Ø	24,9	25,6	26,1	25,5	24,3	25,2	25,9	25,1	23,4	24,6	26,2	24,7

Der Einfluß präventiver Eleudrongaben kommt vor allem in den Pferdealtstreugruppen 18 und 20, unabhängig von der Höhe des tierischen Eiweißanteils im Mischfutter, in einer deutlichen Senkung der Oocystenausscheidungsraten während

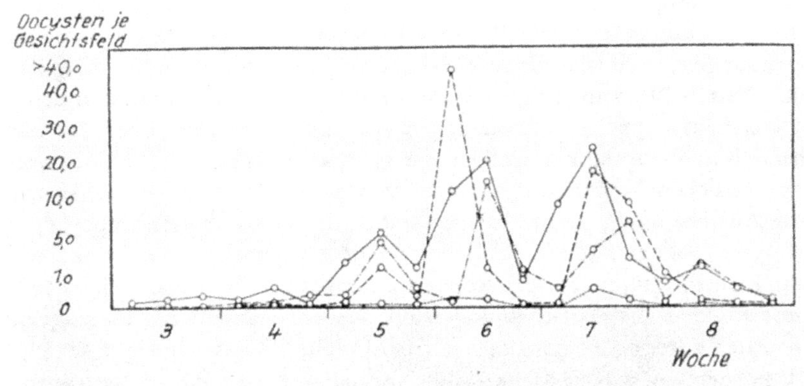

Abb. 25. Verlauf der Oocystenausscheidungsraten
Zeichenerklärung: ———— Gruppe 15 —·—·— Gruppe 17
— — — — Gruppe 16 ········ Gruppe 18

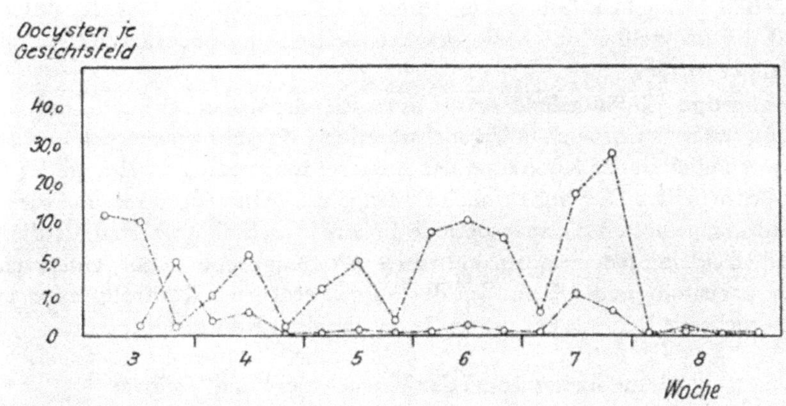

Abb. 26. Verlauf der Oocystenausscheidungsraten
Zeichenerklärung: —×—×— Gruppe 19
—··—··— Gruppe 20

der gesamten Versuchszeit und in einem verzögerten Beginn der Ausscheidungen zum Ausdruck, während die Präventivbehandlung in Kontrollgruppe 16 kaum die absolute Höhe des Oocystenabsatzes beeinflußte, wohl aber eine Verzögerung des ersten Oocystennachweises bewirkte.

Nachdem in der normal ernährten Versuchsabteilung A die Ausscheidungsraten bis in die 5. Versuchswoche hinein auch in den unbehandelten Gruppen verhältnismäßig niedrig blieben, erfolgte zuerst in der unbehandelten Kontrollgruppe 15 ein Anstieg; ihm folgte mit Ausnahme von Versuchsgruppe 18 in allen Gruppen dieser Versuchsabteilung in der 6. Versuchswoche ein erstes Ausscheidungsextrem. Die Präventivbehandlung in Kontrollgruppe 16 vermochte nicht die absolute Höhe der Ausscheidungen, wohl aber die zeitliche Ausprägung des Extrems günstig zu beeinflussen. Dieselbe Wirkung zeigte der Pferdealtstreustapel in der unbehandelt gebliebenen Versuchsgruppe 17, deren Ausscheidungsextrem gegenüber der ebenfalls unbehandelt gebliebenen Kontrollgruppe 15 zwar nicht in seiner Höhe, wohl aber in seiner zeitlichen Ausdehnung begrenzt wurde. Das in der 7. Versuchswoche festgestellte Ausscheidungsextrem dagegen trat in der Pferdealtstreugruppe 17 sowohl der absoluten Höhe als auch der zeitlichen Ausprägung nach wesentlich abgeschwächter als in Kontrollgruppe 15 in Erscheinung. In beiden Extremfällen blieben bemerkenswerter Weise die Ausscheidungsraten der unbehandelten Altstreugruppe 17 noch deutlich unter denen der präventiv behandelten Kontrollgruppe 16.

Im Vergleich zur unbehandelten, aber normal ernährten Pferdealtstreugruppe 17 waren die Ausscheidungsraten in der ebenfalls unbehandelten, jedoch mangelhaft mit tierischem Eiweiß versorgten Altstreugruppe 19 deutlich erhöht. Hierdurch wird der in unseren vorhergehenden Untersuchungen festgestellte ungünstige Einfluß tierischer Eiweißmangeldiäten auf die Oocystenausscheidungsraten bei sehr jungen Küken bestätigt. Auch die anfänglich höheren Ausscheidungen der präventiv behandelten Mangeldiät-Gruppe 20 deuten dies an, obgleich hier der ungünstige Einfluß der Mangeldiät durch die Präventivbehandlung offensichtlich weitgehend unterdrückt wurde.

Die günstige Einflußnahme präventiver Eleudrongaben auf die Oocystenausscheidungsraten wurde auch in Versuchsabteilung B (Abb. 26) deutlich und äußerte sich vornehmlich in der Kupierung der Ausscheidungsextreme während der 6. und 7. Versuchswoche. Die unbehandelte Mangeldiät-Altstreugruppe 19 wies zwar während der gesamten Versuchsperiode höhere Ausscheidungsraten als die ebenfalls unbehandelte, jedoch normal ernährte Altstreugruppe 17 auf, entsprach aber in ihren parasitologischen Befunden der normal ernährten Kontrollgruppe 15 und übertraf nicht die Befunde der präventiv behandelten Kontrollgruppe 16.

Gesundheitszustand der Versuchstiere und Verluste

Gesundheitliche Beeinträchtigungen der Versuchstiere infolge Coccidienbefalls traten in allen Gruppen im Laufe der Versuchszeit wiederholt, zuerst bereits während der dritten Versuchswoche in der unbehandelten Kontrollgruppe 15 und in den ebenfalls unbehandelten Pferdealtstreugruppen 17 und 19 sowie trotz präventiven Eleudronzusatzes in Altstreugruppe 20, danach in wöchentlichen Abständen in allen Gruppen mit teilweise empfindlichen Verlusten auf. Im Verlaufe der 4. Versuchswoche griffen die Coccidieninvasionen auch auf die bis dahin nicht betroffenen präventiv behandelten Kontrollgruppe 16 und Pferdealtstreugruppe 18 über. Im

Verlaufe der 7. Versuchswoche normalisierte sich der Gesundheitszustand in allen Gruppen, so daß sich alle Versuchstiere von der 8. Versuchswoche an in guter Kondition befanden.

Die Zahl der eingegangenen Tiere sowie der Anteil der Todesursachen ist in Tab. 26 niedergelegt. Die verlustmindernde Wirkung präventiver Eleudrongaben ist offensichtlich, obgleich sich bei der statistischen Auswertung des Materials nur schwache Korrelationen (s. Tab. 27) ermitteln ließen.

Tabelle 26

Verluste während der Versuchsperiode und Anteil der Todesursachen

	Tierzahl bei Versuchsbeginn	Tierzahl bei Versuchsende	Verluste Insgesamt		davon Unspezifische Ursache[1]		Coccidiose	
			Stck.	v. H.	Stck.	v. H.	Stck.	v. H.
Gruppe 15 (Kontrolle ohne Eleudron)	140	104	36	25,7	3	2,1	33	23,6
Gruppe 16 (Kontrolle mit Eleudron)	140	126	14	10,0	1	0,7	13	9,3
Gruppe 17 (Pferdealtstreu ohne Eleudron)	140	112	28	20,0	2	1,4	26	18,6
Gruppe 18 (Pferdealtstreu mit Eleudron)	140	131	9	6,4	3	2,1	6	4,3
Gruppe 19 (abgel. Pferdealtstreu, tier. Eiw. Mangeld., ohne Eleudron)	140	114	26	18,6	1	0,7	25	17,9
Gruppe 20 (abgel. Pferdealtstreu, tier. Eiw. Mangeld., mit Eleudron)	140	126	14	10,0	1	0,7	13	9,3

[1] Alle Todesursachen nichtinfektiöser und nichtparasitärer Art.

Tabelle 27

Berechnung der Korrelationen zwischen präventiver Eleudronbehandlung und vermindertem Auftreten von Verlusten

	Kontrollgruppe 15 Kontrollgruppe 16	Pferdealtstreugruppe 17 Pferdealtstreugruppe 18	abgelagerte Pferdealtstreugruppe 19 abgelagerte Pferdealtstreugruppe 20
Korrelationskoeffizient *r*	0,20	0,20	0,12

Wie in unseren bisherigen Untersuchungen traten wiederum in den unbehandelten Pferdealtstreugruppen geringere Verluste, insbesondere Coccidioseabgänge, als in der unbehandelten Kontrollgruppe auf. Trotz von Versuchsbeginn an gegebener Invasionsmöglichkeiten in der unbehandelten Altstreugruppe 19 überstiegen deren Verluste nicht die der ebenfalls unbehandelten Kontrollgruppe 15 und Altstreugruppe 17.

Die verlustmindernde Wirkung der Altstreustapel blieb jedoch gering, so daß von einer statistischen Auswertung abgesehen wurde.

Dagegen scheinen die Coccidioseverluste in Kontrollgruppe 16 durch präventive Eleudrongaben stärker gemindert worden zu sein als in den unbehandelten Versuchsgruppen 17 und 19 durch Verwendung von Altstreustapeln. Die statistische Auswertung (es wurde die T-Prüfung nach H. v. Schelling benutzt) — siehe Tab. 28 — ergab jedoch zwischen diesen Gruppen keine gesicherten Unterschiede der Verlustzahlen, die erst bei einem T-Wert > 3 als signifikant anzusehen wären.

Tabelle 28
Prüfung der Verluste der präventiv behandelten Kontrollgruppe 16 und der nicht behandelten Pferdealtstreugruppen 17 und 19 auf statistische Sicherheit

	Kontrollgruppe 16 Pferdealtstreugruppe 17	Kontrollgruppe 16 Pferdealtstreugruppe 19
T-Wert	2,34	2,05

4. Besprechung der Ergebnisse

Die verbesserten Endgewichte, die günstigere Futterverwertung sowie die verminderten Oocystenausscheidungsraten und Abgänge in allen, unabhängig von der Einstreuart, präventiv mit Eleudron behandelten Gruppen deuten auf eine geringere Schädigung und schnellere Erholung befallener Tiere nach Coccidieninvasionen hin. Gerade die verbesserte Futterverwertung in diesen Gruppen weist zwingend auf eine weniger starke Funktionsbeeinträchtigung des coccidienbefallenen Darmtraktus hin, woraus zugleich die Bedeutung der in allen präventiv behandelten Gruppen nachgewiesenen Verminderung des Oocystenabsatzes für die Gewichtsentwicklung der Versuchstiere hervorgeht.

In den vorliegenden Ergebnissen erblicken wir daher die bisher fehlende Bestätigung für das Bestehen wachstumsbeschränkender Wirkungen von Coccidieninvasionen, wie sie in allen unseren Untersuchungen augenscheinlich werden.

Inwieweit unterschwellige Eleudrondosen durch die deutliche Unterdrückung des endogenen Entwicklungszyklus von Coccidien, die in der ausschließlichen Wirkung von Sulfonamiden auf die 2. Schizontengeneration begründet liegt (60), über eine weniger starke Oocystenanreicherung in der Einstreu eine mögliche Verminderung der Zahl invadierter Oocysten bewirken, läßt sich anhand vorliegender Untersuchungen nicht feststellen. Dazu wären spezielle parasitologische Untersuchungen nötig. Das Auftreten gesundheitlicher Beeinträchtigungen und ausgeprägter Entwicklungshemmungen auch in diesen Gruppen weist jedoch nicht auf eine Verminderung der Invasionsstärke, sondern im Verein mit den oben bereits angeführten Merkmalen lediglich auf einen durch den ständigen Eleudronzusatz geschwächten Verlauf der Coccidioseerkrankung hin. Die deutlichen Auswirkungen der Präventivbehandlung auf die oben genannten Versuchspositionen ermöglichen darüber hinaus durch die vergleichende Betrachtung der behandelten und unbehandelten Versuchsgruppenpaare eine klarere Beurteilung der in parasitologischer und nutritiver Hinsicht von Altstreustapeln auf die Versuchstiere ausgehenden Wirkungen als dies in den bisherigen Untersuchungen möglich war.

Die gleich gute Gewichtsentwicklung sowie der sehr ähnliche Verlauf der Oocystenausscheidungsraten der präventiv behandelten Kontrollgruppe 16 und der unbehandelten Versuchsgruppe 17 lassen die coccidiostatische Wirkung von frischen Pferdealtstreustapeln der einer Präventivbehandlung auf Wechselstreu nahezu gleichkommen. Lediglich durch die erhöhten, statistisch jedoch nicht gesicherten Abgänge sowie durch die etwas ungünstigere Futterverwertung in der Pferdealtstreugruppe 17 wird diese bei normaler tierischer Eiweißversorgung von einer Präventivbehandlung auf Wechselstreu geringfügig übertroffen.

Bei Mangeldiät an tierischem Eiweiß bleibt die nutritive und coccidienhemmende Wirkung abgelagerter Pferdealtstreustapel hinter der Wirkung präventiver Eleudrongaben auf Wechselstreu bei normaler Eiweißversorgung deutlich zurück. Dies wird durch den Vergleich der Versuchsdaten der unbehandelt gebliebenen Mangeldiät-Altstreugruppe 19 und der präventiv behandelten, normal ernährten Kontrollgruppe 16 bewiesen. Allerdings wird dieser Vergleich vor allem hinsichtlich der Beurteilung der wachstumsfördernden Wirkung des Altstreustapels in Gruppe 19 durch den in dieser Gruppe deutlich verminderten Futterverbrauch eingeschränkt.

Dagegen stimmen die Altstreugruppe 19 und die ebenfalls nicht präventiv behandelte, aber normal ernährte Kontrollgruppe 15 bis auf einen anfänglich erhöhten Oocystenabsatz in der ersteren in allen Versuchsdaten gut überein. Dasselbe trifft für die zwar präventiv behandelten, aber einen unterschiedlichen Eiweißgehalt ausweisenden Gruppen 16 und 20 zu.

Die nutritive Wirkung abgelagerter Altstreustapel entspricht somit einer normalen tierischen Eiweißversorgung auf Wechselstreu. Eine zusätzliche Präventivbehandlung mit Eleudron beeinflußt Oocystenabsatz, Abgänge sowie Futterverwertung günstig und führt bei stark vermindertem tierischen Eiweißanteil in Altstreugruppe 20 zu deutlich gesteigerten nutritiven Wirkungen des Altstreustapels. Die Gewichtsentwicklung der Tiere in dieser Gruppe übertraf hierbei deutlich die der unbehandelten, aber normal ernährten Kontrolltiere in Gruppe 15.

Durch die Präventivbehandlung konnte somit der Nachweis grundsätzlich größerer potentieller Wirkungen von Altstreustapeln erbracht werden. Zugleich treten hierdurch die engen Wechselbeziehungen zwischen Stärke der Coccidieninvasionen und Beeinträchtigung der Gewichtsentwicklung deutlich hervor. Sie kommen hauptsächlich in Versuchsgruppe 19 während der 4. bis 7. Versuchswoche, in den Versuchsgruppen 15 und 17 während der 5. und 6. Versuchswoche zum Ausdruck. Die in der letzten Versuchswoche in allen Gruppen unbeeinträchtigten Gewichtszunahmen infolge stark verminderten Oocystenabsatzes unterstreichen das Bestehen dieser Beziehungen sehr nachhaltig.

Eine Übertragung von Coccidienoocysten durch mehrmals zur Kükenaufzucht benutzte Pferdealtstreustapel kann nach den vorliegenden Untersuchungsergebnissen in Übereinstimmung mit solchen von HORTON-SMITH und LONG (61) sowie KOUTZ (71) als erwiesen betrachtet werden. Hierfür sprechen vor allem die Oocystennachweise in den Einstreuproben zu Versuchsbeginn und der anfänglich erhöhte Oocystenabsatz in der unbehandelten Versuchsgruppe 19, wenn auch dieser durch die verabreichte Mangeldiät an tierischem Eiweiß begünstigt wurde.

Dennoch blieben Masseninvasionen, verbunden mit stärkerer Hemmung der Gewichtsentwicklung und höheren Verlusten, aus. Die Gruppen der Versuchsabteilung B unterscheiden sich vielmehr trotz der unzureichenden tierischen Eiweißversorgung günstig von der normal ernährten Kontrollgruppe 15 auf Wechselstreu und weisen auch keine höheren Abgänge als die normal ernährte Versuchsgruppe 17 auf frischer Pferdealtstreu aus. Wir halten deswegen die abermalige Benutzung von Altstreustapeln zur Kükenaufzucht auch in parasitologischer Hinsicht für unbedenklich.

Im Gegensatz zu den Ergebnissen KENNARDS und CHAMBERLINS (69) konnten wir jedoch keine, durch größeres Alter der Altstreu bedingte, verstärkte antiparasitäre Wirkung von abgelagerten gegenüber frischen Pferdealtstreustapeln feststellen. Eine deutliche Überlegenheit in der Gewichtsentwicklung der Versuchstiere mit tierischer Eiweißmangeldiät auf Altstreu über die ausreichend mit tierischem Eiweiß versorgten Versuchstiere auf frischer Tiefstreu bzw. Wechselstreu läßt sich übrigens auch nicht in den Versuchen KENNARDS und CHAMBERLINS nachweisen. Lediglich in einem Falle ist die Gewichtsentwicklung der Mangeldiättiere auf Altstreu denen der vollwertig ernährten auf Wechselstreu geringfügig, denen auf frischer Tiefstreu niemals überlegen. Unsere Versuchsergebnisse gleichen also durchaus denen der genannten Autoren.

Wiederum kann die von frischen Pferdealtstreustapeln anfänglich ausgehende Wärmeproduktion als vermeintliches wirksames Prinzip nicht anerkannt werden, da die Verbesserung der Gewichtsentwicklung in diesen Gruppen sich hauptsächlich während der letzten Versuchswochen vollzog. Während dieser Zeit war auf frischen Pferdealtstreustapeln keine Wärmewirkung mehr nachzuweisen. Außerdem würden bei einer solchen Annahme die deutlichen Einwirkungen der ohne Wärmewirkung gebliebenen abgelagerten Pferdealtstreustapel auf die Gewichtsentwicklung der Versuchstiere ohne Erklärung bleiben.

In Verfolg der im vorhergehenden Versuch begonnenen eingehenderen Charakterisierung der thermophysikalischen Eigenschaften von Altstreustapeln sind die aus dem Verlauf der in den Tab. 23 und 24 dargestellten Boden- und Tiefentemperaturen gewonnenen Beziehungen zwischen beiden aufschlußreich: Danach werden lediglich in Versuchsgruppe 17 während der ersten drei Versuchswochen die Bodentemperaturen von den in der Stapeltiefe ablaufenden exothermischen Umsetzungsprozessen beeinflußt. Die Bodentemperaturen des frischen Pferdealtstreustapels in Versuchsgruppe 18 dagegen bleiben während der gesamten Versuchsperiode unbeeinflußt.

VII. Vergleichende Kükenaufzuchtversuche auf Wechsel-, Pferdealt- und Hühneraltstreu bei normaler und unzureichender Versorgung mit tierischem Eiweiß unter Anwendung der Ganznachtbeleuchtung

1. Zielsetzung

Nachdem der störende Einfluß von Coccidieninvasionen auf die Gewichtsentwicklung der Tiere durch präventive Sulfonamidbehandlungen weitgehend eingeschränkt werden konnte, erschien es im Interesse der Darstellung der potentiellen nutritiven Wirkungen von Altstreustapeln erforderlich, den stets festgestellten wachstumslimitierenden niedrigen Futterverbrauch in den tierischen Eiweißmangeldiätgruppen durch geeignete Maßnahmen dem höheren Futterverbrauch der normal ernährten Tiere anzugleichen. Streng genommen werden sichere Aussagen über die futterkomplettierenden Wirkungen von Altstreustapeln nur unter der Voraussetzung annähernd gleich hohen Futterverbrauches in den normal und unzureichend mit tierischem Eiweiß versorgten Gruppen möglich.

Wir entschlossen uns daher zur Anwendung der Ganznachtbeleuchtung, um einerseits durch die beträchtliche Verlängerung der Fütterungszeiten in den Gruppen unterschiedlichen tierischen Eiweißgehaltes ausgeglichene Futteraufnahmen zu erzielen und andererseits durch die erhöhte Futteraufnahme eine bessere Gewichtsentwicklung und damit eine erhöhte Widerstandsfähigkeit gegenüber Coccidieninvasionen zu bewirken.

Daneben erschien es infolge der bisher bei Verwendung abgelagerter Altstreustapel nur unzureichend vorliegenden, parasitologische Fragen berücksichtigenden Untersuchungen wünschenswert, die im vorhergehenden Versuch begonnenen Untersuchungen hinsichtlich der Übertragungsmöglichkeiten natürlicher Coccidieninvasionen durch bereits zur Aufzucht benutzte Pferdealtstreustapel sowie über ihre nutritiven Wirkungen fortzusetzen und durch Einbeziehung einer Hühneraltstreugruppe in diesen Fragenkomplex zu ergänzen.

2. Versuchsplan

Der Versuch bestand aus 6 Gruppen zu je 100 geschlechtssortierten Hennenküken der Rasse weiße Leghorn und wurde in der Zeit vom 2. 2. bis 29. 3. 1956 durchgeführt. Er gliederte sich wie folgt:

- Gruppe 21 = Kontrollgruppe auf Wechselstreu; normale tierische Eiweißversorgung
- Gruppe 22 = Kontrollgruppe auf Wechselstreu; Mangeldiät an tierischem Eiweiß mit 0,5 v. H. Betapanzusatz
- Gruppe 23 = Versuchsgruppe auf Pferdealtstreu; Mangeldiät an tierischem Eiweiß
- Gruppe 24 = Versuchsgruppe auf Hühneraltstreu; Mangeldiät an tierischem Eiweiß
- Gruppe 25 = Versuchsgruppe auf abgelagerter Pferdealtstreu; normale tierische Eiweißversorgung
- Gruppe 26 = Versuchsgruppe auf abgelagerter Pferdealtstreu; Mangeldiät an tierischem Eiweiß

Die prozentuale Zusammensetzung der verwendeten Alleinfutter geht aus folgender Aufstellung hervor:

	Gruppe 21 u. 25	Gruppe 22	Gruppe 23, 24, 26
Fischmehl	8	—	—
Sojaextraktionsschrot	7	16	16
Magermilchpulver	3	3	3
Erbsenschrot	—	5	5
Trockenhefe	3	3	3
Gerstenschrot	25	25	25
abgesiebtes Haferschrot	15	15	15
Maisschrot	20	15	15
Weizenkleie	16	15	15
Betapan	—	0,5	—
phosphors. Futterkalk	2,5	2	2,5
Kochsalz	0,5	0,5	0,5
Rohproteingehalt	19,0	18,9	
Gesamtnährstoffgehalt	64,1	64,4	

Der Zusatz an Betapan — einem Wirkstoffkonzentrat auf Grundlage eingedickter Fischpreßwässer — zur Mangeldiät an tierischem Eiweiß in Kontrollgruppe 22 ermöglicht die quantitative Erfassung der von Altstreustapeln der verschiedenen Herkünfte ausgehenden nutritiven Wirkungen. Diese können durch die vollwertige Ernährung der Versuchstiere in Altstreugruppe 25 noch präzisiert werden.

Die Hühneraltstreu in Gruppe 24 entstammt unseren ersten Aufzuchtversuchen, nach deren Beendigung sie kompostiert wurde. Die Pferdealtstreustapel in den Gruppen 25 und 26 wurden bis etwa 5 Wochen vor Versuchsbeginn ständig von Junghähnen belaufen.

3. Versuchsergebnisse

Futterverbrauch

Der wöchentliche Futterverbrauch wird in Tab. 29 belegt. Er war im Vergleich zu unseren bisherigen Untersuchungen deutlich erhöht. Durch die Ganznachtbeleuchtung wurde der futterverbrauchmindernde Einfluß einer tierischen Eiweißmangeldiät aufgehoben, wie aus dem ohne Rücksicht auf die verwendete Einstreuart oder den unterschiedlichen tierischen Eiweißgehalt des verabreichten Futters in allen Versuchs- und Kontrollgruppen praktisch gleich hohen Futterverbrauch hervorgeht.

Gewichtsentwicklung

Die durchschnittlichen Gewichtszunahmen und Körpergewichte werden wöchentlich in Tab. 30 belegt. Die Ergebnisse der statistischen Auswertung der Achtwochengewichte enthält Tab. 31.

Danach unterscheiden sich alle Altstreugruppen unabhängig von der Einstreuart und der Höhe tierischer Eiweißgaben trotz gleich hohen Futterverbrauches durch

Tabelle 29

Futterverbrauch in g

Woche	Gruppe 21 (Kontrolle, normale tierische Eiweißversorgung) Mischfutter		Gruppe 22 (Kontrolle, tierische Eiweißmangeldiät mit Betapanzusatz) Mischfutter		Gruppe 23 (Pferdealtstreu, tierische Eiweißmangeldiät) Mischfutter		Gruppe 24 (Hühneraltstreu, tierische Eiweißmangeldiät) Mischfutter		Gruppe 25 (abgelagerte Pferdealtstreu, normale tierische Eiweißversorgung) Mischfutter		Gruppe 26 (abgelagerte Pferdealtstreu, tierische Eiweißmangeldiät Mischfutter	
	Gruppenverzehr	Verzehr je Küken	Gruppenverzehr	Verzehr je Küken	Gruppenverzehr	Verzehr je Küken	Gruppenverzehr	Verzehr je Küken	Gruppenverzehr	Verzehr je Küken	Gruppenverzehr	Verzehr je Küken
1.	3535	36,1	4675	47,9	4555	46,1	4745	48,3	4445	45,5	4365	44,5
2.	7790	82,8	8820	91,9	8755	90,3	8245	85,0	8650	90,1	7900	84,0
3.	14180	150,9	14520	151,3	14485	149,3	14095	145,3	14335	149,3	13650	146,8
4.	18070	192,2	19190	199,9	18950	195,4	19960	206,0	20170	210,8	16370	176,0
5.	24440	262,8	24440	257,3	24805	255,7	24760	259,5	24200	254,7	24560	266,7
6.	25200	271,8	25200	265,3	25200	260,9	25200	268,1	25200	265,3	25200	273,9
7.	34460	374,6	35340	372,0	34890	363,4	34600	374,5	34300	362,2	34800	378,3
8.	29420	332,8	29920	327,7	29980	318,9	29460	330,6	30360	327,5	30140	328,0
Gesamt	157095	1704,0	162105	1713,3	161520	1680,0	161065	1717,3	161660	1705,4	156985	1698,2

Tabelle 30
Gewichtsentwicklung und Futterverwertung

	Gruppe 21 (Kontrolle, normale tierische Eiweißversorgung)				Gruppe 22 (Kontrolle, tierische Eiweißmangeldiät mit Betapanzusatz)				Gruppe 23 (Pferdealtstreu, tierische Eiweißmangeldiät)			
	⌀ Kükengewicht		⌀ Zunahme		⌀ Kükengewicht		⌀ Zunahme		⌀ Kükengewicht		⌀ Zunahme	
	g	relativ	g	relativ	g	relativ	g	relativ	g	relativ	g	relativ
	37,9 Schlupfgew.				38,0 Schlupfgew.				38,0 Schlupfgew.			
1. Woche	53,1	100	15,2	100	57,2	107,7	19,2	126,3	64,3	121,1	26,3	173,0
2. Woche	89,1	100	36,0	100	96,3	108,1	39,1	108,6	94,6	106,2	30,3	84,2
3. Woche	134,5	100	45,4	100	145,5	108,2	49,2	108,4	142,9	106,2	48,3	106,4
4. Woche	199,9	100	65,4	100	224,9	112,5	79,4	121,4	214,2	107,2	71,3	109,0
5. Woche	269,8	100	69,9	100	303,9	112,6	79,0	113,0	288,3	106,9	74,1	106,0
6. Woche	304,4	100	34,6	100	368,2	121,0	64,3	185,8	348,3	114,4	60,0	173,4
7. Woche	359,3	100	54,9	100	419,4	116,7	51,2	93,3	396,9	103,0	48,6	88,5
8. Woche	424,9	100	65,6	100	455,1	107,1	35,7	54,4	478,3	112,6	81,4	124,1
Gesamtzunahme			387,0	100			417,1	107,8			440,3	113,8
Nährstoffverbrauch für 100 g Gewichtszunahme	68,7 g v. E. 282,2 g GN				62,4 g v. E. 264,5 g GN				58,0 g v. E. 245,7 g GN			

	Gruppe 24 (Hühneraltstreu, tierische Eiweißmangeldiät)				Gruppe 25 (abgelagerte Pferdealtstreu, normale tierische Eiweißversorgung)				Gruppe 26 (abgelagerte Pferdealtstreu, tierische Eiweißmangeldiät)			
	⌀ Kükengewicht		⌀ Zunahme		⌀ Kükengewicht		⌀ Zunahme		⌀ Kükengewicht		⌀ Zunahme	
	g	relativ	g	relativ	g	relativ	g	relativ	g	relativ	g	relativ
	37,5 Schlupfgew.				38,5 Schlupfgew.				38,0 Schlupfgew.			
1. Woche	62,2	117,1	24,7	162,5	57,4	108,1	18,9	124,3	62,6	117,9	24,6	161,8
2. Woche	93,9	105,4	31,7	88,1	90,7	101,8	33,3	92,5	91,0	102,1	28,4	78,9
3. Woche	143,5	106,7	49,6	109,3	139,7	103,9	49,0	107,9	143,1	106,4	52,1	114,8
4. Woche	210,7	105,4	67,2	102,8	207,6	103,9	67,9	103,8	216,7	108,4	73,6	112,5
5. Woche	281,6	104,4	70,9	101,4	276,0	102,3	68,4	97,9	298,5	110,6	81,8	117,0
6. Woche	341,5	112,2	59,9	173,1	324,1	106,5	48,1	139,0	361,6	118,8	63,1	182,4
7. Woche	402,7	112,1	61,2	111,5	377,3	105,0	53,2	96,9	421,1	117,2	59,5	108,4
8. Woche	495,3	116,6	92,6	141,2	478,9	112,7	101,6	154,9	497,6	117,1	76,5	116,6
Gesamtzunahme			457,8	118,3			440,4	113,8			459,6	118,8
Nährstoffverbrauch für 100 g Gewichtszunahme	57,0 g v. E. 241,6 g GN				60,4 g v. E. 248,2 g GN				56,2 g v. E. 237,9 g GN			

hochgesicherte verbesserte Achtwochengewichte von der normal ernährten Kontrollgruppe 21. Auch die Eiweißmangeldiätgruppe 22 mit Vitamin B_{12}-Zusatz auf Wechselstreu wies gegenüber der letzteren eine gesichert verbesserte Gewichtsentwicklung auf, aus der die Wirksamkeit des Betapanzusatzes ersichtlich wird, blieb jedoch hierin der Hühneraltstreugruppe 24 und der Gruppe 26 auf abgelagerter Pferdealtstreu, die ihr bezüglich der verabreichten Mangeldiät gleichen, aber ohne Betapanzusatz geblieben sind, gesichert sowie der normal ernährten, auf abgelagerten Pferdealtstreustapel gehaltenen Versuchsgruppe 25 wahrscheinlich gesichert unterlegen. Lediglich die verbesserte Gewichtsentwicklung in Versuchsgruppe 23 auf frischem Pferdealtstreustapel ließ sich infolge großer Streuung ihrer Endgewichte nicht gegen die der Kontrollgruppe 22 absichern.

In den Altstreugruppen unterschieden sich unabhängig von den verwendeten Stapelmaterialien und den tierischen Eiweißgehalten der Mischfutter die Endgewichte nicht signifikant. Hierbei muß besonders hervorgehoben werden, daß auf abgelagerten Altstreustapeln eine ausreichende tierische Eiweißversorgung nicht zu besseren Ergebnissen führte.

Das in Abb. 27 dargestellte Häufigkeitspolygon der Endgewichte läßt wiederum die typische Gipfelverschiebung, die mit Ausnahme von Versuchsgruppe 24 in allen anderen Gruppen gegenüber Kontrollgruppe 21 zwei Gewichtsklassen beträgt, sowie eine Erhöhung des Anteils höherer und eine Minderung niedriger Gewichtsklassen bei auf Altstreu aufgezogenen Junghennen erkennen. Die verbesserte Gewichtsentwicklung in den Altstreugruppen im Vergleich zur Kontrollgruppe 22 beruht nicht auf größere Häufigkeit mittlerer, sondern auf einer geringeren Häufigkeit niedriger und einer auffallend größeren Häufigkeit höherer Gewichtsklassen. Altstreugruppe 25 zeigte zwar ebenfalls wie Kontrollgruppe 22 eine geringere Häufigkeit hoher Gewichtsklassen, doch kann sich diese auf das durchschnittliche Körpergewicht nicht auswirken, weil sie durch einen zweiten Gipfel in der Gewichtsklasse 500—550 g ausgeglichen wird.

Abb. 27. Häufigkeitspolygon der Achtwochengewichte

Futterverwertung

Angaben über das Futterverwertungsvermögen enthält Tab. 31. Hieraus geht wiederum eindeutig die verbesserte Futterverwertung der Altstreugruppen hervor.

Ein Einfluß des unterschiedlichen tierischen Eiweißgehaltes des Futters konnte nicht nachgewiesen werden. Der Betapanzusatz zur tierischen Eiweißmangeldiät in Kontrollgruppe 22 bewirkte lediglich eine leichte Verbesserung der Futterverwertung, die zwischen den Werten der normal ernährten Kontrollgruppe 21 und der Altstreugruppen liegt.

Tabelle 31

Ergebnisse der statistischen Auswertung der Achtwochengewichte

	Mittelwert (*M*) Mittelwertsdifferenzen (*D*), *t*-Werte (*t*) und Irrtumswahrscheinlichkeit (*P*)					
	mittlerer Fehler (*m*)	Gr. 21	Gr. 22	Gr. 23	Gr. 24	Gr. 25
Gruppe 21 (Kontrolle normale tier. Eiweißvers.)	$M = 424{,}9$ $m = \pm 7{,}03$					
Gruppe 22 (Kontrolle tier. Eiw. Mangeld. mit Betapan)	$M = 455{,}1$ $m = \pm 8{,}83$	$D = 30{,}2$ $t = 2{,}69$ $P = 1\%$				
Gruppe 23 (Pferdealtstr. tier. Eiw. Mangeld.)	$M = 478{,}3$ $m = \pm 9{,}87$	$D = 53{,}4$ $t = 4{,}35$ $P < 0{,}1\%$	$D = 23{,}2$ $t = 1{,}73$ $P > 5\%$			
Gruppe 24 (Hühneraltstr. tier. Eiw. Mangeld.)	$M = 495{,}3$ $m = \pm 8{,}82$	$D = 70{,}4$ $t = 6{,}21$ $P < 0{,}1\%$	$D = 40{,}2$ $t = 3{,}21$ $P = 0{,}2\%$	$D = 17{,}0$ $t = 1{,}28$ $P = 25\%$		
Gruppe 25 (abgel. Pferdealtstr. normale tier. Eiweißvers.)	$M = 478{,}9$ $m = \pm 7{,}60$	$D = 54{,}0$ $t = 5{,}20$ $P < 0{,}1\%$	$D = 23{,}8$ $t = 2{,}05$ $P = 5\%$	$D = 0{,}6$ $t = 0$	$D = 16{,}4$ $t = 1{,}41$ $P > 10\%$	
Gruppe 26 (abgel. Pferdealtstr. tier. Eiw. Mangeld.)	$M = 497{,}6$ $m = \pm 9{,}14$	$D = 72{,}7$ $t = 6{,}23$ $P < 0{,}1\%$	$D = 42{,}5$ $t = 5{,}69$ $P < 0{,}1\%$	$D = 19{,}3$ $t = 1{,}43$ $P > 10\%$	$D = 2{,}3$ $t = 0$	$D = 18{,}7$ $t = 1{,}57$ $P = 10\%$

Verlauf der Bodentemperaturen

Der Verlauf der täglichen duchschnittlichen Bodentemperaturen ist in Abb. 28 und 29 dargestellt, die wöchentlichen Durchschnittswerte sind in Tab. 32 belegt.

Darin drückt sich bis zum Ende der 4. Versuchswoche eine leichte Überlegenheit aller Altstreustapel über die Wechselstreu in den Kontrollgruppen aus. Nach Ablauf der 4. Versuchswoche waren zwischen allen Gruppen nur noch geringfügige Unterschiede nachzuweisen, die am deutlichsten zwischen Versuchsgruppe 23 mit frischem Pferdealtstreustapel und den Kontrollgruppen blieben. Eine Wärmewirkung in Versuchsgruppe 23 wurde jedoch nicht mehr erkennbar. Die Bodentemperaturen aller abgelagerten Altstreustapel stimmten bei der nicht mehr zu erwartenden Wärmeentwicklung während der gesamten Versuchsperiode relativ gut überein.

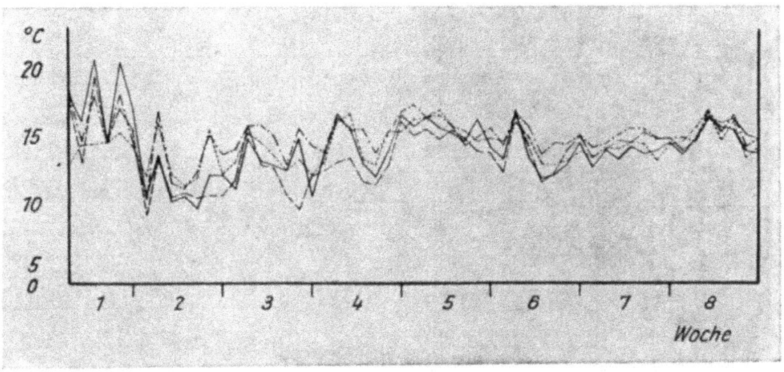

Abb. 28. Verlauf der durchschnittlichen Bodentemperaturen
Zeichenerklärung: ———— Gruppe 21 —·—·— Gruppe 23
— — — — Gruppe 22 ········ Gruppe 24

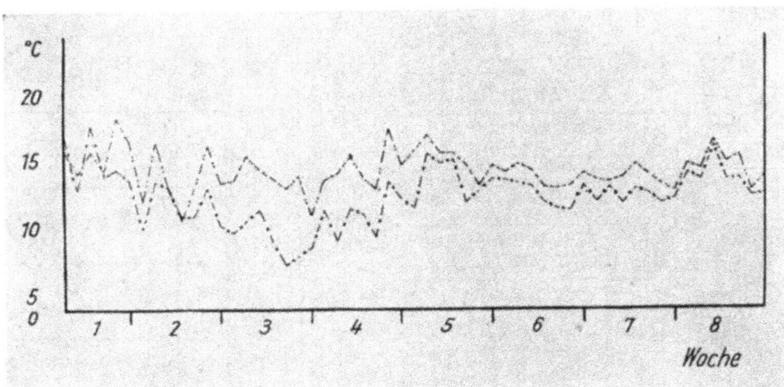

Abb. 29. Verlauf der durchschnittlichen Bodentemperaturen
Zeichenerklärung: —··—··— Gruppe 25
—×—×— Gruppe 26

Der in Abb. 30 und 31 dargestellte Verlauf der minimalen Bodentemperaturen ergänzt die der Durchschnittswerte insofern, als er bei gleicher Tendenz das Absinken der Minimalwerte des frischen Pferdealtstreustapels in Versuchsgruppe 23 auf die der Kontroll- oder abgelagerten Altstreugruppen auch nach Beendigung seiner Wärmewirkung mit Ablauf der 4. Versuchswoche verhinderte und dadurch die Isolierwirkung frischer Pferdealtstreustapel betont.

Der Verlauf der ermittelten Tiefentemperaturen in Abb. 32 und 33 und Tab. 33 weist, wie in unseren vorjährigen, zur gleichen frühen Jahreszeit durchgeführten Untersuchungen, eine stetig steigende Tendenz auf, die auf jahreszeitlich bedingter, fortschreitender Erwärmung des Stallfußbodens beruht. Die anfänglich erhöhten Temperaturwerte sowie die im ganzen weniger stark steigende Tendenz der frischen Pferdealtstreugruppe 23 wird gut sichtbar und charakterisiert die verminderte Emp-

Tabelle 32

Wöchentliche Durchschnittswerte der Bodentemperaturen zu den 3 Messungsterminen und die aus ihnen berechnete durchschnittliche Bodentemperatur in °C

Woche	Gruppe 21 (Kontrolle, normale tierische Eiweißvers.)				Gruppe 22 (Kontrolle, Eiweißmangeldiät mit Betapan)				Gruppe 23 (Pferdealtstreu, Eiweißmangeldiät)				Gruppe 24 (Kompostierte Hühneraltstreu, Eiweißmangeldiät)				Gruppe 25 (Abgelag. Pferdealtstreu normale, tier. Eiweißversorgung)				Gruppe 26 (Abgelag. Pferdealtstreu, Eiweißmangeldiät)			
	7^{00}	12^{00}	18^{00}	Ø	7^{00}	12^{00}	18^{00}	Ø	7^{00}	12^{00}	18^{00}	Ø	7^{00}	12^{00}	18^{00}	Ø	7^{00}	12^{00}	18^{00}	Ø	7^{00}	12^{00}	18^{00}	Ø
1.	16,6	17,8	19,1	17,9	14,1	16,6	18,1	16,3	15,2	17,1	17,1	16,4	13,4	14,3	15,2	14,3	14,3	15,7	17,0	15,6	14,0	14,6	16,1	14,9
2.	8,4	12,8	12,6	11,2	8,6	11,8	11,8	10,7	11,0	13,9	14,0	13,0	10,9	14,0	14,1	13,0	11,8	14,0	14,6	13,5	10,5	12,5	11,7	11,5
3.	12,8	13,3	12,4	12,8	11,9	11,9	12,3	12,0	15,0	14,0	15,3	14,8	13,4	13,7	13,4	13,5	12,1	13,1	13,5	12,9	9,7	9,3	8,3	9,1
4.	13,1	15,4	15,0	14,5	12,5	12,9	13,7	13,0	15,7	14,7	15,6	15,4	14,8	14,4	14,9	14,7	14,2	14,1	15,0	14,5	11,3	10,4	11,5	11,1
5.	15,2	15,4	15,8	15,5	14,7	17,0	14,6	15,5	15,6	15,9	16,0	15,9	15,5	15,8	16,1	15,8	15,3	14,7	15,5	15,1	13,3	13,6	13,8	13,6
6.	12,5	14,6	13,8	13,6	12,9	14,7	13,7	13,8	14,5	15,1	15,3	15,0	13,9	14,4	14,0	14,1	14,1	13,5	13,7	13,8	12,6	11,9	13,0	12,5
7.	13,3	13,9	14,2	13,8	14,1	14,5	15,0	14,6	14,8	14,9	15,3	15,0	13,8	14,1	14,5	14,1	13,3	13,3	14,1	13,6	12,0	12,0	12,8	12,3
8.	13,2	15,2	16,1	14,9	13,8	15,8	16,6	15,4	14,6	15,5	16,2	15,4	14,0	15,6	15,9	15,2	13,4	14,7	15,6	14,6	11,9	14,0	14,9	13,6
Ø	13,1	14,8	14,8	14,2	12,8	14,4	14,4	13,9	14,6	15,1	15,6	15,1	13,7	14,5	14,8	14,3	13,5	14,1	14,8	14,2	11,6	12,3	12,7	12,3

Tabelle 33

Wöchentliche Durchschnittswerte der Tiefentemperaturen zu den 3 Messungsterminen und die aus ihnen berechnete durchschnittliche Tiefentemperatur in °C

	Gruppe 23 (Pferdealtstreu, Eiweißmangeldiät)				Gruppe 24 (Kompostierte Hühneraltstreu, Eiweißmangeldiät)				Gruppe 25 (Abgel. Pferdealtstreu, normale tier. Eiweißversorgung)				Gruppe 26 (Abgel. Pferdealtstreu, Eiweißmangeldiät)			
	7^{00}	12^{00}	18^{00}	Ø	7^{00}	12^{00}	18^{00}	Ø	7^{00}	12^{00}	18^{00}	Ø	7^{00}	12^{00}	18^{00}	Ø
1. Woche	10,9	10,7	10,8	10,8	7,1	7,1	7,4	7,2	9,6	9,8	9,9	9,8	5,6	5,1	5,1	5,3
2. Woche	10,5	10,4	10,5	10,5	7,5	7,6	7,7	7,6	9,6	9,6	10,0	9,7	5,1	5,1	4,8	5,0
3. Woche	11,6	11,5	11,5	11,5	8,9	8,8	8,9	8,9	10,1	10,2	10,1	10,1	5,4	5,5	5,5	5,4
4. Woche	13,3	13,1	13,2	13,2	10,2	10,2	10,2	10,2	11,0	10,9	10,9	10,9	5,8	5,6	5,9	5,8
5. Woche	14,9	14,7	14,9	14,9	11,9	12,0	12,1	12,0	13,0	12,9	13,0	13,0	8,5	8,4	8,5	8,5
6. Woche	14,4	14,1	14,3	14,3	12,6	12,6	12,7	12,6	13,0	13,0	13,1	13,0	8,7	8,6	8,6	8,6
7. Woche	14,6	14,6	14,7	14,6	12,9	12,9	13,0	12,9	12,9	12,8	13,0	12,9	9,8	9,9	9,9	9,9
8. Woche	14,2	14,4	14,4	14,3	14,4	14,8	14,7	14,6	14,4	14,6	14,7	14,6	12,4	12,6	12,7	12,6
Ø	13,1	13,0	13,1	13,0	10,8	10,8	10,9	10,8	11,7	11,8	11,9	11,8	7,7	7,6	7,7	7,7

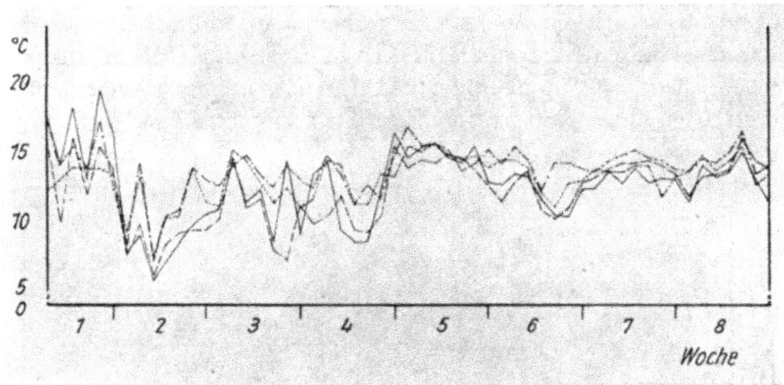

Abb. 30. Verlauf der Minimalwerte der Bodentemperaturen
Zeichenerklärung: ——— Gruppe 21 —·—·— Gruppe 23
– – – – Gruppe 22 ········ Gruppe 24

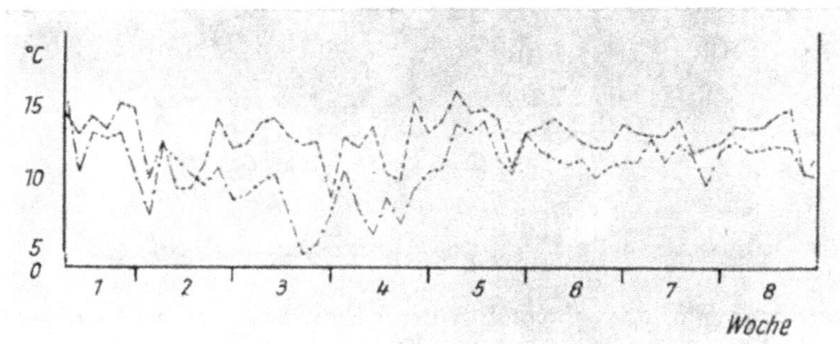

Abb. 31. Verlauf der Minimalwerte der Bodentemperaturen
Zeichenerklärung: —··—··— Gruppe 25
—×—×— Gruppe 26

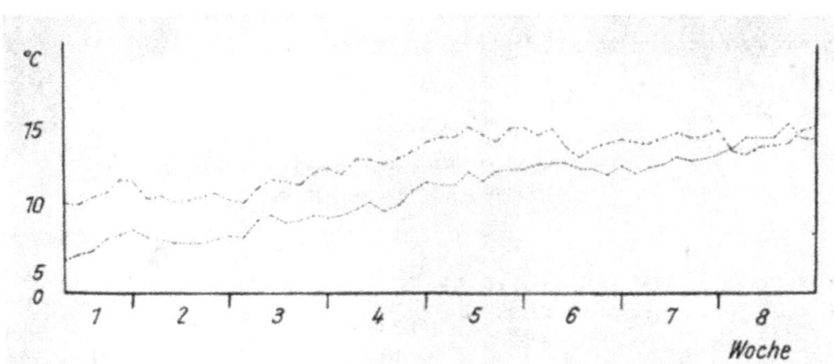

Abb. 32. Verlauf der durchschnittlichen Tiefentemperaturen
Zeichenerklärung: —·—·— Gruppe 23
······· Gruppe 24

findlichkeit solcher Altstreustapel witterungsbedingten Einflüssen gegenüber. Die Werte der abgelagerten Pferdealtstreugruppe 26 dagegen blieben auffallend niedrig und dürften, ebenso wie in unseren zuvor erörterten Untersuchungen, auf die benachteiligte Lage dieses Aufzuchtabteils im Stall zurückzuführen sein.

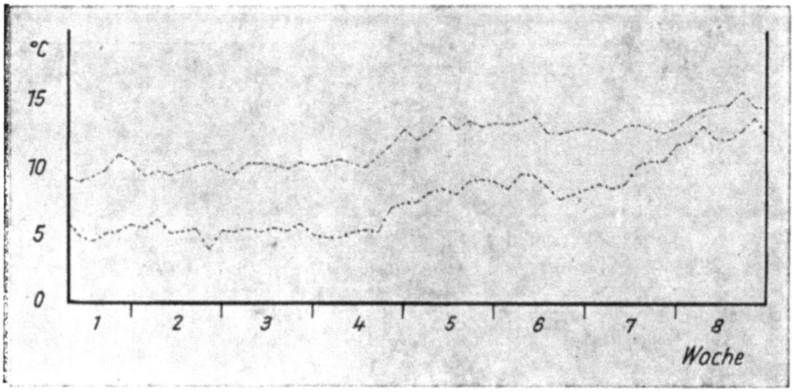

Abb. 33. Verlauf der durchschnittlichen Tiefentemperaturen
Zeichenerklärung: —··—··— Gruppe 25
—×—×— Gruppe 26

Ergebnisse der parasitologischen Einstreuuntersuchungen

Zu Versuchsbeginn und -abschluß wurden Einstreuproben aller Kontroll- und Versuchsgruppen parasitologisch auf Oocystenbesatz untersucht; das Untersuchungsergebnis ist in Tab. 34 belegt. Zu Versuchsbeginn ließen sich erwartungsgemäß lediglich in den abgelagerten Pferdealtstreugruppen, am Versuchsende dagegen wie in unseren vorhergehenden Untersuchungen in allen Kontroll- und Versuchsgruppen Coccidienoocysten nachweisen, ohne daß in den ersteren eine wesentliche Oocystenanreicherung in der Einstreu stattgefunden hätte.

Tabelle 34

Parasitologische Einstreuuntersuchungsbefunde
(Oocysten je Gesichtsfeld)

	Gr. 21 (Kontrolle)	Gr. 22 (Kontrolle)	Gr. 23 (frische Pferdealtstreu)	Gr. 24 (kompostierte Hühneraltstreu)	Gr. 25 (abgel. Pferdealtstreu)	Gr. 26 (abgel. Pferdealtstreu)
Versuchsbeginn	0	0	0	0	0,03	0,04
Versuchsende	0,07	0,05	0,06	0,05	0,06	0,07

Verlauf der Oocystenausscheidungen

Den Verlauf der Oocystenausscheidungen geben Abb. 34 und 35 wieder.

Trotz der vom ersten Lebenstage an auf den Altstreustapeln gegebenen Invasionsmöglichkeiten gelangen die ersten Oocystennachweise zu Beginn der 3. Versuchswoche nicht in den Altstreugruppen, sondern in den Kontrollgruppen. Die Ausscheidungsraten stiegen jedoch im weiteren Versuchsverlauf in den ersteren und in

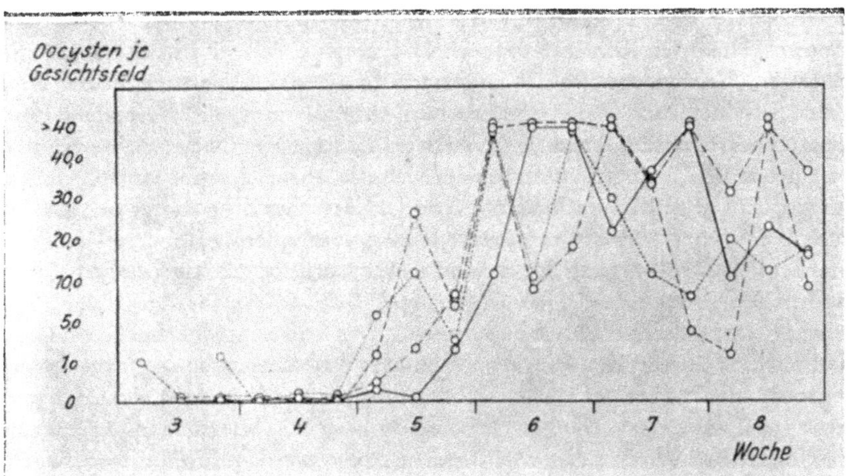

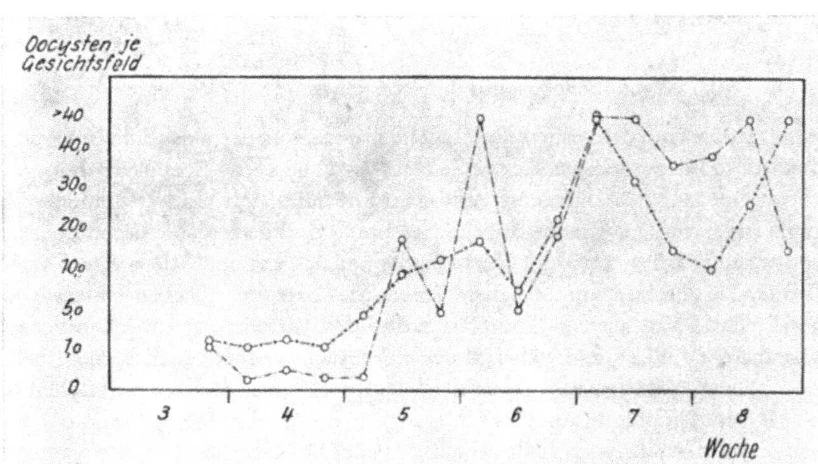

Abb. 35. Verlauf der Oocystenausscheidungsraten

Zeichenerklärung: —×—×— Gruppe 25

—·—·— Gruppe 26

der tierischen Eiweißmangeldiätgruppe 22 bis in die 5. Versuchswoche hinein schneller als in der normal ernährten Kontrollgruppe 21 an, wodurch sich die in unseren bisherigen parasitologischen Untersuchungsergebnissen gefundenen erhöhten Oocystenausscheidungen während der ersten 5 Versuchswochen in Gruppen mit verabreichter tierischer Eiweißmangeldiät erneut bestätigen. Der Betapanzusatz in Kontrollgruppe 22 scheint hierauf ohne Auswirkungen zu bleiben.

In allen tierischen Eiweißmangeldiätgruppen führte der anfänglich erhöhte Oocystenabsatz bereits zu Beginn der 6. Versuchswoche zu Höchstwerten, die in der normal ernährten Kontrollgruppe erst Mitte der 6. Versuchswoche, in der gleich gefütterten Altstreugruppe 25 sogar erst während der 7. Versuchswoche erreicht wurden, sich hier jedoch anhaltend äußerten, ohne allerdings die Werte der Kontrollgruppen zu übertreffen. Trotz des schnelleren Anstiegs der Oocystenausscheidungen in den genannten Gruppen unterschieden sich alle Altstreugruppen unabhängig vom tierischen Eiweißgehalt des Futters von der 5. Versuchswoche an in einer deutlichen Senkung des Oocystenabsatzes, die sich teils in verminderter Höhe, teils in verminderter zeitlicher Ausprägung der Extremwerte ausdrückt, günstig von den Kontrollgruppen. Der Vergleich der Kontrollgruppe 22 mit den ihr bezüglich der Mangelfütterung entsprechenden Altstreugruppen 23, 24 und 26 ist hierbei besonders aufschlußreich. Während der 6. und 7. Versuchswoche übertrafen sogar die Ausscheidungsraten der normal ernährten Kontrollgruppe 21 diejenigen der Mangeldiätgruppen auf Altstreu. Die aus unseren bisherigen Untersuchungen bekannten coccidiostatischen Wirkungen von Altstreustapeln werden durch die vorliegenden parasitologischen Untersuchungsbefunde somit erneut bestätigt.

Hinsichtlich der Übertragungsgefahr natürlicher Coccidieninvasionen durch bereits zwei Mal zur Aufzucht benutzte Pferdealtstreu lieferten die Untersuchungsbefunde also keinen Hinweis, eine solche mehrmalige Benutzung der Pferdealtstreustapel als gefahrvoll zu bezeichnen.

Gesundheitszustand der Versuchstiere und Verluste

Entgegen unseren bisherigen Untersuchungen erfuhr der Gesundheitszustand der Versuchstiere bis zum Beginn der 6. Versuchswoche keine Beeinträchtigung. Erst dann trat eine nur in Allgemeinsymptomen mit vereinzelt klinisch kranken Tieren sich äußernde, wenige Tage andauernde leichte Coccidiose auf, die bereits zur 7. Versuchswoche abklang. Daß die Versuchstiere später dennoch stärkeren Coccidieninvasionen ausgesetzt waren, ist dem Verlauf der parasitologischen Untersuchungsbefunde, dem Auftreten von Todesfällen und den verminderten wöchentlichen Gewichtszunahmen, vor allem während der 7. Versuchswoche, deutlich zu entnehmen.

Die Zahl der Abgänge und den Anteil der interessierenden Todesursachen belegt Tab. 35. Der Anteil interkurrenter Abgänge, die vornehmlich während der 1. Versuchswoche auftraten, lag verhältnismäßig hoch. Die Coccidioseverluste waren in den Altstreugruppen auf frischem und abgelagertem Altstreustapel gegenüber den Kontrollgruppen gemindert, lediglich die der Hühneraltstreugruppe entsprachen den letzteren. Die statistische Auswertung ließ jedoch keine bzw. nur schwache korrelative Beziehungen zwischen der Aufzucht auf Altstreu und verminderten Auftreten von Coccidioseabgängen erkennen.

Tabelle 35

Verluste während der Versuchsperiode und Anteil der Todesursachen (Stck.)

	Tierzahl bei Versuchsbeginn	Tierzahl bei Versuchsende	Verluste Insgesamt	davon Unspezifische Ursache[1]	davon Coccidiose
Gruppe 21 (Kontrolle, normale tier. Eiweißvers.)	100	86	14	7	7
Gruppe 22 (Kontrolle, tier. Eiw. Mangeld. mit 0,5 v.H. Betapan)	100	84	16	5	11
Gruppe 23 (Pferdealtstr. tier. Eiw. Mangeld.)	100	93	7	4	3
Gruppe 24 (komp. Hühneraltstr. tier. Eiw. Mangeld.)	100	87	13	6	7
Gruppe 25 (abgel. Pferdealtstr. norm. tier. Eiweißvers.)	100	93	7	5	2
Gruppe 26 (abgel. Pferdealtstr. tier. Eiw. Mangeld.)	100	91	9	8	1

[1] Alle Todesursachen nichtinfektiöser und nichtparasitärer Art

Tabelle 36

Berechnung der Korrelationen von spezifischen Verlustminderungen in den Altstreugruppen

	Gruppe 23 (Pferdealtstr. tier. Eiw. Mangeldiät)	Gruppe 24 (Hühneraltstreu tier. Eiw. Mangeld.)	Gruppe 25 (abgel. Pferdealtstreu norm. tier. Eiw. Vers.)	Gruppe 26 (abgel. Pferdealtstreu tier. Eiw. Mangeldiät)
Gruppe 21 (Kontrolle norm. tier. Eiw. Vers.)	r = 0,09	r = 0	r = 0,12	r = 0,15
Gruppe 22 (Kontrolle tier. Eiw. Mangeldiät mit Betapan)	r = 0,16	r = 0,07	r = 0,18	r = 0,21

Entgegen unseren vorherigen Untersuchungen wiesen die Mangeldiät-Gruppen auf Alt- und Wechselstreu zu den normal ernährten Kontroll- und Versuchsgruppen keine deutlich erhöhten Abgänge aus. Ebenso ließ sich gegenüber frischen Pferdealtstreustapeln keine gesteigerte coccidiostatische Wirksamkeit abgelagerter Pferdealtstreustapel, beurteilt an der Zahl der nachgewiesenen Todesfälle, nachweisen, deren abermalige Benutzung aber andererseits auch keine gehäuften Coccidioseabgänge zur Folge hatte.

Schlachtergebnisse der angefallenen Hähnchen

Die als Sortierfehler in jeder Gruppe angefallenen Hähnchen wurden zum Versuchsende zur Prüfung der Frage, ob der unterschiedlichen Fütterungs- und Haltungsart neben der Einflußnahme auf das Lebendgewicht auch eine solche auf die Organentwicklung zukommt, ausgeschlachtet. Die Ausschlachtungsergebnisse sind in Tab. 37 belegt.

Tabelle 37
Ergebnisse der Hähnchenausschlachtung (Durchschnittswerte)

	Lebendgewicht	Schlachtgewicht	Schlachtverlust (Blut, Federn, Därme)		Schlachtgewicht nach 24stünd. Kühlung	Kühlverlust	
	g	g	g	v.H.	g	g	v.H.
Gruppe 21	553	453	100	18,0	446	7	1,6
Gruppe 22	667	549	118	17,8	544	5	0,8
Gruppe 23	589	485	104	17,7	480	5	1,0
Gruppe 24	673	550	123	18,5	545	5	1,0
Gruppe 25	556	455	101	18,3	450	5	1,1
Gruppe 26	634	509	125	20,0	503	6	1,2

Bei der geringen Zahl der in jeder Gruppe zur Ausschlachtung gelangten Hähnchen unterlagen naturgemäß die Lebendgewichte größeren Schwankungen und ließen keine Tendenz erkennen. Die relativen Schlacht- und Kühlverluste dagegen verhielten sich in allen Gruppen ziemlich konstant, wenn auch die ersteren in Versuchsgruppe 26, die letzteren in Kontrollgruppe 21 ungünstiger als in den übrigen Gruppen ausfielen.

Nach 24stündiger Vorkühlung wurden den Schlachthähnchen unter Beachtung der anatomischen Besonderheiten Herz, Leber und Muskelmagen entnommen, deren Gewichte auf einer analytischen Waage festgestellt und die ermittelten Organindizes $= \frac{\text{Organgewicht} \times 100}{\text{Lebendgewicht}}$ in Tab. 38 belegt.

Bei der innerhalb und zwischen den Gruppen großen Variationsbreite der Lebendgewichte erschien zu Vergleichszwecken nur die Anwendung der Organindizes sinnvoll. Diese nahmen in der normal ernährten Kontrollgruppe 21 vor allem für das Herz im Vergleich zu allen anderen Gruppen höhere Werte an, die nur vom Magen-

Tabelle 38
Organgewichte und Organindizes der Schlachthähnchen
(Durchschnittswerte)

	Lebend-gewicht	Herz		Leber		Muskelmagen	
	g	g	Index	g	Index	g	Index
Gruppe 21	553	3,0	0,55	14,2	2,53	19,1	3,43
Gruppe 22	667	3,1	0,47	15,7	2,36	22,1	3,31
Gruppe 23	589	2,8	0,48	14,5	2,49	20,1	3,45
Gruppe 24	673	3,2	0,46	18,0	2,75	19,7	2,95
Gruppe 25	556	2,5	0,46	13,4	2,44	17,7	3,20
Gruppe 26	634	2,9	0,44	15,0	2,41	21,1	3,33

index in Versuchsgruppe 23 und vom Leberindex in Versuchsgruppe 25 übertroffen wurden. Zudem fällt der niedrige Leberindex der tierischen Eiweißmangeldiät-Kontrollgruppe auf, während die übrigen Organindizes dieser Kontrollgruppe von denen der Versuchsgruppen nicht stärker abwichen. Die statistische Auswertung der Organindizes erbrachte lediglich für den Herzindex in Versuchsgruppe 25 signifikant kleinere Werte als in Kontrollgruppe 21. Alle anderen verglichenen Organindizes unterschieden sich nicht gesichert voneinander, so daß bei aller durch den geringen Umfang der Beobachtungen gebotenen Vorsicht kein Einfluß durch unterschiedliche Einstreuart oder unterschiedlichen tierischen Eiweißgehalt der Futtermittel auf das Organwachstum abgeleitet werden kann.

4. Besprechung der Ergebnisse

Der den normal ernährten Kontroll- und Altstreugruppen angeglichene Futterverbrauch der tierischen Eiweißmangeldiät-Gruppen ging — trotz der unzureichenden tierischen Eiweißversorgung in diesen Gruppen — mit einer entsprechenden Gewichtsentwicklung einher, aus der die potentielle nutritive Wirksamkeit von Altstreustapeln klar ersichtlich wird. Daß die gute Gewichtsentwicklung der Mangeldiätgruppen nicht lediglich eine Funktion des höheren Futterverbrauches darstellt, sondern durch futterkomplettierende Wirkstoffe der Altstreu bedingt ist, dürfte durch die bei gleichem Futterverbrauch erzielte hochsignifikant verbesserte Gewichtsentwicklung aller Altstreugruppen gegenüber der normal ernährten Kontrollgruppe 21 sowie durch die eindeutig günstigere Futterverwertung in diesen Gruppen bewiesen sein. Somit brachten die Versuchsergebnisse den bisher noch ausstehenden Beweis der vollen Futterkomplettierungsfähigkeit frischer und abgelagerter Altstreustapel auf Mangeldiäten an tierischem Eiweiß, wenn der Futterverbrauch in den Mangeldiätgruppen dem von normal ernährten Gruppen angeglichen wird. Dies gelang uns durch die Anwendung der Ganznachtbeleuchtung.

Die insignifikanten Gewichtsunterschiede zwischen der normal ernährten Altstreugruppe 25 und den unzureichend mit tierischem Eiweiß versorgten Altstreugruppen beweisen, daß eine normal hohe tierische Eiweißgabe bei Aufzucht auf Altstreu zu keiner Wachstumssteigerung mehr führt. Somit können wir unter der Voraussetzung gleich hohen Futterverbrauches in diesen Gruppen die Untersuchungsergebnisse KENNARDs und CHAMBERLINs (67, 68), die bei Verwendung nur pflanzlicher Eiweißträger bei Altstreuaufzucht gegenüber ausreichenden tierischen Eiweißgaben bei Wechselstreuaufzucht gleich gute bzw. verbesserte Ergebnisse erzielen konnten, sowie die von HALBROOK und Mitarbeitern (46), welche die futterkomplettierende Wirkung einjähriger Tiefstreu (built-up litter) der von Vitamin B_{12}-Supplementen mit einem Wirkstoffgehalt von 20 Mikrogramm/kg Futter gleichsetzen, bestätigen. Nutritive Unterschiede zwischen den verwendeten frischen und abgelagerten Pferde- bzw. kompostierten Hühneraltstreustapeln wurden jedoch nicht erkennbar.

Wie eng die Zusammenhänge zwischen nutritiver und antiparasitärer Wirkung von Altstreustapeln sind, geht aus der Betrachtung der Gewichtsentwicklung und ihrer unterschiedlichen Beeinträchtigung durch Coccidieninvasionen in den einzelnen Gruppen hervor. Wie bisher reagierten die Versuchstiere aller Gruppen auf den während der 5. bis 7. Versuchswoche erfolgten Anstieg der Oocystenausscheidungsraten mit verminderten wöchentlichen Gewichtszunahmen. Stärke und Dauer der Oocystenausscheidungen stehen — mit Ausnahme der letzten Versuchswoche in den Altstreugruppen — in gegensinniger Beziehung zu den durchschnittlichen Gewichtszunahmen; dabei kommt es in den Altstreugruppen im allgemeinen wieder zu einer weniger starken Beeinträchtigung und dementsprechend zu einer offensichtlich schnelleren Erholung betroffener Tiere von den Folgen stärkerer Coccidieninvasionen als bei den Kontrolltieren, bei denen auch ein vitamin-B_{12}-haltiger Wirkstoffzusatz (Betapan) ohne mildernden Einfluß auf den Verlauf natürlicher Coccidieninvasionen blieb.

Es erscheint daher nicht abwegig, neben der Wirkung nutritiver Faktoren dem verringerten Oocystenabsatz einen ursächlichen Einfluß auf die verbesserte Gewichtsentwicklung von Küken, die auf Altstreu aufgezogen wurden, zuzuerkennen. Hiermit wären auch die von uns nachgewiesenen gegensinnigen Beziehungen zwischen Verlauf des Oocystenabsatzes und den durchschnittlichen wöchentlichen Gewichtszunahmen gut in Einklang zu bringen.

Die Ursachen des auf Altstreu eingetretenen Wachstumseffektes im Wärmebildungsvermögen der Altstreustapel zu suchen, erscheint uns wiederum nicht vertretbar. Die bereits mehrfach zur Kükenaufzucht verwendeten Altstreustapel in den Versuchsgruppen 25 und 26 besaßen keine eigene Wärmewirkung mehr. Ihre im Vergleich zu den Kontrollgruppen während der ersten vier Versuchswochen leicht erhöhten Bodentemperaturen waren nicht auf eine aktive Wärmeerzeugung, sondern auf dämmende Wirkung gegenüber Bodenkälte zurückzuführen. Auch den erhöhten Bodentemperaturen in Gruppe 23 mit frischem Pferdemiststapel, dessen Wärmewirkung lediglich bis zum Ende der 4. Versuchswoche nachgewiesen werden konnte, kann durch das Fehlen eindeutiger Wachstumsunterschiede während dieser Zeit zwischen dieser Gruppe und den Kontrollgruppen, vor allem der Kontrollgruppe 22, keine ursächliche Bedeutung für eine verbesserte Kükenentwicklung beigelegt werden. Vielmehr resultieren die höheren Körpergewichte der Altstreutiere am Versuchsende wiederum vornehmlich aus höheren Gewichtszunahmen während der letzten Versuchswochen.

Die Ergebnisse der routinemäßigen parasitologischen Kotuntersuchungen sowie die Zahl der durch Coccidiose bedingten Abgänge in den Altstreugruppen lassen zwar keine gesteigerte antiparasitäre Wirkung abgelagerter, unbehandelter und nicht desinfizierter Pferdealtstreu- und kompostierter Hühneraltstreustapel gegenüber dem frischen Pferdealtstreustapel erkennen, liefern jedoch auch trotz nachgewiesener, vom ersten Versuchstag an bestehender Invasionsmöglichkeiten keinen Hinweis, vor ihrer wiederholten Verwendung zur Kükenaufzucht zu warnen.

XIII. Gesamtbesprechung und Schlußfolgerungen für die Praxis

Die sich über drei Jahre erstreckenden, an 26 Kontroll- und Versuchsgruppen mit über 2800 Küken durchgeführten Versuche über Fragen der Verwendung frischer und abgelagerter Pferdealtstreustapel in der Kükenaufzucht im Vergleich zu Wechselstreu gestatten hinsichtlich der thermophysikalischen Eigenschaften solcher Einstreustapel, ihrer nutritiven Wirkungen und ihrer Einwirkungen auf parasitäre Krankheitserreger, insbesondere auf Coccidien, und damit hinsichtlich ihres wirksamen Prinzips bei der Verbesserung der Kükenaufzuchtergebnisse eine grundsätzliche Beurteilung.

Die verbesserte Gewichtsentwicklung von Küken auf Pferdealtstreu konnte in keinem Falle mit der von GERRIETS (37, 39) hierfür in Betracht gezogenen höheren Bodenwärme in Altstreustapeln in direkten ursächlichen Zusammenhang gebracht werden, da ihre Wärmewirkung selbst bei Versuchsdurchführung unter winterlichen Witterungsverhältnissen fast nie länger als für die Dauer der ersten vier Versuchswochen zu befristen war. Die verbesserte Gewichtsentwicklung der Altstreutiere resultierte fast ausnahmslos aus verbesserten Gewichtszunahmen während der letzten drei Versuchswochen. Lediglich in zwei Pferdealtstreugruppen dauerte die Wärmeentwicklung bis in die 5. bzw. 6. Versuchswoche hinein an. Durch Verwendung eines extrem starken Pferdealtstreustapels konnte zwar infolge stürmisch verlaufender Zersetzungsprozesse die Anfangstemperatur deutlich erhöht werden; der rasche Wiederabfall der Temperaturen schloß jedoch eine Verlängerung der Wärmewirkung dieses Stapels aus. Ebenso ließ sich lediglich in zwei Altstreugruppen durch die zwischen Boden- und Tiefentemperaturen ermittelten Beziehungen ein Einfluß der letzteren auf die ersteren im Sinne einer „Bodenheizung" für die Dauer der ersten zwei bzw. drei Versuchswochen, in fast allen Altstreugruppen indessen eine deutliche Beeinflussung der Boden- durch die Raumtemperaturen nachweisen. Schon deswegen würde die Beurteilung der Beziehungen zwischen Bodentemperaturen und Gewichtsentwicklung auf große Schwierigkeiten stoßen.

Die Annahme der Bodenwärme als wirksames Prinzip von Altstreustapeln würde zudem auch die verbesserte Gewichtsentwicklung der Versuchstiere nicht erklären, die auf abgelagerten Pferdealtstreu- bzw. kompostierten Hühneraltstreustapeln aufgezogen wurden, die ohne eigene Wärmebildung blieben. Sowohl frische als auch abgelagerte Pferdealtstreustapel sind daher im Hinblick auf ihre thermophysikalischen Wirkungen im Prinzip lediglich als Fußbodenisolatoren zu beurteilen.

Frische Pferdemiststapel wirken sich hierbei durch ihre anfängliche Wärmeproduktion und durch auch später in der Stapeltiefe noch ablaufende, die Bodentemperaturen nicht beeinflussende thermische Zersetzungsprozesse aktiv isolierend aus. Diese Verhältnisse werden durch den Vergleich des Verlaufs der Tiefentemperaturen zwischen den Altstreugruppen 17, 18 und 19, die infolge der leichten Zersetzbarkeit ihres Stapelmaterials eine größere Wärmeproduktion in der Stapeltiefe erkennen lassen, und der Altstreugruppe 20 besonders deutlich, deren schwer zersetzbares Stapelmaterial die Ausbildung höherer Tiefentemperaturen verhinderte. Der Vergleich zwischen diesen Gruppen erscheint uns besonders aufschlußreich, weil er bei jahreszeitlich früher Versuchsdurchführung unter dem Einfluß winterlicher Außentemperaturen gewonnen wurde.

Die fußbodenisolierende Wirkung abgelagerter Altstreustapel ohne eigene Wärmebildung dagegen ist eine passive und beruht lediglich auf dem großen isolierenden Hohlraumvolumen solcher Stapel. Wegen des Ausbleibens eines besonderen Effektes der von frischen Pferdealtstreustapeln anfänglich erzeugten Bodenwärme auf die Aufzuchtergebnisse und wegen der in thermophysikalischer Hinsicht als gleich wirkungsvoll zu bezeichnenden günstigen Eigenschaften von abgelagerten Pferdealtstreustapeln stellt es im praktischen Kükenaufzuchtbetrieb keinen Fehler dar, wenn zwecks besserer Abtrocknung frische Pferdealtstreustapel, selbst auf die Gefahr erloschener Wärmewirkung zum Zeitpunkt der Stallbesetzung hin, bereits mehrere Wochen vor Beginn der Aufzuchtperiode eingebracht werden.

Jahreszeitliche Einflüsse auf die thermophysikalischen Eigenschaften frischer Pferdealtstreustapel äußern sich während des Winters in herabgesetzten Temperaturen, verstärkter Kondenswasserbildung tieferer Einstreuschichten und in höherer und länger anhaltender Feuchtigkeit der obersten Einstreuschichten, die jedoch durch regelmäßige Einstreupflegearbeiten beseitigt werden kann. Aus Gründen der Trokkenhaltung oberflächlicher Einstreuschichten empfiehlt es sich daher, vom Auflockern des gesamten Altstreustapels mittels Gabel während dieser Jahreszeit abzusehen und die Einstreupflegearbeiten auf ein vorsichtiges, nur allmählich tiefere Stapelschichten erfassendes Auflockern zu beschränken, dessen Wert für die Trockenhaltung der Einstreu nachdrücklichst festgestellt werden muß. Extrem starke Pferdealtstreustapel neigen auch bei jahreszeitlich später Versuchsdurchführung zu stärkerer Durchfeuchtung und erfordern zu ihrer Trockenhaltung höheren Aufwand an Stapelpflege und Einstreumaterial.

Abgelagerte Altstreustapel dagegen lassen mit Ausnahme geringfügig erhöhter Kondenswasserbildung im untersten Einstreuhorizont während des Winters keine jahreszeitlich bedingten Einflüsse erkennen. Der in fast allen Fällen durch Aufzucht auf frischen und abgelagerten Pferdealtstreustapeln erzielte Wachstumseffekt wird durch die nachgewiesene Komplettierungsfähigkeit verabreichter Mangeldiäten an tierischem Eiweiß, also lediglich durch nutritive Wirkungen der in solchen Stapeln biologisch-fermentativ gebildeten Wirkstoffe erklärbar. Sie stellen somit schlechthin das wirksame Prinzip von Altstreustapeln dar. Der Wachstumseffekt wurde nicht nur bei Mangeldiät an tierischem Eiweiß, sondern auch häufig bei ausreichender tierischer Eiweißversorgung sowie immer bei Vorhandensein ernährungsphysiologisch wirksamer Trockenhefeanteile im Futter erzielt. Nach Angaben von PIETZ (91) besitzt Trockenhefe einen sehr vielseitigen und hohen Wirkstoffgehalt, ihre Futterwirkung soll mit der von Lebermehl (96) vergleichbar sein. Die nutritive Wirkung von Altstreustapeln stellt sich deshalb vornehmlich als eine Vitamin B_{12}-Antibiotika-Wirkung dar. Für diese Annahme spricht neben der bereits erwähnten Komplettierungsfähigkeit tierischer Eiweißmangeldiäten auch die durch Aufzucht auf Altstreu stets erzielte deutliche Verbesserung des Futterverwertungsvermögens. Die potentielle Futterergänzungsfähigkeit von Altstreustapeln bei tierischen Eiweißmangeldiäten kann einerseits durch Wachstumsbeeinträchtigungen infolge von Coccidieninvasionen verschleiert werden, wie aus der durch ständige subtherapeutische Eleudrondosen erzielten verbesserten Gewichtsentwicklung von Altstreu- und Kontrolltieren im Vergleich zu den unbehandelten Gruppen hervorgeht; andererseits wirkt der durch verringerten tierischen Eiweißgehalt des Futters begrenzte Futterverzehr in den tierischen Eiweißmangeldiätgruppen limitierend auf das Kükenwachstum und verschleiert somit ebenfalls die potentielle nutritive Wirkung von Altstreustapeln. In beiden Fällen bleibt indessen die durch Altstreustapel erzielte Wachstumsverbesserung deutlich ablesbar. Die potentielle nutritive Wirksamkeit tritt jedoch durch optimale Gewichtsentwicklung in den Mangelgruppen bei Erhöhung des Futterverbrauches auf die Werte normal mit tierischem Eiweiß versorgter Tiere in Erscheinung. Die Erhöhung des Futterverbrauches der Mangeldiättiere gelang uns durch die Anwendung der Ganznachtbeleuchtung. Wir sind jedoch der Überzeugung, daß sich hiermit solche Möglichkeiten keineswegs erschöpft haben.

Die Größenordnung der nutritiven Wirksamkeit von Altstreustapeln ist, bei in der Tendenz verminderten, in Einzelfällen jedoch geringfügig erhöhtem Futterverbrauch, mit der antibiotischer oder Vitamin B_{12}-haltiger Futterzusätze vergleichbar. Durch Altstreuaufzucht ist es zur Erzielung optimalen Wachstums somit möglich, das gleiche vertretbare tierische Eiweißminimum von 2 v. H. anzuwenden, wie es durch Verwendung solcher Futterzusätze in diesbezüglichen Versuchen ermittelt werden konnte. Die weitgehende Ersetzbarkeit teurer und in der DDR zudem knapper Eiweißträger tierischer Herkunft durch billigere pflanzliche Eiweißfuttermittel ohne notwendige Beifütterung antibiotischer Futterzusätze stellt somit den wirtschaftlich bedeutungsvollsten Vorzug dieser Aufzuchtmethode dar.

Unter unseren Versuchsbedingungen besaßen abgelagerte, mehrmals zur Aufzucht benutzte Pferdealtstreustapel sowie kompostierte Hühneraltstreustapel gegenüber frischen Pferdealtstreustapeln keine gesteigerte nutritive Wirkung. Diese Feststellung steht in scheinbarem Gegensatz zu den Arbeiten KENNARDS und HALBROOKS, findet jedoch in den benutzten unterschiedlichen Stapelmaterialien eine ausreichende Erklärung. Die genannten Autoren gelangten durch vergleichende Untersuchungen frischer (built-up litter) und bereits einige Male zur Aufzucht benutzter (compost litter) oder mehrere Monate von Hennen belaufener Tiefstreu wegen der sich nur allmählich vollziehenden biologisch-fermentativen Wirkstoffbildung zu der Schlußfolgerung höherer nutritiver Wirksamkeit von Altstreu. In Deutschland wird in der Kükenaufzucht jedoch vorwiegend Pferdealtstreu verwendet, die bereits durch bakterielle Wirkstoffsynthese im Pferdedarm (102) von vornherein beträchtliche Wirkstoffmengen enthält und dadurch bereits während der ersten Aufzuchtperiode nutritiv voll wirksam werden kann.

Die Mächtigkeit von Pferdealtstreustapeln ist wegen des fehlenden günstigen bzw. ungünstigen Einflusses extrem mächtiger bzw. extrem niedriger Stapel auf Gewichtsentwicklung und Gesundheitszustand der Versuchstiere im Prinzip von untergeordneter Bedeutung, da bereits ein 10 cm starker Pferdealtstreustapel dieselbe nutritive Wirksamkeit wie ein 40 cm starker zeigte. Trotz des Fehlens optimaler Stapelhöhen empfiehlt sich die Verwendung extrem starker Altstreustapel im Hinblick auf ihre größere und anhaltendere Durchfeuchtung nicht; ein Gleiches gilt für extrem schwache Stapel wegen ihres bei starker Stallbesetzung zur Kotaufnahme möglicherweise unzureichenden Volumens.

Die günstige Wirkung von Altstreustapeln auf die Gewichtsentwicklung der Küken äußert sich neben der Erhöhung der Lebendgewichte auch in größerer Ausgeglichenheit der Herden. Unterschiedliche Befiederungsgeschwindigkeiten zwischen Kontroll- und Versuchstieren dagegen bestanden nicht.

Aus den nachgewiesenen gleichsinnigen Beziehungen zwischen Erhöhung der Oocystenausscheidungsraten und Minderung der Gewichtsentwicklung wird ersichtlich, daß der durch Altstreu erzielte Wachstumseffekt nicht nur auf der Wirkung nutritiver Faktoren, sondern vielmehr auf einer kombinierten nutritiv-coccidiostatischen Wirkung von Altstreustapeln beruht, wobei jedoch die nutritive Komponente überwiegt. Diese Ansicht wird durch die Ergebnisse der regelmäßigen parasitologischen Kotkontrollen und vor allem durch die Resultate der Untersuchungen mit präventiver Eleudronbehandlung der Küken gestützt. Bei den auf Altstreu aufgezogenen Versuchstieren treten zu Zeiten hoher Oocystenausscheidungen zwar gleichstarke Wachstumsbeeinträchtigungen wie bei den Kontrolltieren auf, doch vollzieht sich die Erholung coccidienbefallener Tiere auf Altstreu offensichtlich schneller als auf Wechselstreu, was sich an der verbesserten Gewichtsentwicklung zu erkennen gibt. Die coccidiostatische Wirkung von Altstreustapeln äußert sich in einer Verminderung der absoluten Höhe und der zeitlichen Ausdehnung extremer Oocystenausscheidungen sowie in verminderten Verlusten. Sie läßt sich hinsichtlich der Förderung der Gewichtsentwicklung größenordnungsmäßig mit der Wirkung präventiver Eleudrongaben, hinter deren verlustmindernder Wirkung sie jedoch zurücksteht, hinsichtlich der Zahl der Abgänge mit der Wirkung strikt durchgeführter veterinärhygienischer Maßnahmen auf Wechselstreu vergleichen. Die in hygienischer Hinsicht den Altstreuverfahren entgegengebrachten Bedenken können daher als unbegründet bezeichnet werden. Vielmehr ist eine Aufzucht auf Altstreu stets einer Aufzucht auf Wechselstreu wegen der besseren gesundheitlichen Entwicklung der Tiere und aus Gründen der Arbeitsersparnis der Vorzug zu geben.

Wie die nahezu den Kontrollgruppen auf Wechselstreu entsprechende Höhe der Oocystenausscheidungsraten in den Pferdealtstreugruppen 6 und 11 ausweist, tritt die coccidiostatische Wirkung von Altstreustapeln nicht in jedem Falle deutlich in Erscheinung und führt dann bemerkenswerter Weise auch zu keiner deutlichen Verbesserung der Gewichtsentwicklung. Hieraus geht wiederum der enge Zusammenhang zwischen nutritiver und coccidiostatischer Wirkung von Altstreustapeln auf die

Gewichtsentwicklung der Küken hervor. Doch selbst in solchen Fällen bleiben im Vergleich zu den Kontrollgruppen die Verluste in den Altstreugruppen geringer, wenn es sich dabei auch nicht um wesentliche Unterschiede handelt. Die Verluste in den Altstreugruppen übertreffen aber niemals die Verluste in den Kontrollgruppen.

Im Gegensatz zu Erfahrungen der amerikanischen Geflügelwirtschaft lassen sich unter unseren Verhältnissen durch Verwendung abgelagerter Pferdealtstreustapel gegenüber frischen keine gesteigerten coccidiostatischen und verlustmindernden Wirkungen erzielen. Andererseits scheint bedeutungsvoll, daß die mehrmalige Verwendung von Pferdealtstreustapeln zur Kükenaufzucht bei nur zwölftägiger Ruhezeit zwischen zwei aufeinanderfolgenden Aufzuchten gegenüber anderen Einstreumaterialien zu keinen höheren Verlusten führt, obgleich durch die parasitologischen Einstreu- und Kotuntersuchungen eine natürliche Coccidioseübertragung durch diese Stapel als erwiesen angenommen werden muß. Nach 1½-monatiger Ruhepause zwischen zwei Aufzuchten konnte dagegen ein solcher Nachweis nicht mit Sicherheit geführt werden. Deshalb halten wir die Aufzucht auf abgelagerten Altstreustapeln in parasitologischer Hinsicht für ungefährlich. Wegen des Fehlens gesteigerter nutritiver und coccidiostatischer Wirkungen gegenüber frischem Pferdemist besitzt diese Aufzuchtmethode durch den Wegfall des Einbringens des Einstreustapels zu Beginn der Aufzuchtperiode jedoch lediglich arbeitswirtschaftliche Vorteile.

Die verabreichten Mangeldiäten an tierischem Eiweiß leisteten während der ersten 5 Versuchswochen Coccidieninvasionen sowohl bei Wechsel- als auch bei Altstreuaufzucht Vorschub. Da sich diese Begünstigungen jedoch nur in höheren Oocystenausscheidungsraten und nicht in erhöhten Abgängen ausdrückten, erblicken wir in der Verminderung des tierischen Eiweißgehaltes der Futterrationen bei Altstreuaufzucht keinen Nachteil.

Die trotz erhöhter Bodentemperaturen — die jedoch nie optimale Sporulationstemperaturen erreichten — und Feuchtigkeitsgehalte frischer Pferdealtstreustapel gegenüber Wechselstreugruppen verringerten Oocystenausscheidungen und Verluste lassen einerseits eine vom Temperaturverlauf und Feuchtigkeitsgehalt der Einstreu weitgehende Unabhängigkeit der Anhäufung von Oocysten und ihre Sporulationsmöglichkeit auch in trockenem Einstreumaterial der Kontrollgruppen und selbst in den als staubtrocken zu bezeichnenden abgelagerten Altstreustapeln erkennen; andererseits schließen sie eine Erklärungsmöglichkeit der in den Altstreugruppen verminderten Oocystenausscheidungsraten und Verluste durch besonders günstige physikalische Eigenschaften von Altstreustapeln aus. Offenbar bieten die durch die Raumbeheizung erzeugten Temperaturen sowie die natürlichen Feuchtigkeitsgehalte der Einstreumaterialien Coccidienoocysten ausreichende Sporulationsbedingungen, woraus sich auch die während winterlicher Aufzuchtbedingungen in unseren Untersuchungen aufgetretenen hohen Oocystenausscheidungen erklären. In unbeheizten Jungtierställen dagegen konnte KOUTZ (71) während des Winters infolge niedriger Temperaturen ein starkes Absinken des Parasitenbefalles beobachten.

Für die Ursache der coccidiostatischen Wirkung von Altstreustapeln liefern unsere Untersuchungen keine sicheren Hinweise. Die von HORTON-SMITH (61) und KOUTZ (71) nachgewiesene Beeinträchtigung der Lebensfähigkeit von Oocysten durch Tief- und Altstreustapel dürfte bei der Allgegenwärtigkeit dieser Krankheitserreger allein zur Erklärung der coccidiostatischen Wirkung von Altstreustapeln nicht ausreichen, zumal nach demselben Autor die Invasion bereits einer Coccidienoocyste bei sehr jungen Küken zur Auslösung akuter Blinddarmcoccidiose im Fünfwochenalter der Tiere führt (60). Da nach unseren Untersuchungen die Vermutung einer durch das größere Einstreuvolumen von Altstreustapeln bedingten stärkeren mechanischen Verteilung als Ursache verminderten Oocystenabsatzes in den Altstreugruppen unwahrscheinlich ist, erscheint die Annahme nicht abwegig, daß die von den Tieren aus der Einstreu aufgenommenen nutritiven Faktoren in gewissem Umfang den Verlauf parasitärer Krankheiten hemmen und somit eine Komponente der coccidiostatischen Wirkung von Altstreustapeln darstellen. In neuerer Zeit sind für eine Reihe von Wirkstoffen solche, den Verlauf parasitärer Krankheiten beim Geflügel hemmenden Wirkungen beschrieben worden. So konnten SCHOOP und WAGNER (98, 109) das Bestehen direkter Zusammenhänge zwischen Höhe der verabreichten Vitamin A-Gaben und Stärke des Auftretens der Coccidiose sowie Zahl der Abgänge bei Küken überzeugend nachweisen. Nach dänischen Infektionsversuchen (81) besitzen Aureomycingaben bei experimentell erzeugter Coccidiose offensichtlich eine therapeutische Wirkung. Auch in den Untersuchungen von BOBSIEN (4) verringerte sich die Anzahl der Abgänge bei spontanen Coccidioseausbrüchen durch Aureomycin-, Detamin- und Betamehlgaben deutlich. HANSEN und Mitarbeiter (49, 50) konnten durch Aureomycin- und Vitamin B_{12}-Zusätze zu ausschließlich pflanzlichen Futtermitteln eine deutliche Verminderung des Parasitenbefalles der Tiere nachweisen.

Daneben scheinen nach Untersuchungen von LOCHER (78), BORCHERT und KALBE (7) u. a. an der Zerstörung von Eiern und Larven bestimmter Wurmarten durch Stapelmist, Kompost und Gülle außer der Stapelwärme (99) auch die chemische Reaktion dieser Materialien, die in Tiefstreu nach HALBROOK (48) und in Pferdealtstreu nach GERRIETS (37) mit zunehmender Lagerungsdauer alkalischer wird, sowie andere Faktoren Bestandteile der coccidiostatischen Wirkung von Altstreustapeln darzustellen. Ihre umfassende ursächliche Erklärung wird jedoch durch eine Reihe, das befallene Tier und die Pathogenität der Coccidien betreffender Faktoren erschwert. Die Immunitätsverhältnisse befallener Küken sind nach Anzahl, Art und Alter der invadierten Coccidienoocysten (3, 70) stark unterschiedlich. Nach EDGAR und Mitarbeitern (16) bestehen zwischen Tieren verschiedener Abstammung große Unterschiede in der Coccidioseanfälligkeit bzw. -resistenz, die nach ROSENBERG und Mitarbeitern (94) sowie CHAMPION (9, 10) wahrscheinlich additiv-polyfaktoriell bedingt sind. Allein durch die Kompliziertheit des Zusammenwirkens der kurz erörterten Faktoren wird es verständlich, daß zur ursächlichen Klärung der coccidiostatischen Wirkung von Altstreustapeln umfangreiche spezielle parasitologische Untersuchungen unter Ausschluß aller Zufälligkeiten notwendig werden. Die vereinzelten Wurmeiernachweise im Kot der untersuchten Versuchstiere beweisen die grundsätzliche Möglichkeit des Auftretens von Wurminvasionen auch in den Kontrollgruppen und erschweren dadurch die Beurteilung von Altstreustapeln im Hinblick auf die damit verbundene Verwurmungsgefahr. Wir stimmen im wesentlichen der Meinung von KOUTZ (71) zu, der durch Kükenaufzucht auf kurz vorher von erwachsenen Hühnern belaufener Einstreu teilweise schwere Wurmbürden, teilweise jedoch nur vereinzelte Wurmexemplare nach vollendeter Aufzuchtperiode ermitteln konnte und deshalb die Aufzucht auf solchen Stapeln in unkompostiertem Zustand ablehnt. Hingegen scheint eine wiederholte Verwendung von Hühneraltstreustapeln, die ausschließlich der Kükenaufzucht dienten, bezüglich der Verwurmung der Küken nach demselben Autor keine ernsten Gefahren zu bergen. Eingehendere parasitologische Untersuchungen unter Berücksichtigung der nach ACKERT und Mitarbeitern (1) sowie nach WETZEL (111) bestehenden rassen-, herkunfts- und konstitutionell bedingten Anfälligkeitsunterschiede gegenüber Wurminvasionen müßten über diese Fragen Aufklärung bringen.

Abschließend können die Altstreuverfahren wegen ihrer günstigen Wirkungen auf die wirtschaftlichen Faktoren der Kükenaufzucht als Aufzuchtmethoden beurteilt werden, welche der Aufzucht auf Wechselstreu in ernährungsphysiologischer, hygienischer und arbeitswirtschaftlicher Hinsicht überlegen sind.

XI. Zusammenfassung

In fünf Kükenaufzuchtversuchen wurde festgestellt, daß die Gewichtsentwicklung und die Futterverwertung von Küken durch Aufzucht auf Altstreu verbessert, die Zahl der Verluste und Coccidienausscheidungen im Kot gemindert werden.

Die von frischen Altstreustapeln erzeugte Bodenwärme wurde im allgemeinen nur bis in die 4. Versuchswoche nachgewiesen. Als Ursache für die günstigen Wirkungen von Altstreustapeln bei der Kükenaufzucht kann die Wärmebildung frischer Pferdealtstreustapel nicht angesehen werden, weil die beschriebenen Wirkungen erst nach dieser Zeit und auch auf abgelagerten Altstreustapeln ohne eigene Wärmebildung auftraten. Die futterkomplettierende Wirkung von Altstreustapeln bei Mangeldiäten an tierischem Eiweiß wird durch die Aufnahme von nutritiven Faktoren aus der Altstreu erklärt. Die potentiellen nutritiven Wirkungen von Altstreustapeln werden bei verschiedenen Mangeldiäten an tierischem Eiweiß infolge des hierdurch bedingten verminderten Futterverbrauchs, der wachstumslimitierend wirkt, und durch natürliche Coccidieninvasionen mit ihren Wachstumsstörungen verschleiert; die nutritiven Wirkungen werden jedoch durch präventive Sulfonamidgaben gesteigert und treten bei Angleichung des Futterverbrauches der Mangeldiät-Gruppen an die Gruppen mit normaler tierischer Eiweißversorgung optimal in Erscheinung. Die nutritive Wirksamkeit von Altstreustapeln ist größenordnungsmäßig mit der Wirkung von antibiotischen Futterzusätzen vergleichbar.

Daneben konnten in Altstreustapeln coccidiostatische Wirkungen nachgewiesen werden, die sich in verminderten Coccidienoocystenausscheidungen, geringen Abgängen und schnellerer Erholung coccidienbefallener Tiere äußern. Das wirksame Prinzip von Altstreustapeln stellt sich deshalb als eine Kombination von nutritiven und coccidiostatischen Wirkungen dar.

Abgelagerte Pferdealtstreu- oder kompostierte Hühneraltstreustapel besitzen gegenüber frischen Pferdealtstreustapeln keine gesteigerten nutritiven und coccidiostatischen Wirkungen. Eine mehrmalige Benutzung desselben Pferdealtstreustapels zur Kükenaufzucht ist trotz erwiesener Coccidioseübertragung bei zwölftägiger Pause zwischen den Aufzuchten ohne Schadwirkungen möglich.

Veterinärhygienische Maßnahmen wirken sich bei Aufzucht auf Wechselstreu günstiger als bei Aufzucht auf Altstreu aus, auf der sie keine besonderen Vorteile bieten, und können Coccidioseinvasionen weder verhindern noch deren Verlauf nachhaltig beeinflussen.

Mangeldiäten an tierischem Eiweiß begünstigen während der ersten fünf Versuchswochen Coccidieninvasionen, ohne jedoch bei Altstreuverfahren mit wirtschaftlichen Nachteilen verknüpft zu sein.

Die Ursachen der coccidiostatischen Wirkungen von Altstreustapeln konnten nicht geklärt werden. Hinsichtlich der weniger starken Beeinträchtigung der Gewichtsentwicklung können sie mit der Wirkung präventiver Eleudrongaben verglichen werden. Diesen stehen sie jedoch hinsichtlich der verlustmindernden Wirkung nach. Eine Verminderung der Anzahl invadierter Oocysten durch das größere Einstreuvolumen von Altstreustapeln als Ursache für einen gemilderten Coccidioseverlauf und für verringerte Abgänge konnte in Versuchen mit Altstreustapeln extremer Mächtigkeit ausgeschlossen werden. Vermutlich sind neben Einflüssen der chemischen Reaktionslage und anderer, bisher ungeklärter chemisch-biologischer Faktoren der Altstreu auch deren nutritive Faktoren an ihrer coccidiostatischen Wirkung beteiligt, indem diese eine allgemeine Stärkung der Abwehrlage des tierischen Organismus herbeiführen.

Die Altstreuverfahren stellen somit geeignete Kükenaufzuchtmethoden dar; sie sind dem bisher üblichen Wechselstreuverfahren in ernährungsphysiologischer, hygienischer und arbeitswirtschaftlicher Hinsicht überlegen.

Резюме

В 5 опытах по выращиванию цыплят было установлено, что прирост цыплят и использование корма цыплятами при выращивании на старой подстилке улучшаются, в то время, как потери от павших цыплят и выделение кокцидий в помете уменьшаются.

Создаваемая свежими штабелями старой подстилки теплота почвы в общем была обнаружена только до четвертой недели опыта. Действие теплоты старой конской подстилки нельзя считать причиной благоприятного действия штабелей старой подстилки при выращивание цыплят, потому что описанные действия проявлялись только после этого времени и на отлагавшихся штабелях старой подстилки без собственного образования теплоты. Действие штабелей старой подстилки как комплектора кормления при недостатке животного белка объясняется поеданием нутритивных составных частей из старой подстилки. Потенциальные нутритивные действия штабелей старой подстилки скрываются при различном недостатке животного белка вследствие обусловленного этим уменьшенного потребления корма, действующего лимититрующим образом на рост и вследствие естественных инвазий кокцидий с их нарушениями роста; однако, они увеличиваются превентивными дачами сульфонамидов и проявляются при приравнивании потребления корма группы с недостаточным кормлением к группам с нормальным снабжением животным белком. Нутритивное действие штабелей старой подстилки по объему можно сравнивать с действием добавок антибиотиков к корму.

Кроме того удалось показать, что штабели старой подстилки проявляют кокцидиостатическое действие, которое обнаруживается в уменьшенном выделении ооцистов кокцидий, в небольших отходах и в скором поправлении птиц, пораженных кокцидиями. Эффективный принцип штабелей старой подстилки поэтому проявляется в виде комбинации нутритивных и кокцидиостатических действий.

Старые штабели старой лошадиной подстилки или компостированные штабели старой куриной подстилки по сравнению со свежими штабелями старой лошадиной подстилки не обладают повышенным нутритивным и кокцидиостатическим действием. Повторное использование одного и того же штабеля старой лошадиной подстилки при выращивании цыплят несмотря на доказанный перенос кокцидий при двенадцатидневном перерыве между отдельными выращиваниями вполне допустимо.

Ветеринарно-гигиенические меры при выращивании на сменяемой подстилке проявляют лучшее действие, чем при выращивании на старой подстилке, где они остаются неэффективными, так как они не могут препятствовать инвазиям кокцидиоз и не могут оказать влияния на их протекание.

Недостаточное снабжение животным белком в течение первых пяти опытных недель благоприятствует инвазиям кокцидий, однако, оно при выращивании на старой подстилке не связано с экономическими убытками.

Причин кокцидиостатических действий штабелей старой подстилки не удалось выяснить. Относительно менее сильного нарушения привеса их можно сравнивать с действием превентивных дач элейдрона. Этим они уступают, однако, по действию уменьшения потерь. При помощи опытов, проведенных со штабелями старой подстилки предельно большой мощности удалось показать, что уменьшение числа инвадирующих ооцистов большим объемом штабелей старой подстилки не может служить причиной более легкого протекания кокцидиоза и меньшего числа отходов. Вероятно помимо влияния химической реакции и других до сих пор невыясненных химически-биологических факторов старой подстилки принимают участие и нутритивные ее факторы при ее кокцидиостатическом действии, тем что они вызывают общее укрепление отражающего действия животного организма.

Методы старой подстилки таким образом являются пригодными методами выращивания цыплят; они превосходят до сих пор обычный метод обмена подстилки по физиологии питания, по гигиене и по экономике труда.

Summary

The results of 5 experiments with a total of 26 groups of female chickens comparatively raised on changed-litter and compost-litter (fresh horsedung-litter, old horsedung-litter, and compost-litter) were as follows:

Rearing chickens on compost-litter increased body weights, improved feed conversion, reduced mortality and the rate of oocysts in the feces of chickens. The causes of this effects cannot be seen in the warmth produced by fresh horsedung-litter, because the warmthproduktion of these could only be shown for four weeks in average. But the effects as described were observed after this time during the 5th to 8th week of age and they also were observed by raising chickens on old horsedung-litter without any warmthproduktion.

The nutritive effects are defined by nutritional factors of the litter. But the potential nutritive effects of compost-litter are veiled in groups with a low animal protein diet by reducing feed consumption, which limitted growth, and by coccidiosis with its disturbance of chicken growth; the nutritive effects however are increased by sulfonamids in preventive doses, and the potential effects were evident if the feed consumption in groups with a low animal protein diet was as high as in such with an optimal protein diet. Thence the nutritive effects of compost-litter are comparable with the effects of antibiotic supplements.

Moreover coccidiostatic effects of compost-litter could be shown, expressed in reduced rates of oocysts in the feces, reduced mortality, and better recovery from coccidiosis. The effective principle of horsedung-litter and compost-litter therefore is a combined effect of nutritive and coccidiostatic factors of litter.

Old horsedung-litter or compost-litter do not show greater nutritive and coccidiostatic effects than fresh horsedung-litter. Notwithstanding coccidiosis infections repeated chicken raising on the same horsedung-litter was possible without damage.

Veterinär-hygienic measures are more effective by chicken raising on changed-litter than on horsedung-litter, remaining without especial advantages, and are unable to prevent or lasting to influence coccidiosis.

During the first five weeks of life low animal protein diets favoured coccidiosis infections without connecting economical disadvantages. It was impossible to clear the causes of coccidiostatic effects of litter. With regard to the smaller disturbance of chicken growth during coccidiosis infections they are comparable with the effects of preventive levels of the sulfonamid „Eleudron", however with regard to the effect of lower mortality the litter effects are inferior to „Eleudron". In experimentes with extreme great and small volumes of litter it could be shown that the volume of litter did not causal influence the number of invaded oocysts and rate of mortality. Next to influences of the chemical reaction and hitherto unidentified chemical and biological factors of compost-litter the nutritive factors probable take part in coccidiostatic effects strengthening the general reaction of chicken organismen.

Consequently the methods of compost-litter are successful methods of chicken raising; with respect to nutrition, hygiene, and labourproductiveness they are superior to the method of change-litter.

Literaturverzeichnis

1. ACKERT, J. E., EISENBRANDT, L. L., WILMOTH, J. H., GLADING, B. and I. PRATT: Comperative Resistance of five Breeds of Chickens to the Nemathode Ascaridia lineata (Schneider). J. Agr. Research 1935, 50, 607—624.
2. AMSCHLER, J. W. und H. PAMMER: Brat- und Backhühnermastversuch mit Terramycin und Vitamin B_{12} (Bi-Con TM $_{3+3}$) bei verschiedenen Stufen tierischen Eiweißes. Arch. Geflgkde 1954, 18, 197—202.

3. BABCOCK, W. E. and E. M. DICKINSON: Coccidial Immunity Studies in Chickens. 2. The Dosage of Eimeria tenella and Time required for Immunity to develop in Chickens. Poultry Sci. 1954, 33, 596—601.
4. BOBSIEN, R.: Vergleichende Kükenwachstumsversuche mit Antibiotika der Tetracyclin- und Penicillingruppe, Vitaminträgern und auf Pferdealtstreu. Vet. med. Diss. Berlin 1956.
5. BORCHERT, A.: Lehrbuch der Parasitologie. Leipzig 1954.
6. BORCHERT, A.: Das parasitenbefallene Tier und seine Umwelt. Die Deutsche Landw. 1954, 5, 386—387.
7. BORCHERT, A. und I. KALBE: Über die Widerstandsfähigkeit der Eier von Ascaris lumbricoides L. bei der natürlichen Kompostierung. Arch. experiment. Vet. Med. 1955, 9, 142—144.
8. BOTTS, C. W., FERGUSON, L. C., BIRKELAND, J. M., WINTER, A. R.: The Influence of litter on the Control of Salmonella Infections in Chickens. Amer. Journ. of Vet. Research, 1952. Vol. XIII 49, S. 562—565.
9. CHAMPION, L. R.: The Inheritance of Resistance to Cecal Coccidiosis in the Domestic Fowl. Poultry Sci. 1954, 33, 670—681.
10. CHAMPION, L. R.: The Inheritance of Resistance to Eimeria tenella in the domestic Fowl. Poultry Sci. 1951, 31, 911—918.
11. DAVIES, S. F. M.: Sulphonamid Poisoning in Chickens Treated for Coccidiosis. Berichte 10. Weltgefl. Kongr. Edingburgh 1954, 275—276.
12. EBBELL, H.: Möglichkeiten der Rationalisierung in der Geflügelwirtschaft I. DWGZ. 1952/53, 5, 353—359.
13. EBBELL, H.: Möglichkeiten der Rationalisierung in der Geflügelwirtschaft II. DWGZ. 1952/53, 53, 5, 389—392.
14. EBBELL, H.: Die Tiefeinstreu- und andere Einstreuprobleme. Geflügelhof 1954, 565—568.
15. EBBELL, H.: Zur Frage der prophylaktischen Beimischung von Coccidiostatika zum Geflügelmischfutter. Schw. Arch. Tierhk. 1956, 98, 166—174.
16. EDGAR, S. A., KING, O. F. and L. W. JOHNSON: Control of avian Coccidiosis through Breeding or Immunization. Poultry Sci. 1951, 30, 911—916.
17. ENGELMANN, C. H.: Die Bedeutung des Vitamins B_{12} in der Geflügelfütterung. Arch. Geflgzt. u. Kleintierkunde 1954, 3, 32—44.
18. FANGAUF, R.: Geflügelfütterung. 4. Aufl. Stuttgart-Ludwigsburg 1953.
19. FANGAUF, R.: Welche Geflügelmischfutter werden am Markt sein? DWGZ. 1952/53, 5, 45—48.
20. FANGAUF, R.: Kükenwuchsprüfung mit verschiedenen Hefearten. DWGZ. 1952, 4, 177 bis 178.
21. FANGAUF, R.: Der Einsatz von Mineralstoffen, Vitaminen und Antibiotika in den Mischfuttermitteln für Geflügel. Arch. Geflgkde. 1955, 19, 471—484.
22. FANGAUF, R., KLEIN, F. W. u. G. v. BARLÖWEN: Die Höhe des Proteinanteils im Aufzuchtfutter für Hühnerküken. Arch. Geflgkde. 1955, 19, 358—368.
23. FANGAUF, R., FANGAUF, K. W., u. G. v. BARLÖWEN: Untersuchungen über den Bedarf an tierischem Eiweiß und den Einfluß der Antibiotika auf das Wachstum der Eintagsküken. Arch. Geflgkde. 1954, 19, 49—65.
24. FANGAUF, K. W.: Zum Thema: „Altstreu-Tiefstreu". DWGZ. 1952/53, 5, 133—134.
25. FIEBIGER, J.: Die tierischen Parasiten der Haus- und Nutztiere sowie des Menschen. 4. neubearbeitete Aufl. Wien 1947.
26. FLURY u. ZERNIK: Schädliche Gase, Berlin 1931.
27. FORTNER, J.: Die Selbstentseuchung des Hühnerpeststalles. Arch. exper. Vet. Med. 4. Beiheft „Die Löffler-Feier", 1952, 110—112.
28. FRITZSCHE, K.: Die Grundlagen der Wirtschaftsgeflügelzucht in USA. BMTW 1952, 6, 129—131.
29. FRITZSCHE, K.: Die häufigsten Geflügelkrankheiten und ihre Bekämpfung, in: FANGAUF, R.: Amerikanische Geflügelzuchtmethoden, Berlin o. J.

30. FRITZSCHE, K.: Versuche über die Bekämpfung der Kükenkokzidiose mit Sulfonamiden und Nitrofurazon. Arch. Geflgkde. 1954, 18, 228—236.
31. FRITZSCHE, K.: Prophylaxe und Therapie der Kükenblinddarmcoccidiose mit Nitrofurazon. BMTW 1956, 69, 232—233.
32. FRITZSCHE, K.: Die Auswirkung der neuzeitlichen Geflügelfütterung und -haltung auf die Bekämpfung von Geflügelkrankheiten. Arch. Geflgkde. 1953, 17, 292—302.
33. FRITZSCHE, K.: Die Bekämpfung der Kükencoccidiose mit Sulfonamiden. DWGZ 1952/53 5, 607.
34. FRITZSCHE, K.: Bericht über eine Studientagung zur Bekämpfung der Geflügelkrankheiten in Paris. DWGZ 1953/54, 6, 591—593.
35. FRITZSCHE, K.: Ist die Beimischung von Arzneimitteln zu Futtermitteln gegen Küken- und Junghennenkokzidiose wissenschaftlich gerechtfertigt? DWGZ 1953/54. 6, 575—576.
36. FRITZSCHE, K.: Antikokzidiosemittel — Stand der Forschung und Erfahrung. DWGZ 1956, 8, 598—600.
37. GERRIETS, E.: Vergleichende Kükenaufzuchtversuche nach veterinärhygienischen Gesichtspunkten und Aufzuchtversuche unter Verwendung der Altstreuverfahren. BMTW 1953, 66, 385—392.
38. GERRIETS, E.: Die präventive Veterinärmedizin im Geflügelgroßbetrieb. Fragen der Geflügelhaltung. Tagungsbericht der erweiterten Sitzung der Sektion Tierzüchtung und Tierernährung der Deutschen Akademie der Landwirtschaftswissenschaften zu Berlin am 24. Februar 1956 in Berlin.
39. GERRIETS, E. und R. BOSBIEN: Vergleichende Kükenaufzuchtversuche nach veterinärhygienischen Gesichtspunkten und unter Verwendung der Altstreuverfahren. BMTW 1955, 68, 372—375.
40. GERRIETS, E. und H. STAHL: Vergleichende Kükenwachstumsversuche mit dem Animal-Protein-Faktor-Antibiotika-Vitamin-B_{12}-Komplex. Mh. Vet. Med. 1955, 10, 97—107.
41. GERRIETS, E., WERNER, C. und H. STAHL: Experimentelle Untersuchungen über die gesundheitsfördernden Eigenschaften der Altstreuverfahren bei der Kükenaufzucht. 2. Mitteilung. Arch. Geflgkde. 1954, 18, 459—468.
42. GRINSBERGEN, A. H. M.: Microorganismen, Antibiotika und Vitamin B_{12} in alter Tiefstreu. Ref. Landw. Zentralblatt 1956 III, 342.
43. GRZIMEK, B.: Krankes Geflügel, 6. Aufl. Berlin 1950.
44. GYLSTORFF, I. und P. DORN: Behandlungsversuche mit Furoxon bei experimenteller B. pullorum-Infektion von Küken und mit Nitrofurazon bei experimenteller Blinddarmkokzidiose (Eimeria tenella). Arch. Geflgkde. 1956, 20, 107—118.
45. HALBROOK, E. R., CORDS, C. W., WINTER, A. R. and T. S. SUTTON: Vitamin B_{12} production by mikroorganisms isolated from poultry house litter and droppings. J. nutrition 1950, 41, 555.
46. HALBROOK, E. R., WINTER, A. R. and T. S. SUTTON: The Effect of Management on the Vitamin B_{12} Content of Poultry House Litter I. As measured by Chick Growth. Poultry Sci. 1950, 29, 672—678.
47. HALBROOK, E. R., SUTTON, T. S. und A. R. WINTER: The Effect of Management on the Vitamin B_{12} Content of Poultry House Litter II. As determined by microbiological Essay. Poultry Sci. 1950, 29, 679—684.
48. HALBROOK, E. R., WINTER, A. R. and T. S. SUTTON: A Study of the Microflora of Poultry House Litter as related to Management and the in vitro Produktion of Vitamin B_{12} by isolated Microorganisms. Poultry Sci. 1950, 29, 761—766.
49. HANSEN, M. F., MORRIS, M. G. and J. E. ACKERT: The Influence of an all Plant Protein Diet supplemented with Aureomycin and Vitamin B_{12} on the Resistence of Chicks to Ascaridia galli (Schrank). Poultry Sci. 1953, 32, 612—615.
50. HANSEN, M. F., PETRI, L. H. and J. E. ACKERT: Effects of Aureomycin and Vitamin B_{12} used separately as Feed Supplements on Resistance of Chickens to Ascaridia galli (Schrank). Exp. Parasitol. 1954, 3, 122—132.

51. HAUG, P.: Experimentelle Untersuchung zur Sulfonamidstoßtherapie bei der Hühnerkokzidiose. Mh. prakt. Tierheilkde. 1950, **2**, 342—368.
52. HAVERMANN, H.: Das Tiefstreuverfahren bei der Haltung von Legehennen und bei der Aufzucht von Küken. Jahrb. f. Geflügelz. Stuttgart 1953.
53. TE HENNEPE, B. J. C.: Für und gegen die neue Methode des Tiefstreuverfahrens. DWGZ 1951/52, 4, 138—139.
54. TE HENNEPE, B. J. C.: Einige Bemerkungen zum Tiefstreuverfahren. DWGZ 1954, **7**, 35—36.
55. TE HENNEPE, B. J. C.: Einige Betrachtungen für und gegen die neue Methode des Tiefstreuverfahrens DWGZ 1952, **5**, 210—211.
56. HOHLS, H. W.: Die wachstumsfördernde Wirkung des Penicillins bei der Kükenaufzucht. Arch. Geflgkde. 1954, **18**, 304—326.
57. HOHLS, H. W.: Über die Wirkung verschieden großer Zusätze von tierischem Eiweiß zum Futter bei der Aufzucht von Küken. Deutsch. Kleintierz. 3—5, 1954.
58. HOHLS, H. W.: Der maximal mögliche tägliche Eiweißansatz von Leghornküken verschiedenen Alters. Arch. Geflkde. 19, 327—353, 1955.
59. HORTON-SMITH, C.: Coccidiosis in Fowls. Tydschrift voor Diergeneeskunde Nr. 21, 1953.
60. HORTON-SMITH, C.: Kokzidiose, einige die Epidemiologie beeinflussende Faktoren. Vet. Rec. 1947, **59**, 645—646. Ref. W. tierärztl. Monatsschr. 36, 693, 1949.
61. HORTON-SMITH, C. and P. Long: Preliminary Observations on the Physical Conditions of Built-up Litter and their Possible Effects on the Parasitic Populations. Ber. 10. Weltgefl. Kongr. Edinburgh 1954, 266—272.
62. JACOBS, R. L., ELAM, J. F., FOWLER, J. and J. R. COUCH: An unidentified chickgrowth factor found in Litter. J. Nutrit 1954, **54**, 417—426.
63. Jahrbuch für Geflügelzüchter 1954, Stuttgart 1954.
64. JOHNSON, W. T.: Immunity to coccidiosis in chickens produced by inoculation through the ration. J. Parasitol 1932, **19**, 160—161.
65. KENNARD, D. C.: Compost (built-up litter) as a Sanitation Procedure. Poultry Sci. Journ. 1954, **1**, 40—44.
66. KENNARD, D. C., BETHKE, R. M. and V. D. CHAMBERLIN: Built-up litter a source of dietary factors essential for hatchability of chicken eggs. Poultry Sci. 1948, **27**, 477—481.
67. KENNARD, D. C. and V. D. CHAMBERLIN: Built-up litter a source of dietary factors essential for the growth of chickens. Poultry Sci. 1948, **27**, 240—242.
68. KENNARD, D. C. and V. D. CHAMBERLIN: Growth, Dietary Requirements and Mortality of Chickens as effected by Management of the Floor Litter. Poultry Sci. 1950, **29**, 766—772.
69. KENNARD, D. C. and V. D. CHAMBERLIN: Growth and Mortality of Chickens as Affected by the Floor Litter. Poultry Sci. 1951, **30**, 47—54.
70. KOUTZ, F. R.: Immunity studies in avian cecal coccidiosis. Poultry Sci. 1948, **27**, 793—794.
71. KOUTZ, F. R.: The Effect of Built-up Litter on the Parasite Ova and Oocysts of Poultry II. Poultry Sci. 1953, **32**, 313—320.
72. KRALLINGER, H. F. u. M. CHODZIESNER: Eine Studie über die Kokzidienresistenz der Faverolle-Leghornkreuzung. Sonderdruck aus Landw. Jahrbücher 1931, 74.
73. KRÜGER, L., SEEFELD, G., LÖTHE, E.: Kükenaufzuchtversuche mit „Entan“ und „Fortracin“. Arch. Geflgkde. 1953, **17**, 274—284.
74. LAMOREAUX, W. F. and A. SCHUMACHER: Is riboflavin synthesized in the feces of fowls? Poultry Sci. 1940, **19**, 418—423.
75. LEDERLE, P.: Die Untersuchung und Bewertung von Einstreumitteln, in: Wöhlbier, W. Eggers, G. und Lederle, P.: Die Technik des Tierversuches. Handbuch der landwirtschaftlichen Versuchs- und Untersuchungsmethodik (Methodenbuch), 13. Band. Radebeul und Berlin 1953.
76. LEDERLE: Mitteilungen für die Tierhaltung. Antibiotika in der Geflügelfütterung.
77. LEVINE, P. P.: The Effect of Sulfanilamid on the Course of experimental Avian Coccidiosis. Cornell Vet. 1939, **29**, 309—310.

78. LOCHER, S.: Die Widerstandsfähigkeit von Zooparasiten und Larven gegen Gülle und Jauche. Vet. med. Diss. München 1954.
79. MACKROTT, H.: Literaturbericht zur Frage des Ersatzes tierischen Eiweißfutters durch pflanzliches in Futterrationen für wachsende Schweine und Geflügel bei Zusatz von Vitamin B_{12}-, APF- und Antibiotikakonzentraten. Kiel 1954.
80. MANGOLD, E.: Das Eiweiß in der Geflügelernährung. Berlin 1951.
81. MARTHEDAL, H. E.: Die Kokzidiosebekämpfung in Dänemark. Übersetzung in DWGZ 1953/54 6, 4—5.
82. MCGINNIS, J., STEVENS, J. M. and K. GROVES: The in vitro synthesis of a chick growth promoting factor in hen feces. Poultry Sci. 1947, **26**, 432—433.
83. MEHNER, A.: Kükenaufzucht auf altem Geflügelmist. BMTW 1952, **65**, 134—136.
84. MEHNER, A.: Kükenaufzuchtversuch auf altem Geflügelmist. DWGZ 1951/52, **4**, 128—129.
85. MEHNER, A.: Aufzucht auf Tiefstreu. Arch. Geflgkde. 1954, **18**, 12—21.
86. MEHNER, A.: Die Aufzucht auf verrottetem Streumaterial. Jahrb. f. Geflügelz. 1956. Stuttgart 1956.
87. MENGDEN, E. FRHR. v.: Interessante Mitteilungen von der Geflügeltagung der N.P.F. in Doetinchen (Holland) am 14. Januar 1953. DWGZ 1952/53 **5**, 298.
88. NEHRING, K.: Der Einsatz von Antibiotika und sonstige Wirkstoffe in der Fütterung. Wiss. Z. Univ. Rostock 1953/54, **3**, 339—349.
89. NUSSHAG, W.: Hygiene der Haustiere S. 424. Leipzig 1954.
90. PELLERDY, L. und A. BABOS: Zur Frage der Mißerfolge mit der Sulfonamidtherapie der Blinddarmkokzidiose. Acta vet. hung. 1953, 207—210. Ref. Mh. Vet. Med. 1955, **10**, 43.
91. PIETZ, J.: Die Hefe, ihre Technologie und ihre Anwendung. Mh. Vet. Med. 1955, **8**, 177—183.
92. RICHTER, K. und G. GERLACH: Kükenaufzuchtversuche mit gestaffelten Fischmehlgaben und dem antibiotischen Beifuttermittel „Entan". Arch. Geflgkde. 1955, **19**, 354—375.
93. ROEMER, R. R.: Nutzbringende Geflügelwirtschaft. 3.—5. Aufl. Stuttgart-Ludwigsburg 1953.
94. ROSENBERG, M. M., ALICATA, J. E. and A. L. PALAFOX: Further Evidence of Hereditary Resistance and Susceptibility to Cecal Coccidiosis. Poultry Sci. 1954, **33**, 972—980.
95. RUBIN, M., BIRD, H. R. and I. ROTHSCHILD: A growth promoting factor for chicks in the feces of hens. Poultry Sci. 1946, **25**, 526—528.
96. RUDOLPH, W.: Die Vitamine der Hefe. 2. Aufl. Stuttgart 1944.
97. SCHIEL: „Neue Kükenkrankheit" in Holland. Ref. DWGZ 1952/53, **5**, 558.
98. SCHOOP, G., WAGNER, K. H. und P. MINNERS: Der Vitamin-A-Mangel als prädisponierender Faktor für die Kükencoccidiose. Mh. Tierheilk. 1954, **7**, 154—166.
99. SCHRÖTTLE, H.: Über die Haltbarkeit von Wurmeiern und Wurmlarven im Dünger. Vet. Méd. Diss. München 1955.
100. SCHU: Tiefstreu ist keine Lösung für Faule. DWGZ 1952/53, **5**, 325.
101. SIEGMANN, O.: Vergleichende Prüfung der Kokzidiostatika Dagiasol und Sulfoquinoxalin. Arch. Geflgkde. 1956, **20**, 46—66.
102. SOMMER, H.: Vitamin B_{12}. Berlin 1954.
103. SPREHN, C. und SOMMERFELD, J.: Kükenaufzuchtversuch auf alter Stapelstreu. Kleintierzucht in Forschung und Lehre. Celler Jahrbuch 1952. Reutlingen 1953.
104. SWALES, W. E.: The Chemotherapy of Cecal Coccidiosis (Eimeria tenella) of Chickens. J. amer. vet. med. assoc. 1946, **108**, 393—395.
105. TEGTMEYER, M.: Beiträge zur Fortpflanzungsbiologie des Kaninchens und zur prophylaktischen Bekämpfung des seuchenhaften Auftretens der Darmcoccidiose bei seiner Aufzucht. Habil. Schr. Halle 1954.
106. TYZZER, E. E.: Coccidiosis in gallinaceous birds. Am J. Hygiene 1929, **10**, 1—115.
107. TYZZER, E. E., THEILER, H. and E. E. JONES: Coccidiosis in gallinaceous birds. 2. A comparative study of species of Eimeria of the Chickens. Am. J. Hygiene 1932, **15**, 319.
108. TRAUTMANN, A. und H. HILL.: Vitamin-B_{12}, Animal-Protein-Faktor und Antibiotika als Wachstumsfaktoren mit Versuchen an Schweinen. Arch. Tierern. 1952, **2**, 199—209.

109. WAGNER, K. H.: Die Bedeutung und der Nachweis der biologischen Wertigkeit des Vitamins A für die Tierernährung. Festschrift zum 75. Geburtstag von Prof. Dr. Dr. Dr. h. c. Dr. h. c. Dr. h. c. Arthur Scheunert, Berlin 1954.
110. WEBER, E.: Grundriß der biologischen Statistik. 2. Aufl., Jena 1956.
111. WETZEL, R.: Konstitution und Wurmbefall. DTW 61, Beilage „Fortpflanzung, Zuchthygiene und Haustierbesamung", 1954, 36—39.
112. WILLEMS, A. E. R., VANSCHOUBROEK, F., R. VERCRUYSSE: L'action coccidiostatique du nitrophenide chez les poussins. Ber. 10. Weltgefl. Kongr. Edingburgh, 1954, 272—274.
113. WUSSOW, W., WENIGER, J. J., H. R. SCHUMM: Die Wirkung einer APF-Beigabe auf Futterverwertung und Schlachtleistung bei Schweinen. Arch. Tierern. 1953, 3, 221—239.
114. anon.: Kleine Umschau in der holländischen Fachpresse. DWGZ 1952/53, 5, 284.
115. anon.: Gedanken über die „Tiefe Einstreu". Übertragen aus Tidskrift for Fjerkraeavl von M. KOCH, DWGZ. 1951/52, 4, 113—115.

Verfasser: Dr. H. HATTENHAUER, Institut für Geflügelwirtschaft, Merbitz, Post Nauendorf (Saalkreis)

Aus dem Zoologischen Institut, Direktor Prof. Dr. G. STERBA und dem Veterinär-Parasitologischen Institut der Karl-Marx-Universität Leipzig, Direktor Prof. Dr. E.-A. NICKEL

L. HOHNER

Die Endoparasiten des Sumpfbibers unter besonderer Berücksichtigung der Kokzidien*

Eingegangen: 23. 1. 1961

I. Einleitung

Zu den in deutschen Zuchtbetrieben gehaltenen Pelztieren zählt der Sumpfbiber (*Myocastor coypus* MOLINA, 1782), der auch Biberratte, Schweifbiber, La Plata-Biber oder — nach einer eher auf das Fell bezogenen Bezeichnung — Nutria genannt wird. Dieses ursprünglich nur in der gemäßigten Zone Südamerikas von Südbrasilien bis Paraguay zu beiden Seiten der Anden bis auf das Gesamtgebiet von Feuerland in mehreren Rassen und Standortvarietäten verbreitete Nagetier (Ordnung Rodentia) ist nach dem System von ELLERMAN (in MOHR [68]) der einzige Vertreter der Unterfamilie Myocastorinae, die in der Familie Echimyidae und in der Überfamilie Hystricoidae aufgeht. Dieses Nutztier gehört also zu den stachelschweinartigen Tieren, wenn auch zahlreiche morphologische Ähnlichkeiten mit den Muriden vorhanden sind. In seiner Heimat bevorzugt der Sumpfbiber die schilfreichen Ufer von Lagunen, Bächen und Flüssen als Aufenthaltsplätze.

Auf europäischem Boden wurde der Sumpfbiber schon vor der Jahrhundertwende vor allem in zoologischen Gärten gehalten. Bereits BREHM (9) weist auf die einfache Haltung dieses Tieres auch unter unseren geographischen Verhältnissen hin, sowie auf eine gelungene Fortpflanzung und Aufzucht der Jungtiere bei nicht allzu kostspieliger Fütterung. Das Problem der Akklimatisation schien also bereits gelöst, als ebenfalls noch vor der Jahrhundertwende die ersten gewerbsmäßigen Sumpfbiberzüchter in Frankreich auftraten. Ihre Farmen bestanden allerdings zunächst nur bis zum Beginn des ersten Weltkrieges. Im Jahre 1926 führte KIRNER zum Zwecke einer Zucht auf Pelz die ersten Sumpfbiber in Deutschland ein. Um diese Zeit verbreitete sich die Zucht dieses Pelztieres auch über andere europäische Länder. In Deutschland war 1934 der Sumpfbiber zahlenmäßig am stärksten vor dem Silberfuchs, Nerz und Blaufuchs vertreten. Heute hat die Zucht des Sumpfbibers gegenüber der des nordamerikanischen Nerzes (*Mustela vison* SCHREBER, 1778) an Bedeutung verloren.

Der Sumpfbiber wird allgemein in feststehenden Erdbodengehegen gehalten, deren Bodenfläche mit Steinplatten ausgelegt oder betoniert wird. Außerdem gibt es große Sammel- und Freilandgehege mit Naturboden, die wie die Zuchtgehege mit einem Wasserbecken ausgestattet sind, in dem die Tiere schwimmen

* Die Arbeit ist am 12. 12. 1959 als Dissertation von der Mathematisch-Naturwissenschaftlichen Fakultät der Karl-Marx-Universität Leipzig angenommen worden.

können. Da der Sumpfbiber die Angewohnheit hat, seinen Kot mit den häufig darin enthaltenen Krankheitserregern vorwiegend im Wasser abzuscheiden, können die Wasserbecken in nicht geringem Maße an der Verbreitung von Infektions- und Invasionskrankheiten beteiligt sein und damit zur Quelle von Erkrankungen eines ganzen Bestandes werden. Das ist insbesondere dann der Fall, wenn nicht rasch fließendes Wasser den Kot fortträgt. Aber auch in der Nestkiste, vom Gehegeboden aus und über verschmutztes Futter kann eine Infektion erfolgen.

Als man mit der Sumpfbiberzucht begonnen hat, ist diesem Pelztier eine große Widerstandsfähigkeit Krankheiten gegenüber nachgerühmt worden. Wie zu erwarten, wurde man eines anderen belehrt; denn heute wie bereits vor 30 Jahren fügen eine große Anzahl von Krankheitserregern den Zuchten oft schweren Schaden zu. Seinerzeit waren es vor allem Endoparasiten, die zum Verenden der Tiere und damit nicht selten zur Auflösung ganzer Großfarmen führten. Der Grund dafür dürfte in der Haltungsweise liegen, in der plötzlichen, unnatürlichen Beschränkung des Lebensraumes für die in der Wildnis eingefangenen Tiere. Heute hat die Artenzahl der parasitären Krankheitserreger ganz erheblich abgenommen. Diese können sich den neuen Entwicklungsbedingungen nicht immer anpassen, oder ihre Zwischenwirte fehlen in unseren Breiten. Es sind aber auch Parasiten verschwunden oder ganz selten geworden, die möglicherweise einer Anpassung nicht bedürfen. Andererseits kommt es zu mancher Neuerwerbung vor allem mit nicht wirtsspezifischen Arten.

Inzwischen ist also auch bei Gehegehaltung ein biologisches Gleichgewicht zwischen Wirt und Parasiten eingetreten, das allerdings unter bestimmten äußeren Einwirkungen (Haltungs- und Fütterungsfehlern, klimatischen Einflüssen) verlorengehen kann. Einige der bereits früher vorhandenen Endoparasitenarten kommen daher auch heute noch gelegentlich in großen Mengen vor, und man führt nicht selten Todesfälle gerade auf sie zurück.

Zweck der vorliegenden Arbeit ist es, auf Grund eigener Untersuchungen im Zuchtbetrieb des Staatlichen Forstwirtschaftsbetriebes Grimma, Pelztierfarm Lauer, und Literaturstudien festzustellen, welche Endoparasitenarten heute in deutschen Zuchten auftreten können. Ferner wird mit Hilfe einer quantitativen Erfassung von Helminthen aus verendeten und gepelzten Zucht- und Freilandgehegetieren versucht, den Befallsgrad in den einzelnen Gehegearten zu ermitteln. Außerdem sind Untersuchungen über die endogene Entwicklung und pathogene Bedeutung von Sumpfbiberkokzidien angestellt und vorhandene Angaben über die Reifezeit der ins Freie ausgeschiedenen Oocysten geprüft worden.

II. Schrifttum

1. Helminthen

Ein nicht unbeträchtlicher Teil des Schrifttums befaßt sich mit den parasitischen Würmern des Sumpfbibers.

Von den Trematoden wurde am häufigsten der große Leberegel, *Fasciola hepatica* LINNAEUS, 1758, gefunden, wenn auch meist kein starker Befall vorhanden war, wie aus den Angaben von GRIEDER (34, 37), KIRSCHNICK (56, 57),

SCHÖNENBERGER (80) und SPREHN (105, 106) hervorgeht. Einen starken Befall hat jedoch WALTHER (130) mit 120 Leberegeln in einem Wirtstier festgestellt. Über klinische Erscheinungen und pathologische Veränderungen bei an Fasciolose erkrankten Sumpfbibern berichten GRIEDER (37) und SPREHN (106). HEIDEGGER (45) legt die epizootiologischen Verhältnisse bei Fasciolabefall dar, ohne aber die von SPREHN (110, 111, 112, 113, 114) mehrfach vertretene Ansicht zu teilen, daß neben der eigentlichen Leberegelschnecke *Lymnaea truncatula* (O. F. MÜLLER) auch andere Süßwasserschnecken als Zwischenwirte für den Sumpfbiber in Betracht kämen. Vorschläge für eine Therapie der Fasciolose beim Sumpfbiber unterbreiten FRITZSCHE (28), SCHOOP (84) und SPREHN (111, 116). Prophylaktische Maßnahmen werden u. a. von FREUND (25), GRIEDER (37), HEIDEGGER (44), MIESSNER & SPREHN (67) und SPREHN (104, 106, 107, 108, 114) angeregt.

In armenischen Sumpfbibern hat ACHUMJAN (1) das Auftreten von *Fasciola gigantica* (COBBOLD, 1855) ermittelt.

Dicrocoelium lanceatum STILES & HASSALL, 1896 soll ebenfalls beim Sumpfbiber vorkommen. Es liegen jedoch keine Angaben darüber vor, daß etwa im Laufe einer Obduktion dieser Schmarotzer aufgefunden worden sei. Lediglich in zusammenfassenden Darstellungen (ACHUMJAN [1], HEIDEGGER [46], RINDFLEISCH-SEYFARTH [76] und SPREHN [113]) wird auf ihn hingewiesen und vermerkt, daß die Art sehr selten auftritt (HEIDEGGER [46]).

In SKRJABINs Lehrbuch „Trematoden der Tiere und des Menschen" (96) ist die Beschreibung eines Trematoden enthalten, der in die Familie Cladorchiidae gestellt und als *Chiostichorchis myopotami* (ARTIGAS & PACHECO, 1932) geführt wird. Ein von WALTHER in einem importierten Sumpfbiber gefundener Trematode ist von SPREHN (113) als *Stichorchis waltheri* beschrieben worden. Nach SKRJABIN (96) ist diese Artbezeichnung jedoch als ein Synonym von *Chiostichorchis myopotami* zu betrachten. Auch GRIEDER (33, 34, 37) hat diesen Parasiten in Importtieren festgestellt.

Eine weitere Trematodenart gehört zur Familie Notocotylidae. Es ist *Hippocrepis fülleborni* TRAVASSOS & VOGELSANG, 1930, von der SKRJABIN (97) die morphologischen Merkmale und Angaben über die Lokalisation verzeichnet.

Nach ACHUMJAN (1) sind auch die beiden Trematodenarten *Gastrodiscoides hominis* (LEWIS & MC CONNALL, 1876) und *Plagiorchis arvicolae* SKWORCOW & SCHULZ, 1931, die bisher als Endoparasiten des Menschen und Schweines bzw. von *Arvicola terrestris* LINNAEUS, 1758 bekannt sind, in Aserbaidshan beim Sumpfbiber gefunden worden.

Außerdem erwähnt GEBAUER (31) den Fund einer Paramphistomum-Art, und SPREHN (113) verzeichnet eine Notocotylus-Art, ohne eine nähere Beschreibung zu geben.

Eine Cestodenart hat SPREHN (105) zuerst gefunden und zunächst als „unbewaffneten Bandwurm" bezeichnet. Später (109) reiht er sie in die Familie Anoplocephalidae und endlich (113) in die Gattung Schizotaenia ein, die nach

SKRJABIN & SPASSKIJ (102) ein Synonym von Monoecocestus BEDDARD, 1914 darstellt. Nach SPREHN (109) ist der von ihm gefundene Anoplocephalide nicht identisch mit einem von HEIDEGGER (41, 43) beobachteten „hakenlosen Bandwurm", den dieser allerdings später als *Anoplocephala* spec. ausgibt (45, 46). In beiden Fällen handelt es sich um Cestoden, die nur in Importtieren aufgetreten sind und schwere Darmentzündungen, nicht selten mit tödlichem Ausgang, Abmagerung und struppigen Pelz hervorgerufen haben. Auch GRIEDER (34) hat im Sektionsmaterial den „unbewaffneten Bandwurm" gefunden, und CLAUSSEN (12) hat den hinteren Abschnitten des Dünndarms Anoplocephaliden entnommen deren morphologische Merkmale knapp beschrieben werden. SKRJABIN & SPASSKIJ (102) nennen außerdem eine nicht näher beschriebene Andrya-Art, die nach SCHULZ & PETROW, 1933 im Sumpfbiber auftritt.

Wenn auch SPREHN (116) die Meinung vertritt, daß Bandwürmer beim Sumpfbiber heute anscheinend keine Rolle mehr spielen, so ist er andererseits davon überzeugt, daß sich die Art *Hymenolepis octocoronata*, die erstmalig von LINSTOW (65) gefunden worden ist, bis heute in deutschen Zuchten erhalten hat. Um 1930 ist sie oft zu Hunderten in unentwirrbaren Knäueln im Dünndarm beobachtet worden (GRIEDER [34], HEIDEGGER [41, 43], SCHÖNENBERGER [80] und SPREHN [105, 106, 115]). Eine Beschreibung ihrer morphologischen Merkmale ist bei HEIDEGGER (46) und SPREHN (113) zu finden. Während SPREHN (106) den Schmarotzer zunächst für einen Erreger tödlicher Krankheiten gehalten hat, hebt er später seine relative Unschädlichkeit, auch bei Massenbefall, hervor (111). Auch HEIDEGGER (45) ist von der Harmlosigkeit dieses Bandwurms überzeugt.

In Armenien hat ACHUMJAN (1) bei 38 von 70 untersuchten Sumpfbibern in einer Anzahl von 5 bis 1150 Exemplaren Bandwürmer aus der Familie Hymenolepididae gefunden. Er benennt allerdings weder die Art noch beschreibt er die Morphologie des Parasiten.

Über die Bekämpfung von Nutriabandwürmern äußern sich u. a. FREUND (26), HEIDEGGER (45) und SPREHN (115).

Häufig sind bei Sumpfbibern Finnen von Bandwürmern gefunden worden. Nicht wenige Mitteilungen beziehen sich auf *Echinococcus granulosus* (BATSCH, 1786), *larv.* (GRIEDER [34, 37], HEIDEGGER [42, 43], SCHÖNENBERGER [80], SPREHN [105, 113], VOGEL [127, 128], WALTHER [130] und WOLFFHÜGEL [134]). Bei einem Befall kommt es vor allem zu monströsen Leberveränderungen; denn die Parasiten können bis zur Größe eines Hühnereies heranwachsen (HEIDEGGER [45, 46]). SCHULTE (88) hat auch die Finne von *Echinococcus alveolaris* (KLEMM, 1883) in der Leber eines Sumpfbibers gefunden, die sich durch stark betonte exogene Sprossung und Einlagerung von Bindegewebe zwischen die einzelnen Alveolen von vorstehend genannter Art unterscheidet.

In jüngster Zeit hat HOHNER (47, 48, 49) mehrmals auf das Vorkommen der Finne des Katzenbandwurmes *Taenia taeniaeformis* (BATSCH, 1786) hingewiesen. Außerdem hat HOHNER in der Leber des Sumpfbibers Cysticercen gefunden, die — insbesondere wegen ihrer Größe und der geringen Maße ihrer Scolexhaken — Ähnlichkeit mit den von KÜCHENMEISTER (59) in Feldmäusen gefundenen Finnen aufweisen.

Diese Finnen bezeichnet KÜCHENMEISTER (61) als *Cysticercus talpae* RUDOLPHI, 1819, und LEUCKART, der zunächst die Benennung *Cysticercus innominatus hypudaei* empfohlen hat (62), weist auf die Identität beider Formen hin (63). Nachdem bereits DUJARDIN (15) in einem Wiesel Taenien mit ebenfalls kleinen Scolexhaken beobachtet hat, die er als *Taenia tenuicollis* RUDOLPHI, 1819 bezeichnet, und KÜCHENMEISTER (60) die von ihm beobachteten Cysticercen im Moment ihrer Umwandlung und als weiter entwickelte Taenie im Darm eines Wiesels angetroffen hat, vereinigt LEUCKART (62) Finne und Taenie auf Grund der Identität ihrer Haken.

Finnen mit sehr kleinen Scolexhaken sind häufig gefunden und meist als *Cysticercus talpae*, d. h. als Finne der in marderartigen Tieren schmarotzenden *Taenia tenuicollis* betrachtet worden, wenn auch weitgehende Unterschiede in der Form und Größe der Finne sowie Abweichungen in der Größe der Scolexhaken beobachtet worden sind (BAER [3], BAYLIS [4, 5], BRAUN [6, 7, 8], CAMERON & PARNELL [10], COBBOLD [13], ELTON & Mitarb. [16], GALLI-VALERIO [29], JOYEUX & BAER [53, 54], KNIGHT [58], LINSTOW [64], LOCKER [66], MORGAN & HAWKINS [69], SERKOWA [94], SKINKER [95], SPASSKIJ & Mitarb. [103], THIENEMANN [126]; WARDLE & MC LEOD [131], WARWICK [132] und WOLFFHÜGEL [133]). AMEEL (2) weist deshalb nicht zu Unrecht darauf hin, daß es schwierig und gefährlich sei, Cestodenlarven einfach auf der Basis morphologischer Ähnlichkeiten mit reifen Formen zu verbinden, d. h. ohne Fütterungsversuche durchgeführt zu haben. Der von HOHNER gewählten Bezeichnung *Cysticercus talpae* für die im Sumpfbiber aufgefundene kleinhakige Finne haften damit die gleichen Unischterheisfaktoren an.

Eine weitere Finne, die von *Polycephalus serialis* (GERVAIS, 1847) hat PAGENSTECHER (70) aus einem in einem deutschen zoologischen Garten verendeten Sumpfbiber beschrieben. JOHNSTON (52) hat diese Finne ebenfalls gefunden, und zwar in einem Sumpfbiber, der im zoologischen Garten von Sidney verendet ist. Nach JOHNSTON hat auch HALL einige Male Gelegenheit gehabt, diesen Schmarotzer in Amerika zu beobachten, und CLAPHAM (11) weiß von einem Coenurus aus dem Sumpfbiber, den RAILLIET & MOUQUET beschrieben haben. WALTHER (129) berichtet ebenfalls von diesem Parasiten.

Für Bandwurmfinnen beschränken sich die in der Literatur angegebenen Bekämpfungsmethoden auf hygienische Maßnahmen (HEIDEGGER [45], HOHNER [47, 48, 49, 50] u. a.).

Von den parasitischen Nematoden des Sumpfbibers ist in Deutschland eine Strongyloidesart zuerst von SPREHN (105) beobachtet worden. KIRSCHNICK (56, 57) hat den Strongyloides in allen 21 der von ihm überprüften Zuchtbetriebe gefunden. Von 78 durchgesehenen Kotproben sind nur vier frei von Strongyloideseiern gewesen, wobei jedoch allgemein nur schwacher Befall vorgeherrscht hat, besonders bei Alttieren. Auch SCHOOP (81) und SPREHN (118) bemerken, daß der Wurmbefall in heimischen Zuchten verhältnismäßig gering ist. Unter besonderen Umständen tritt der Schmarotzer jedoch massenhaft auf und kann nach CLAUSSEN (12), ENIGK (23), GRIEDER (36) und SPREHN (106, 120, 121, 122) Todesfälle verursachen. Vor allem ist er als Erreger von Aufzuchtkrankheiten gefürchtet (ENIGK [22], SCHOOP [84], SPREHN [110, 112]). Nach SPREHN (123, 124) ist der Parasit bis heute in deutschen Zuchten erhalten geblieben und hat sich als wirtschaftlich wichtig erwiesen.

Das geschlechtsreife parasitische Weibchen hat seinen Sitz intraepithelial hauptsächlich in der Schleimhaut des Dünndarms, aber auch des Magens, der Gallenblase und in anderen Organen. Von Krankheitserscheinungen können verschiedene Organe des Wirtes betroffen sein. So vermögen die parasitischen Weibchen schwere Darmentzündungen, wandernde Larven dagegen schwere Lungenblutungen herbeizuführen. Es ist allerdings je nach Größe des befallenen Tieres eine mehr oder weniger große Anzahl Strongyloides nötig, um diese Erscheinungen auszulösen. Die Pathogenität eines Strongyloidesbefalles von sexemplaren kann deshalb nur durch quantitative Erfassung aller Würmer ermittelt werden (ENIGK [23]). SPREHN (120) hat einen Zusammenhang zwischen bakteriellen Infektionen und Strongyloidesbefall festgestellt. Er bemerkt, daß mindestens 70% aller Rodentiosefälle des Sumpfbibers primär durch Strongyloidesbefall ausgelöst werden, wobei die unbescheideten filariformen Larven bei der percutanen Invasion wahrscheinlich die Pasteurellakeime einschleppen.

Den Strongyloides des Sumpfbibers führen GRIEDER (34) und SPREHN (113) unter der Bezeichnung *Strongyloides papillosus* (WEDL, 1856). Von ENIGK (17) ist er zunächst als *Strongyloides chapini* (SANDGROUND, 1925) identifiziert worden. Später (19) hat ENIKG jedoch die Bezeichnung *Strongyloides myopotami* ARTIGAS & PACHECO, 1933 akzeptiert. Nach SPREHN (116) kommt neben *Strongyloides myopotami* auch *Strongyloides papillosus*, eine Art, die eigentlich beim Rind und Schaf parasitiert, beim Sumpfbiber vor. Da — wie ENIKG (21, 22) ermittelt hat — der Sumpfbiber für den Schafstrongyloides empfänglich ist, liegt ein gelegentliches Vorkommen dieser Art durchaus im Bereich des Möglichen. Eine Unterscheidung der parasitischen Weibchen auf Grund ihrer morphologischen Merkmale ist allerdings nicht möglich. Zwar unterscheiden sich die rhabditiformen und filariformen Larven des *Strongyloides myopotami* von den Larven des *Strongyloides papillosus* und anderer Strongyloidesarten durch ihre beträchtliche Größe, doch gleichen sich die Maße, wenn die Weibchen im nichtspezifischen Wirt schmarotzen weitgehend, weshalb sie nicht als Unterscheidungsmerkmal herangezogen werden können. Das freilebende Männchen des Sumpfbiberstrongyloides ist dagegen durch seine ebenfalls beachtliche Größe (1000 bis 1150μ) von den Männchen anderer Arten unterschieden. Ein Befall mit dem Schafstrongyloides dürfte beim Sumpfbiber ohne Bedeutung sein, da sich der Parasit in diesem Wirt nicht lange halten kann. Aus diesem Grunde kommt auch der Übertragung von *Strongyloides papillosus* auf den Sumpfbiber durch Ratten und evtl. auch durch Kaninchen keine große Bedeutung zu. Diese Nager sind empfänglich für alle Strongyloidesarten der Pflanzenfresser, was insbesondere bei der Verbreitung des *Strongyloides myopotami* von Bedeutung sein kann (ENIGK [21, 22]).

Bei der Bekämpfung des Älchenwurmes sind vor allem prophylaktische Maßnahmen anzuwenden (ENIKG [19, 20, 22], SCHOOP [83, 84], SPREHN [111, 114, 115]). Wirksame therapeutische Maßnahmen gibt ENIKG (23) an, der mit dem Kristallviolettpräparat „Badil", 20 mg je kg Körpergewicht 5 Tage hintereinander peroral appliziert, den Befall vollständig beseitigen konnte.

Nach ACHUMJAN (1) sind in Grusinien und Aserbaidshan Ascariden beim Sumpfbiber gefunden worden. Diese Angabe kann wegen Fehlens der Originalliteratur nicht überprüft werden.

Die in die Familie Oxyuridae gestellte Art *Subulura linstowi* SPREHN, 1932 ist beim Sumpfbiber gefunden worden. Möglicherweise handelt es sich allerdings um den gleichen Parasiten, von dem LINSTOW (65) nur Weibchen entdeckt und den er als *Oxyuris hamata* beschrieben hat (SPREHN [113]).

Unter den Trichostrongyliden ist *Böhmiella perichitinea*, die GEBAUER (31) gefunden und beschrieben hat, wegen ihrer chitinig augekleideten Mundhöhle sowie starker Chitinisierung des Hinterendes beim Männchen besonders auffällig.

SKRJABIN & Mitarb. (101) führen die Art *Trichostrongylus colubriformis* (GILES, 1892) RANSOM, 1911 auch als Sumpfbiberparasiten an.

Trichostrongylus retortaeformis (ZEDER, 1800) scheint, nach der vorliegenden Literatur zu urteilen, bisher erst einmal im Sumpfbiber gefunden worden zu sein (ENIGK [17]). Zu Vergleichszwecken für die eigenen Untersuchungen werden die Angaben von HAAKH (38) herangezogen, die sich auf *Trichostrongylus retortaeformis* aus den Hauptwirten Hase und Kaninchen beziehen.

Als sehr pathogen bezeichnet und häufig mit *Strongyloides myopotami* und mit Kokzidien vergesellschaftet ist Anfang der 30er Jahre ein Trichostrongylide gefunden worden (CLAUSSEN [12], GRIEDER [34], PALLASKE [71], SCHÖNENBERGER [80], SPREHN [105, 115]), der ebenfalls als Erreger von Aufzuchtkrankheiten gilt (SPREHN [112]). ENIGK (17) hat einen Trichostrongyliden als *Heligmosomum sprehni* beschrieben. Er gaubt, es sei die gleiche Art, die HEIDEGGER (41) und WALTHER (129) *Heligmosomoides polygyrus* nennen. SCHOOP (84) meint wohl auch *Heligmosomum sprehni*, wenn er die Bezeichnung *Trichostrongylus myocastoris* angibt; denn seine knappe Beschreibung lehnt sich eng an die von CLAUSSEN (12) an, die auch ENIGK (17) kennt. Während noch GRIEDER (35) berichtet, daß sich mehrere große Zuchtbetriebe auflösen mußten, weil ihre Bestände vor allem unter Mitwirkung dieses Schmarotzers vernichtet worden sind, gibt KIRSCHNICK (56, 57) an, Eier von *Heligmosomum sprehni* nur in einem der von ihm untersuchten 21 Bestände und auch nur in 2 von 78 Proben gefunden zu haben. Dabei hat nur sehr schwacher Befall vorgeherrscht. Nach SPREHN (117) gehört *Heligmosomum sprehni* zu den Parasiten, die — obwohl sie angeblich einer Anpassung an die neuen Entwicklungsbedingungen nicht bedürfen — verschwunden oder zumindest selten geworden sind. Später führt er die Art unter den in deutschen Zuchtbetrieben zwar als erhalten gebliebenen, aber wirtschaftlich unbedeutenden Parasiten an (123, 124).

Die Art *Heligmosomum sprehni* ENIGK, 1933 kann nach SKRJABIN & Mitarb. (100), nicht verwechselt werden mit *Heligmosomoides polygyrus* (DUJARDIN, 1845) BOULENGER, 1922, weil sich diese durch das Vorhandensein einer Spina caudalis beim Weibchen auszeichnet. Beim Weibchen von *Heligmosomum sprehni* wird dagegen das Hinterende nicht selten von einem cuticularen Überhang bedeckt (ENIGK [17]). *Heligmosomoides polygyrus* ist in der Sowjetunion ebenfalls beim Sumpfbiber gefunden worden (SKRJABIN & Mitarb. [100]).

Auch über das Vorkommen anderer Arten, die den Heligmosomum-Arten im System nahestehen, berichten SKRJABIN & Mitarb. (100). Es werden die Arten *Longistriata alpha* (TRAVASSOS, 1918) TRAVASSOS & DARRIBA, 1929, *Longistriata maldonadoi* ARTIGAS & PACHECO, 1933 und *Longistriata nutria* GILBERT, 1931, letztere wahrscheinlich als Synonym von *Longistriata maldonadoi* genannt. Auch auf die Art *Heligmonina nematodiriformis* (TRAVASSOS, 1918) TRAVASSOS & DARRIBA, 1929 wird hingewiesen, ohne näher auf die morphologischen Artmerkmale einzugehen. Die Originalliteratur war nicht erhältlich.

Nach SKRJABIN & Mitarb. (101) soll auch die Art *Gongylonema pulchrum* MOLIN, 1857, die der Familie Spiruridae zugehört, beim Sumpfbiber gefunden worden sein.

Die in der Bauchhöhle schmarotzende Art *Molinema travassosi* (ARTIGAS & PACHECO, 1933), deren morphologische Merkmale SKRJABIN & SCHICHOBALOWA (98) und SKRJABIN & Mitarb. (99) anführen, tritt in Südamerika auf. Auch in der Schweiz und in Deutschland sind Nematoden in der Bauchhöhle verendeter Sumpfbiber gefunden worden, allerdings nur, in Importtieren (GRIEDER [37], HEIDEGGER [43]). SEDLMEIER (89) nennt die Art „*Kittia myocastoris* s. *Filaria* bzw. *Microfilaria Kitti*" und beschränkt sich später (90) auf die Bezeichnung „*Filaria* bzw. *Microfilaria Kitti*". Da er weder die bis dahin noch nicht bekannte Gattung Kittia noch die Art kitti beschreibt, kommt seiner Benennung keine Bedeutung in nomenklatorischer Hinsicht zu. Wie aus SEDLMEIERs Angaben hervorgeht, handelt es sich um vivipare Helminthen, deren Larven als Mikrofilarien im Blut kreisen. Nach HEIDEGGER (43) sind einige Sumpfbiber wegen Überschwemmung des Blutes mit Mikrofilarien verendet.

In weißlich durchschimmernden Lebergängen hat SEIDEL (91) Anhäufungen von Eiern des Haarwurmes *Hepaticola hepatica* (BANCROFT, 1893) beobachtet. Larven oder ausgewachsene Würmer dagegen sind von ihm nicht gefunden worden.

Verhältnismäßig verbreitet kommt ein Peitschenwurm in deutschen Zuchten vor (SPREHN [123, 124]). KIRSCHNICK (56, 57) hat ihn in 78 Proben 26mal gefunden. Meist ist nur ein schwacher Befall vorhanden gewesen. Von den meisten Autoren wird dieser Peitschenwurm für nicht pathogen gehalten (CLAUSSEN [12], HEIDEGGER [45, 46]). HEIDEGGER (41) nennt ihn *Trichocephalus myocastoris*, ohne ihn jedoch zu beschreiben. Erst ENIGK (17) hat die Beschreibung vorgenommen und nennt die Art *Trichuris myocastoris*.

In der Sowjetunion läuft der Peitschenwurm des Sumpfbibers unter der Bezeichnung *Trichocephalus nutria* SCHULZ & PETROW, 1933 (nach SKRJABIN & Mitarb. [101]). Da die Originalliteratur nicht beschafft werden kann, ist es nicht möglich, zu prüfen, ob es sich um den gleichen Parasiten handelt, den ENIGK (17) als *Trichuris myocastoris* beschrieben hat, und evtl. eine Priorität in der Benennung festzulegen. Nach SKRJABIN & Mitarb. (101) sollen beim Sumpfbiber auch die Arten *Trichuris opaca* BARKER & NOYES, 1915 und *Trichuris vulpis* (FROELICH, 1789), deren Stammwirte die Bisamratte bzw. der Fuchs sind, gefunden worden sein. Ferner nennen diese Autoren *Trichuris* spec. FREITAS, 1936.

Auch die Trichine, *Trichinella spiralis* (OWEN, 1835), ist beim Sumpfbiber aufgetreten, und zwar in einem Schweizer Zuchtbetrieb. In drei Fällen hat man Trichinellenlarven in der Muskulatur von entpelzten Kernen nachgewiesen, nachdem fünf Personen an Trichinose erkrankt sind. Die Sumpfbiber sind in der betreffenden Farm frei unter Nerzgehegen umhergelaufen und haben sich vermutlich durch Aufnahme kleiner Stücke Futterfleisch, die auf den Erdboden gefallen sind, infiziert (RUBLI [77]). Nach den Versuchen von WUNDRAM (in KELLER [55]) darf es als erwiesen gelten, daß der Sumpfbiber ohne Zwang Fleisch annimmt und sich daher mit Trichinen infizieren kann. Allerdings nehmen auch Kaninchen im Versuch spontan trichinöses Fleisch auf. ZIESKE (136) wendet sich deshalb gegen die Trichinenschau bei Sumpfbiberfleisch, weil der anormale Schweizer Fall für eine solche nicht maßgebend sein darf. Der Sumpfbiber muß nach dem Fleischbeschaugesetz vom 29. 10. 1940 der Trichinenschau unterworfen werden (KELLER [55]). Den Schweizer Fall kennt auch SCHOOP (82), der nach Einführung der Trichinenschau weit über 10000 Sumpfbiberkerne untersucht und alle ohne ein diesbezügliches Ergebnis gefunden hat (86, 87).

Von wirtschaftlicher Bedeutung ist in deutschen Zuchtbetrieben vor allem *Strongyloides myopotami*, aber auch *Fasciola hepatica*. Weiterhin ist das Vorkommen von *Dicrocoelium lanceatum*, *Hymenolepis octocoronata*, *Taenia taeniaeformis larv.*, *Polycephalus serialis larv.*, *Echinococcus granulosus larv.*, *Echinococcus alveolaris larv.*, *Strongyloides papillosus*, *Trichostrongylus retortaeformis*, *Heligmosomum sprehni*, *Hepaticola hepatica*, *Trichuris myocastoris* und von Cysticercen mit sehr kleinen Scolexhaken aus deutschen Zuchtbetrieben beschrieben worden. In diesen können auf Grund ihrer geographischen Verbreitung aber auch die Arten *Trichostrongylus colubriformis*, *Heligmosomoides polygyrus*, *Gongylonema pulchrum* und *Trichinella spiralis* erwartet werden. *Chiostichorchis myopotami*, *Hippocrepis fülleborni*, *Subulura linstowi*, *Böhmiella perichitinea*, *Longistriata alpha*, *Longistriata maldonadoi*, *Heligmonina nematodiriformis*, *Molinema travassosi* und nicht näher beschriebene Bandwürmer aus der Familie Anoloplocephalidae sind dagegen über Südamerika verbreitet, können aber in Importtierem gefunden werden. Nur aus dem Osten der Sowjetunion ist der Befall mit *Fasciola gigantica*, *Gastrodiscoides hominis* und *Plagiorchis arvicolae* bekannt. Fraglich ist, ob die Literaturangaben über das Auftreten von *Trichuris opaca* und *Trichuris vulpis* beim Sumpfbiber den Tatsachen entsprechen.

2. Protozoen

Wenn man auch zunächst vermutet, daß der Sumpfbiber auf Grund seiner Herkunft aus Südamerika von einer Anzahl parasitischer Protozoen — vor allem Blutparasiten — befallen sein könnte, so sind doch in der zugänglichen Literatur stets nur Hinweise über das Auftreten von Arten aus der Klasse Sporozoa zu finden. Es handelt sich dabei um Kokzidien der Gattung Eimeria.

Kokzidienoocysten beim Sumpfbiber hat in Deutschland zuerst SPREHN (105) in Kotproben nachgewiesen. Ihre Verbreitung ist eine allgemeine. Bereits GANGHOFER (30) ist der Ansicht, daß Kokzidiose anscheinend häufiger auftritt. SCHMID (78, 79) findet Kokzidien in seinem Untersuchungsmaterial vor, und KIRSCHNICK (56, 57) hat diese Schmarotzer in 16 von 20 überprüften Beständen und in 44 von 78 Kotproben mit allgemein sehr schwachem bis schwachem Befall bei Alt- und Jungtieren nachgewiesen. SEIDEL (92) findet eine Eimeria-Art der Untergattung Globidium in 15 von 73 verendeten Sumpfbibern. Nicht selten führt man Todesfälle gerade auf Kokzidienbefall zurück (SCHOOP [85], SPREHN [120, 121, 124]), wobei SPREHN (119) die Globidium-Art als besonders pathogen bezeichnet. In der Hauptsache sind es Jungtiere im Alter bis zu einem halben Jahr, die diesen Krankheitserregern erliegen. Es handelt sich also um eine ausgesprochene Aufzuchtkrankheit (FRITZSCHE [28], SCHOOP [81], SPREHN [110, 112] u. a.). Auch erwachsenen Tieren, die durch Fütterungs- oder Haltungsfehler geschwächt sind, kann Kokzidienbefall arg zusetzen (GRIEDER [33, 34]), wenn diese auch in der Regel nach einem in der Jugend überstandenen Befall eine gewisse Immunität erlangt haben dürfen und nur subklinisch erkranken. Damit werden sie allerdings in vielen Fällen zu einer Gefahr für den Nachwuchs (HEIDEGGER [45], SPREHN [119]). Für die Erreger günstige klimatische Bedingungen, z.B. feuchte Sommer, können ein Ansteigen der Kokzidioseerkrankungen und damit verbunden zahlreiche Todesfälle hervorrufen (GRIEDER [35]).

Der Sumpfbiber ist lediglich von Darmkokzidiose betroffen. In den meisten Fällen sind Kokzidien und Helminthen miteinander vergesellschaftet angetroffen worden und führen oft gemeinsam den Tod des Wirtstieres herbei (GRIEDER [33, 34], SCHÖNENBERGER [80]). Bei akutem Krankheitsverlauf kommt es nach SCHÖNENBERGER nicht zu einer Abmagerung. Die Jungtiere verenden meist rasch ohne sichtbare Krankheitszeichen. Erst kurz vor dem Tode zeigen sie Freßunlust und Mattigkeit. Bei längerer Krankheitsdauer kann es trotz guter Freßlust zu hochgradiger Abmagerung, anämischen Erscheinungen und Schleimhautschwellungen am Darmkanal kommen (GRIEDER [33, 34], HEIDEGGER [45]). Bei diesem schleichenden Krankheitsverlauf werden die Tiere auch schlecht im Pelz (GRIEDER [33, 34], WALTHER [130]) und verenden schließlich in vielen Fällen. Die Schädigung tritt im gesamten Darmtraktus als eine mehr oder weniger schwere Entzündung auf. Der schleimige, flüssige Dünndarm- und dünnbreiige Blinddarminhalt ist oft von ausgetretenem Blute rot gefärbt. Im Abschabsel der Darmschleimhaut sind Kokzidienentwicklungsstadien zu finden, wobei nach HEIDEGGER (45) der Blinddarm stärker befallen ist als der Dünndarm. Die histologische Untersuchung eines an schwerer Kokzidiose erkrankten Jungtieres hat jedoch ergeben, daß die meisten Entwicklungsstadien von Kokzidien im Ileum, dagegen nur eine geringe Anzahl im Blinddarm und Jejunum, hier inselartig verteilt, angetroffen werden. Im Ileum sind große, zusammenhängende

Epithelbezirke untergegangen. Entwicklungsstadien der kleinen Kokzidienarten werden im Zottenepithel, die der großen, dickschaligen Globidium-Art im Bindegewebe der Mukosa aufgefunden (HAUFE [40]). SPREHN (123, 124) zählt die Kokzidien zu den wirtschaftlich wichtigen Parasiten des Sumpfbibers.

Von den bisher bekannten vier Arten hat YAKIMOFF (135) die morphologischen Merkmale der Oocysten zweier Arten, die er *Eimeria myopotami* und *Eimeria pellucida* nennt, beschrieben. *Eimeria myopotami*-Oocysten treten hauptsächlich in ovaler Gestalt auf. Als oval (zuweilen oviform) sieht YAKIMOFF Oocysten an, die der Relation Länge:Breite = 1:0,80 bis 1:0,87 (Formindex) genügen. Diese Oocysten weisen eine Größe von 21,6 bis 27,0 × 18,0 bis 23,4 μ auf. Sehr selten findet YAKIMOFF subsphärische (Formindex 1:0,87 bis 1:0,92) und runde Formen. Als Maße gibt er 21,6 bis 23,4 μ für die runden und 21,6 bis 25,2 × 19,8 bis 23,4 μ für die subsphärischen Oocysten an. Außerdem nennt er die Maße kleinerer Oocysten mit 18,9 × 16,2 μ (Formindex 1:0,80) und 18,0 × 14,4 μ (Formindex 1:0,90). Die Größenangaben bewegen sich also zwischen 18,0 bis 27,0 μ in der Länge und 14,4 bis 23,4 μ in der Breite. Der Formindex reicht von 1:1 bis 1:0,87. Wie YAKIMOFF ausführt, ist eine sichtbare Mikropyle nicht vorhanden, außerdem ist von ihm weder ein Restkörper noch das Vorhandensein lichtbrechender Granula in der reifen Oocyste beobachtet worden, doch fehlt der Restkörper nicht in den Sporen. Die Oocystenhülle ist eine dreifache. Aus einer der Beschreibung beigegebenen Zeichnung geht hervor, daß es sich um eine völlig glatte Schale handeln muß. Auch GOLIKOFF (32) kann keine Mikropyle und keine Restkörper in seinen Oocysten, die er *Eimeria myopotami* YAKIMOFF, 1933 zuordnet, entdecken. Als Größe für ovale Formen gibt er 27,0 × 18,0 μ, für subsphärische Formen 24,0 × 21,0 μ und für die Sporen 12,0 × 6,0 μ an. SEIDEL (92), der an der Längsseite der Oocysten eine Mikropyle gesehen haben will, hält ebenfalls eiförmig-ovale Oocysten mit einer runden und subsphärischen Variation für *Eimeria myopotami* YAKIMOFF, 1933. Seine Größenangaben bewegen sich zwischen 15,5 und 32,5 μ in der Länge bzw. 12,4 und 27,9 μ in der Breite. Die Maße der Sporen sind mit 9,3 bzw. 12,4 × 6,2 μ angegeben.

Die Oocysten von *Eimeria pellucida* beschreibt YAKIMOFF als oval oder eher zylindrisch, d. h. ihre Länge ist bei weitem größer als ihre Breite. Das drückt auch der Formindex aus, der mit 1:0,59 bis 1:0,64 bzw. 1:0,50 bis 1:0,62 angegeben ist. Die schwach fliederfarbenen Oocysten erreichen eine Länge von 30,0 bis 39,6 μ und eine Breite von 19,8 bis 23,4 μ. Angeblich abgestorbene Oocysten sind gelblich gefärbt. Ihre Größe ist mit 28,8 bis 39,6 × 16,2 bis 25,2 μ angegeben. Zusammengefaßt bewegen sich die Größenangaben also zwischen 28,8 bis 39,6 μ in der Länge und 16,2 bis 25,2 μ in der Breite. An der Oocyste ist in manchen Fällen eine Mikropyle erkennbar. Die Selbständigkeit dieser Art leitet YAKIMOFF aus ihrer Größe und dem Formindex ab. GOLIKOFF (32) hat Oocysten von *Eimeria pellucida* nicht gefunden. Nach SPREHN (124) sind diese jedoch in deutschen Zuchten besonders häufig anzutreffen. Abweichend von YAKIMOFF gibt er aber Größenmaße von 27,0 × 12,0 μ für die Oocysten an. Die Größenangaben von SEIDEL (92) — er nennt als häufigste Werte 27,9 bis 31,0 × 15,5 bis 18,6 μ — erreichen dagegen gerade die untere Grenze der Angaben von YAKIMOFF.

Morphologische Einzelheiten über die Sporen und ihren Inhalt, z.B. über den Aufbau der Restkörper konnten weder von *Eimeria myopotami* noch von *Eimeria pellucida* in der Literatur ermittelt werden.

Ohne sie näher zu beschrieben zitiert JACOB (51) die Art *Eimeria coypi* OBITZ & WADOWSKI, 1937. Nach SEIDEL (92) soll ihre Oocyste klein, rund und zartwandig sein und ihr Durchmesser 12,5 bis 17,5 μ betragen. Die Originalliteratur konnte nicht beschafft werden.

Von einer weiteren Kokzidienart berichtet SPREHN (119). Er hat Oocysten im Kot gefunden, die er groß und eigentümlich gestaltet nennt. Außer der Größenangabe 47,0 μ enthält die Arbeit aber nichts Wesentliches. Später (123) benennt er die Art und gibt ihr den Namen *Eimeria* (*Globidium*) *perniciosa*, ohne aber zunächst die Beschreibung zu liefern. Erst in einer weiteren Arbeit (124) ist neben der Benennung die knappe Beschreibung der unversporten Oocyste niedergelegt. Die Oocyste besitzt eine dunkelschwarzbraun gefärbte, sehr dicke und fast undurchsichtige Hülle, deren Oberfläche von unregelmäßiger Beschaffenheit ist. Die Form der Oocyste ist breit-oval, ihre Größe beträgt 48,0 bis 50,0 μ in der Länge und 42,0 μ in der Breite. Auch SEIDEL (92) hat die Oocyste beschrieben. Seine Angaben decken sich mit den Angaben von SPREHN in bezug auf das Aussehen der Oocystenhülle. Sie weichen von diesen ab hinsichtlich der Form und Größe der Oocyste. SEIDEL hat hauptsächlich runde Oocysten mit einem Durchmesser von 38,4 bis 44,8 μ gefunden. Subsphärische Formen erreichen eine Größe von 44,8 × 38,4 μ und 48,0 × 41,6 μ. Zusammengefaßt betragen die von SEIDEL gefundenen Größenmaße 38,4 bis 48,0 × 38,4 bis 44,8 μ. SEIDEL hat jedoch auch die versporte Oocyste beschrieben, an der ihm neben der dicken äußeren Hülle eine zarte, farblose innere Hülle aufgefallen ist. Gelegentlich scheint es ihm, als ob an „jungen" (eben ausgeschiedenen ?) Oocysten eine feine, weiße Hülle die äußere Hülle überziehe. Einen Oocystenrestkörper hat er nicht nachgewiesen; doch enthalten die Sporen neben je zwei Sporozoiten und zwei nicht näher definierten kugelförmigen Gebilden einen umfangreichen Restkörper. Aus noch zu erörternden Gründen nennt SEIDEL das von ihm gefundene Kokzid *Eimeria* (*Globidium*) *fulva*. Der Artname *Eimeria fulva* ist aber bereits von FARR (24) für eine Eimeria-Art aus *Branta canadensis* L. vergeben worden. PELLÉRDY (73) hat deshalb als nomen novum *Eimeria seideli* für das Globidium aus dem Sumpfbiber vorgeschlagen.

Sowohl SPREHN als auch SEIDEL beziehen sich wohl auf DOFLEIN & REICHENOW (14), wenn sie den Namen Globidium als Subgenusbezeichnung auffassen. Auch Verf. vorliegender Arbeit legt seinen Untersuchungen diese Ansicht zu Grunde. Nach DOFLEIN & REICHENOW ist die Untergattung Globidium durch den Besitz einer sehr dicken Oocystenhülle und ferner dadurch ausgezeichnet, daß ihre Agamogonie möglicherweise nur aus einer Generation besteht. Der Sitz dieser Eimerien ist das subepitheliale Gewebe des Darmes, wobei insbesondere Schizonten und Mikrogametozyten eine ungewöhnliche Größe erreichen. Die Schizonten und Gamonten wachsen in einer Vakuole im Inneren der Wirtszelle. Die Untergattung Eimeria ist dagegen durch ihre meist dünnere Oocystenhülle und geringere Größe ausgezeichnet. In der Morphologie der Sporen stimmen beide Untergattungen überein, und in der Morphologie der Oocystenhüllen ist ihre Abgrenzung nicht scharf. PELLÉRDY faßt daher den Namen Globidium als Synonym der Gattungsbezeichnung Eimeria auf.

Über den zeitlichen Ablauf der endogenen Entwicklung und die Morphologie sämtlicher Entwicklungsstadien der Sumpfbiberkokzidien liegen bisher keine Angaben vor, wenn man von einem Befund SEIDELs (92) absieht, der im mittleren Abschnitt des Dünndarmes bei Schleimhautabstrichen Gebilde gefunden hat, die er für in Entwicklung begriffene Makrogameten von *Eimeria* (*Globidium*) *fulva* hält.

Während die endogene Entwicklung vieler Kokzidienarten der Untergattung Eimeria genauestens bekannt ist, sind für die Untergattung Globidium nur spärliche Angaben vorhanden, doch geben auch diese eine Grundlage für die eigenen Untersuchungen ab. Wenn die Einordnung von *Eimeria bovis* (ZÜBLIN, 1908) aus dem Rind in die Untergattung Globidium — wie sie von DOFLEIN & REICHENOW durchgeführt wird — berechtigt ist, dann ist diese bisher die einzige Art aus dem Subgenus Globidium, bei der nachgewiesenermaßen die Agamogonie nur aus einer Generation von Riesenschizonten besteht (HAMMOND & Mitarb. [39]). Im Gegensatz zu den anderen bekannten Globidium-Arten fällt die Oocyste von *Eimeria bovis* jedoch durch ihre Dünnschaligkeit auf. Im Entwicklungsgang der Gametogonie sind ebenfalls Unterschiede vorhanden; denn die Mikrogametozyten weisen keinen Riesenwuchs auf und übertreffen die Makrogameten nur wenig an Größe. Außerdem fehlt die Vakuole, in welcher der Gamont heranwächst. Einen Riesenschizonten haben auch REICHENOW & CARINI (75) gefunden, und zwar gehört dieser zu der Art *Eimeria* (*Globidium*) *travassosi* DA CUNHA & MUNIZ, 1928 aus dem Dünndarm des Gürteltieres *Euphractus sexcinctus*. Die von ENIGK (18) beschriebenen Schizonten von *Eimeria* (*Globidium*) *cameli* HENRY & MASSON, 1932 aus *Camelus bactrianus* halten DOFLEIN & REICHENOW für Mißdeutungen der Mikrogametozyten. Ob man die Gilruth-Cysten aus dem Labmagen und dem Anfangsteil des Dünndarmes von Schaf und Ziege ohne weiteres als Agamogoniestadien einer Eimeria-Art ansehen kann, wie dies von DOFLEIN & REICHENOW geschieht, wenn sie auf diese Cysten die Bezeichnung *Eimeria* (*Globidium*) *gilruthi* (CHATTON, 1910) (*Gastrocystis gilruthi* CHATTON, 1910) anwenden, ist noch nicht erwiesen. Sie sind der Ansicht, daß die beim Schaf gefundenen und als *Eimeria intricata* SPIEGL, 1925 beschriebenen Oocysten wahrscheinlich ein Entwicklungsstadium aus dem Zeugungskreis von *Eimeria gilruthi* darstellen und identifizieren die Art *Eimeria intricata* mit *Eimeria* (*Globidium*) *gilruthi*. Ein Beweis für diese Ansicht ist noch nicht erbracht worden, da der Zeugungskreis von *Gastrocystis gilruthi* bzw. von *Eimeria intricata* im Experiment noch nicht geschlossen worden ist.

Bei Untersuchungen über die Gametogonie und die Gameten des Globidium aus dem Sumpfbiber kann man sich ebenfalls an entsprechende Untersuchungen bei anderen Arten und Wirten halten. Mikrogametozyten und Makrogameten sind bei *Eimeria* (*Globidium*) *leuckarti* FLESCH, 1883 aus dem Pferd und dem Esel, *Eimeria* (*Globidium*) *cameli* HENRY & MASSON, 1932 (insbesondere von ENIGK [18]) und — es gilt die oben angeführte Einschränkung — bei *Eimeria* (*Globidium*) *bovis* (ZÜBLIN, 1908) (von HAMMOND & Mitarb. [39]) nachgewiesen worden. Von *Eimeria* (*Globidium*) *travassosi* Da CUNHA & MUNIZ, 1928 haben REICHONEW & CARINI (75) den Verlauf der Gametogonie beschrieben. Untersuchungen über die Agamogonie und Gametogonie der Globidium-Arten werden dadurch erschwert, daß man beide Entwicklungsphasen nicht einander benachbart findet (DOFLEIN & REICHENOW [14]).

Über die exogene Entwicklung der Sumpfbiberkokzidien liegen auch nur spärliche Angaben vor. Während SPREHN (119) behauptet, daß die Oocysten erst nach 3 Wochen ansteckungsfähig werden, sagt HEIDEGGER (45), daß sie „in wenigen Tagen" reifen. SCHOOP (81) gibt schließlich einen Zeitraum von 24 bis 72 Stunden an. Nach SPREHN (124, 125) benötigt die Oocyste der Globidium-Art bei Vorliegen optimaler Temperatur- und Feuchtigkeitsverhältnisse bis zum Eintreten der Versporung 7 bis 10 Tage. SEIDEL (92) hat Globidium-Oocysten in 0,5%iger Kaliumbichromatlösung bei +25 °C im Brutschrank zum Reifen gebracht. Sie beginnen nach seiner Ansicht nach 37 Tagen mit dem Sporulieren.

Wenn auch medikamentelle Behandlungsversuche bei Kokzidiose vorgeschlagen werden (SPREHN [119, 123]), so ist doch nach Meinung vieler Autoren der Prophylaxe durch hygienische Maßnahmen, wie Sauberkeit, Vorhandensein fließenden Wassers in den Gehegen, Vernichtung von Oocysten mit physikalischen und chemischen Mitteln der Vorzug zu geben (ENIGK [20], FREUND [27], PRIESNER [74], SCHOOP [83], SPREHN [119]). Die Aussichten auf Selbstheilung sind ebenfalls nicht gering (HEIDEGGER [45]).

Bei der Auswertung der Literatur über Sumpfbiberkokzidien, die in deutschen Zuchten auftreten und als wirtschaftlich wichtig betrachtet werden, kann man feststellen, daß hinsichtlich ihrer Verbreitung und Pathogenität recht einheitliche Meinungen bestehen, wenn auch die Angaben über den vorzugsweisen Siedlungsort nicht ganz übereinstimmen.

Von den bekannten vier Arten sind aus der Gattung und Untergattung Eimeria drei beschrieben worden: *Eimeria myopotami* YAKIMOFF, 1933, *Eimeria pellucida* YAKIMOFF, 1933 und *Eimeria coypi* OBITZ & WADOWSKI, 1937. Von *Eimeria myopotami* und *Eimeria pellucida* sind als wesentliche Artmerkmale die Größenwerte und Formunterschiede der Oocysten genannt. Die Oocyste von *Eimeria pellucida* fällt durch ihre Größe auf. Die Maße der von SPREHN (124) und SEIDEL (92) *Eimeria pellucida* zugeordneten Oocysten sind dagegen viel kleiner; sie stimmen auch nicht annähernd mit den Angaben YAKIMOFFs (135) überein. Man kann deshalb mit Bestimmtheit sagen, daß diese Oocysten nicht *Eimeria pellucida* YAKIMOFF, 1933 zugehören. Ihre Größenwerte fallen vielmehr in den Bereich von *Eimeria myopotami* YAKIMOFF, 1933, deren Oocysten — wie man aus den Angaben von SEIDEL und GOLIKOFF (32) ersieht — die gleiche ovale Form wie die von SPREHN und SEIDEL irrtümlich *Eimeria pellucida* zugeordneten Oocysten erreichen können. Die vorhandenen Angaben über Größe und Form dieser Oocysten reichen jedenfalls nicht aus, um eine Unterscheidung treffen zu können. Da in die Originalliteratur über *Eimeria coypi* kein Einblick genommen werden konnte, fehlt auch eine Vergleichsmöglichkeit mit Angaben über die Oocyste dieser Art. Die von SEIDEL verzeichneten Größenwerte der von ihm *Eimeria coypi* zugeordneten Oocysten, die an der unteren Grenze seiner Maßangaben für *Eimeria myopotami* liegen, können nicht anerkannt werden. SEIDEL hat die entsprechende Beschreibung nicht vorgelegen. Er bezieht sich lediglich auf JACOB (51), der jedoch keinerlei Größenwerte und andere morphologische Merkmale angibt. Etwas eindeutiger ist die Art *Eimeria* (*Globidium*) *perniciosa* SPREHN, 1954 beschrieben, deren Oocyste durch die Färbung und besondere Struktur ihrer Hülle sowie durch ihre auffällige Größe gekennzeichnet ist. Die Maßangaben von SEIDEL, der das Kokzid *Eimeria* (*Globidium*) *fulva* nennt, decken sich allerdings nicht mit den Angaben von SPREHN. Sie erreichen diese nur an ihrer unteren Grenze. Da in diesem Falle den strukturellen Merkmalen der Oocystenhülle, die bei beiden Autoren identisch sind, die größere Bedeutung zukommt, kann wohl angenommen werden, daß es sich um die gleiche Art handelt. Einer Nachprüfung bedürfen die Angaben SEIDELs, der in reifen Sporen neben den beiden Sporozoiten und dem Restkörper je zwei nicht näher definierte kugelförmige Gebilde gefunden haben will.

Mit den Hinweisen auf die Struktur und Dicke der äußeren Oocystenhülle führt SPREHN wesentliche Merkmale der Untergattung Globidium an, die im Verein mit Angaben über Größe, Färbung und Reifezeit der Oocyste zum Wiedererkennen der Art ausreichen, womit SPREHN die Priorität für die Bezeichnung der Art nach den Nomenklaturregeln zukommt. Die detailliertere Beschreibung SEIDELs berechtigt diesen nicht zur Aufstellung eines neuen Artnamens. Als Begründung für die Neubenennung führt SEIDEL an, daß der Artname *perniciosa* bereits für eine *Eimeria*-Art der Hausente vergeben sei, indem er, wie PELLÉRDY (72), die dem Artnamen *perniciosa* zugeordnete Gattungsbezeichnung *Tyzzeria* als Untergattung der Gattung *Eimeria* auffaßt. Nach DOFLEIN & REICHENOW zeichnet sich jedoch die Gattung *Eimeria* durch den Besitz von vier Sporen mit je zwei Sporozoiten aus und ist damit deutlich von der Gattung *Tyzzeria* unterschieden, bei der jede Sporenbildung fehlt. Die reife Oocyste von *Tyzzeria perniciosa* ALLEN, 1936 enthält 8 freie Sporozoiten nebst Restkörper. Der Artname *Eimeria* (*Globidium*) *perniciosa* hat also volle Berechtigung. Damit können die Bezeichnungen *Eimeria* (*Globidium*) *fulva* SEIDEL, 1954, die sich außerdem als ein Homonym von *Eimeria fulva* FARR, 1953 aus *Branta canadensis* L., 1758 erwiesen hat, und *Eimeria seideli* PELLÉRDY, 1957 als Synonyme von *Eimeria* (*Globidium*) *perniciosa* SPREHN, 1954 betrachtet werden.

Morphologische Merkmale von endogenen Entwicklungsstadien und die Präpatenzperiode sind nicht bekannt. Die vorliegenden Angaben über die Reifezeit der Oocysten sind unsicher und sich widersprechend.

Außer den genannten Kokzidien sind keine weiteren Protozoen als Sumpfbiberparasiten bekannt.

3. Verzeichnis der Endoparasitenarten des Sumpfbibers

Art	Siedlungsort
Trematoden	
1. *Chiostichorchis myopotami* (ARTIGAS & PACHECO, 1932)	Blinddarm
2. *Dicrocoelium lanceatum* STILES & HASSALL, 1896	Gallengänge
3. *Fasciola hepatica* LINNÉ, 1758	Gallengänge
4. *Fasciola gigantica* (COBBOLD, 1855)	Gallengänge
5. *Gastrodiscoides hominis* LEWIS & MC CONNALL, 1876	nicht angegeben
6. *Hippocrepis fülleborni* TRAVASSOS & VOGELSANG, 1930	Dünndarm
7. *Plagiorchis arvicolae* SKWORCOW & SCHULZ, 1931	nicht angegeben
Cestoden	
8. *Echinococcus alveolaris* (KLEMM, 1883), *larv.*	Leber
9. *Echinococcus granulosus* (BATSCH, 1786), *larv.*	Leber, Lunge
10. *Hymenolepis octocoronata* (LINSTOW, 1879)	Dünndarm, Magen
11. *Polycephalus serialis* (GERVAIS, 1847), *larv.*	Subkutan. Bindegewebe
12. *Taenia tenuicollis* RUDOLPHI, 1819, *larv.*	Leber
13. *Taenia taeniaeformis* (BATSCH, 1786), *larv.*	Leber
Nematoden	
14. *Böhmiella perichitinea* GEBAUER, 1932	Magen
15. *Gongylonema pulchrum* MOLIN, 1857	Oesophagus
16. *Heligmonina nematodiriformis* (TRAVASSOS, 1918)	Dünndarm
17. *Heligmosomoides polygyrus* (DUJARDIN, 1845)	Dünndarm
18. *Heligmosomum sprehni* ENIGK, 1933	Dünndarm
19. *Hepaticola hepatica* (BANCROFT, 1893)	Leber
20. *Longistriata alpha* (TRAVASSOS, 1918)	Dünndarm
21. *Longistriata maldonadoi* ARTIGAS & PACHECO, 1933	unbekannt
22. *Molinema travassosi* (ARTIGAS & PACHECO, 1933)	Peritonealhöhle
23. *Oxyuris hamata* LINSTOW, 1879	unbekannt
24. *Strongyloides myopotami* ARTIGAS & PACHECO, 1933	Dünndarm
25. *Strongyloides papillosus* (WEDL, 1856)	Dünndarm
26. *Subulura linstowi* SPREHN, 1932	Blinddarm
27. *Trichinella spiralis* (OWEN, 1835)	Muskulatur und Darm
28. *Trichostrongylus colubriformis* (GILES, 1892)	Dünndarm
29. *Trichostrongylus retortaeformis* (ZEDER, 1800)	Dünndarm
30. *Trichuris myocastoris* ENIGK, 1933	Blinddarm
31. *Trichocephalus nutria* SCHULZ & PETROW, 1933	Blinddarm
32. *Trichuris opaca* BARKER & NOYES, 1915	Blinddarm
33. *Trichuris vulpis* (FROELICH, 1789)	Blinddarm
Kokzidien	
34. *Eimeria coypi* OBITZ & WADOWSKI, 1937	Darm
35. *Eimeria myopotami* YAKIMOFF, 1933	Darm
36. *Eimeria pellucida* YAKIMOFF, 1933	Darm
37. *Eimeria (Globidium) perniciosa* SPREHN, 1954	Darm

III. Eigene Untersuchungen

1. Arbeitsmethodik und Untersuchungstechnik

In der Pelztierfarm Lauer des Staatl. Forstwirtschaftsbetriebes Grimma, wo die Untersuchungen durchgeführt worden sind, wird die Zucht des Sumpfbibers in

450 Gehegen von je etwa $3 \times 1{,}2$ m Seitenlänge betrieben, deren Boden mit Gehwegplatten ausgelegt ist. Der Wassergraben, an einer der beiden Schmalseiten gelegen, durchzieht jeweils 30 nebeneinanderliegende Gehege, die mittels Trenngittern abgesichert sind. An der dem Wassergraben gegenüberliegenden Schmalseite befindet sich außen am Gehege die Wohnkiste. Ungefähr 8 Wochen nach dem Werfen werden die Jungtiere in ähnlich gestaltete Sammelgehege mit einer Bodenfläche von 25 m^2 oder in großflächige Freilandgehege umgesetzt. Im Freilandgehege verbleiben die Tiere bis zur Pelzreife oder Auswahl zur Zucht. Die Freilandgehege haben Naturboden. Zum Teil besitzen sie Außenboxen. Meist sind aber nur primitive Hütten vorhanden, oder die Tiere graben sich ihre Wohnhöhlen selbst. In einigen Freilandgehegen ist ein lichter Baumbestand vorhanden. Als Wasserbecken stehen ein Teich ohne fließendes Wasser, in anderen Gehegen ein Bachlauf mit langsam fließendem Wasser oder betonierte Gräben mit täglich einmal gewechseltem Wasser zur Verfügung. Auf jedes eingesetzte Tier kommen 2 bis 5 m^2 Bodenfläche.

Die Zucht des Sumpfbibers ist in der Pelztierfarm Lauer mit Verlusten, vor allem unter den Jungtieren im Alter von 3 bis 16 Wochen, verbunden. Gewöhnlich verenden diese entweder im Zuchtgehege oder in den ersten Wochen nach dem Umsetzen in Sammel- bzw. Freilandgehege unter den Erscheinungen einer Gastro-Enteritis.

Es ist zu untersuchen, wieweit Endoparasiten mit diesen Verlusten im Zusammenhang stehen. Aus diesem Grunde ist zunächst die Verbreitung von Endoparasiten in der Pelztierfarm Lauer mittels Kotuntersuchungen ermittelt worden. Dazu haben wir aus 52 Zuchtgehegen Kot von Alttieren und aus 18 Zuchtgehegen Kot von Jungtieren im Alter bis zu 5 Monaten entnommen (Sammelproben).

Das Gewicht jeder Kotprobe betrug 2 g. Der Kot wurde unter Hinzufügen von Wasser im Mörser zerrieben, die Suspension ausgesiebt und im Spitzglas sedimentiert. Anschließend wurde das Sediment unter kräftigem Schütteln gut durchmischt, 1 cm^3 davon mit Natronwasserglaslösung (spez. Gewicht 1,24) versetzt und zentrifugiert. Vom Flüssigkeitsspiegel des Zentrifugates wurden an verschiedenen Stellen mit einer Drahtöse von etwa 1 cm Durchmesser 6 Tropfen entnommen, diese auf dem Objektträger nebeneinandergesetzt und ohne Deckglas untersucht. Die Anzahl der aufgefundenen Wurmeier bzw. Kokzidienoocysten wurde schließlich auf je 1 Tropfen Untersuchungsflüssigkeit umgerechnet.

Die Durchsuchung verschiedener Organe auf Endoparasiten erfolgte an 30 verendeten Jung- und 81 gepelzten, gesunden erwachsenen Tieren. Peitschenwürmer und Bandwurmfinnen konnten makroskopisch aufgefunden werden. Andere Helminthen, wie Strongyloidesexemplare und Trichostrongyliden, sowie Oocysten und endogene Entwicklungsstadien von Kokzidien ließen sich nur unter Zuhilfenahme einer Lupe bzw. eines Mikroskopes nachweisen (Abstriche von der Darmschleimhaut).

Quantitative Untersuchungen auf Helminthenbefall im Darmtraktus erfolgten, soweit es sich um makroskopisch sichtbare Würmer handelte, mit bloßem Auge durch Auszählen. Mikroskopisch kleine Würmer aus dem gesamten Dünndarm des Sumpfbibers wurden durch Abschaben der Mukosa gewonnen. Zunächst wurde das Abschabsel zusammen mit dem Darminhalt in stark verdünnte Kochsalzlösung überführt, eine Weile stehengelassen und dann kräftig durchgeschüttelt. Unter weiterem Schütteln wurde dann die Fixierung mit 10%igem Formalin vorgenommen. Dasselbe wurde im heißen Zustand über das Material gegossen, damit sich die Würmer streckten. Die Auszählung wurde auf dunklem Untergrund unter Verwendung einer Lupe durchgeführt.

Da zur quantitativen Erfassung der kleinen Dünndarmhelminthen sehr viel Zeit aufgewendet werden mußte, wurde auch das verkürzte Verfahren angewendet, bei dem die Wurmzahl in einem Teil der Masse aus Darminhalt und Abschabsel der Mukosa ausgezählt und durch Multiplikation auf die Gesamtmasse bezogen wurde.

Die zur Bestimmung notwendige Aufhellung von Nematoden erfolgte in Lactophenol-Alkohol bzw. Lactophenol.

Die Fixierung von Bandwurmfinnen, die zunächst von ihren Cysten befreit werden mußten, erfolgte dort, wo es auf die Erhaltung der Kalkkörperchen ankam, mit 70%igem Alkohol oder 3%igem Formalin. War die Entfernung des Kalkes erwünscht, konnte nach Anstechen der Finnenblase (damit das sich bildende CO_2 entweichen kann) auch mit säurehaltigen Fixierungsmitteln (BOUINsches Gemisch) gearbeitet werden. Das Aufhellen der Finnen erfolgte mit Wintergrünöl. Um ein Ausstülpen von Scolex und Hals aus der Finnenblase zu erreichen, wurde diese mit physiologischer Gallelösung (1 Teil Galle auf 5 Teile physiologische Kochsalzlösung) behandelt und im Brutschrank bzw. Wasserbad einer Temperatur von +37 °C ausgesetzt.

Messungen an Scolexhaken von Finnen „kleinhakiger Cestoden" wurden an ausgestülpten Scoleces von unfixiertem Material vorgenommen. Zuvor wurden die Haken durch vorsichtiges Quetschen des Scolex abgelöst und in Seitenlage gebracht. Auf andere Art und Weise — etwa an fixierten oder gar auf Objektträgern montierten Scoleces — waren exakte Messungen nicht durchführbar.

Das Sediment von stark oocystenhaltigem Kot wurde in Petrischalen mit 0,5%iger Kaliumbichromatlösung versetzt und bei Zimmertemperatur (+ 20 °C) zum Reifen gebracht. Es wurde zusammengegossen und als Ausgangsmaterial für Fütterungsversuche verwendet.

Um die Morphologie der Oocysten genau zu erfassen, die Präpatenzperiode festzustellen und die endogene Entwicklung zu studieren, erhielten 19 Sumpfbiber einmal versporte Kokzidienoocysten mit dem Weichfutter. Vor Beginn der Fütterungsversuche wurden die Versuchstiere in der Regel mindestens 18 Tage in Quarantäne gehalten, wenn sie nicht unmittelbar am Wurftage von der Mutter abgesetzt und gleich nach der ersten Lebenswoche einer Infektion ausgesetzt worden waren (3 Tiere). Während der Quarantäne wurde der Kot täglich oder jeden zweiten Tag auf die Ausscheidung von Kokzidienoocysten überprüft. Sämtliche Versuchsgehege waren mit einem Boden aus Drahtgeflecht, das eine Maschenweite bis zu 20 mm aufwies, ausgestattet. Der Kot konnte durch den Bodendraht in einen darunter aufgestellten Kasten fallen und unschädlich beseitigt werden. Die

Maße der Versuchsgehege betrugen 40 × 60 cm in der Seitenlänge und 30 cm in der Höhe. Kraftfutter und Trinkwasser wurden in lasierten Kaninchenfutternäpfen verabreicht, die auf den Bodendraht gestellt wurden. Heu, Grünfutter und Wurzelfrüchte wurden ebenfalls auf den Drahtboden gelegt und verbliebene Reste täglich entfernt. Das Auswaschen der Futter- und Trinkwassergefäße erfolgte täglich einmal unter fließendem Wasser. Das war auch deshalb notwendig, da nicht selten Kot gerade in den Trinkwassernäpfen abgesetzt wurde.

Zur Feststellung der morphologischen Oocystenmerkmale und Ermittlung der Präpatenzperiode wurden Fütterungsversuche an 5 Sumpfbibern vorgenommen (Tab. 1).

Tabelle 1

Angaben über die zur Feststellung der morphologischen Oocystenmerkmale und Ermittlung der Präpatenzperiode verwendeten Tiere

Lfd. Nr.	Kennzeichnung des Versuchstieres	Alter bei der Infektion in Tagen	Quarantäne in Tagen	tot x Tage nach der Infektion	verendet: + getötet: ↾
1	Ju 4	32	30	13	+
2	Ju 5	32	30	17	↾
3	Ju 6	83	44	17	↾
4	Ju 11	69	18	14	+
5	Ju 12	69	18	14	+

Von diesen Tieren wurden Ju 4, Ju 5 und Ju 6 auch histologisch auf endogene Entwicklungsstadien untersucht. Außerdem wurden zum Zweck einer histologischen Untersuchung Fütterungsversuche an weiteren 14 Sumpfbibern vorgenommen (Tabelle 2).

Tabelle 2

Angaben über die zur Feststellung von endogenen Entwicklungsstadien verwendeten Versuchstiere

Lfd. Nr.	Kennzeichnung des Versuchstieres	Alter bei der Infektion	Quarantäne in Tagen	Alter der Infektion in Tagen
1	Ju 7	7 Tage	6	4
2	Ju 8	7 Tage	6	7
3	Ju 9	7 Tage	6	10
4	A 1	1 Jahr	21	2
5	A 2	1 Jahr	21	3
6	A 3	1 Jahr	21	3
7	A 4	1 Jahr	21	4
8	A 5	1 Jahr	21	6
9	A 6	1 Jahr	21	6
10	A 7	1 Jahr	21	6
11	A 8	1 Jahr	21	9
12	A 9	1 Jahr	21	9
13	A 10	1 Jahr	21	11
14	A 11	1 Jahr	21	12

Diese Versuchstiere wurden sämtlich getötet.

Die Infektion der Jungtiere (Ju) erfolgte im Sommer, die der Alttiere (A) im Spätherbst 1958. Dabei kam stets das gleiche Ausgangsmaterial zur Anwendung. Für Jung- und Alttiere war immer die gleiche sehr große Oocystenmenge vorgesehen, so daß eine massive Infektion erwartet werden konnte. Es ist nicht bekannt, ob die Alttiere vor Versuchsbeginn bereits einmal an Kokzidiose erkrankt waren. Bei den Alttieren sowie den an die Aufnahme von festem Futter gewöhnten Jungtieren erfolgte die Infektion mit dem Futter, nachdem die Tiere einen Tag gehungert hatten. Das infektionstüchtige Material wurde durch mehrmaliges Sedimentieren mit frischem Wasser vom Kaliumbichromat befreit und der übriggebliebene Bodensatz, der die reifen Oocysten enthielt, mit einer kleinen Menge Haferflocken und Kleie sowie etwas Milch vermischt den Tieren vorgelegt. In der Regel wurde das Futter vollständig aufgefressen, doch bestanden einige Ausnahmen. Den erst 7 Tage alten Jungtieren, die ihre Nahrung noch mit Hilfe einer Pipette eingeflößt bekamen, wurden die reifen Oocysten, in Milch suspendiert, ebenfalls mit der Pipette zugeführt. Nach der Infektion der Tiere wurden bis zu ihrem Exitus oder bis zu ihrer Tötung täglich Kotproben untersucht.

Von 17 Versuchstieren wurden histologische Schnitte von verschiedenen Abschnitten des Dünndarms, von einem Tier auch vom Blinddarm, angefertigt. Es wurden meist Darmteile in einem bestimmten Abstand vom Magenausgang gewählt. Auch dort, wo mittels Schleimhautabstrichen ein stärkerer Befall mikroskopisch festgestellt oder auf Grund von Entzündungserscheinungen vermutet werden konnte, wurden die entsprechenden Teile aus dem Darm herausgeschnitten, in physiologischer Kochsalzlösung kurz abgespült und mit 10%igem Formalin fixiert. Nach dem Auswaschen in fließendem Wasser wurde das Material in die Alkoholreihe überführt und über 1%iges Methylbenzoat-Celloidin und Benzol als Zwischenmedium in hartes Paraffin (+62 °C) eingebettet. Die Schnittstärke betrug 6 μ, gefärbt wurde mit Haemalaun bzw. Haematoxylin nach DELAFIELD und Eosin. Schließlich wurden die Präparate mit Neutralbalsam eingedeckt.

Die bei den Fütterungsversuchen ausgeschiedenen Oocysten wurden ebenfalls mit 0,5%iger Kaliumbichromatlösung versetzt, um die Zeitspanne zu ermitteln, innerhalb der die Versporung vor sich geht.

Die Zeichnungen für die vorliegende Arbeit wurden unter Zuhilfenahme eines Zeichenspiegels von Zeiß, die Mikrofotogramme mit der „Praktika" unter Zwischenschaltung der „Miflex" hergestellt.

2. Untersuchungsgang

Von den Endoparasiten des Sumpfbibers wurden in der Farm Lauer Kokzidien, Strongyloides und Trichuriden gefunden. Außerdem lagen im Untersuchungsmaterial ein Trichostrongylide sowie kleine und größere Bandwurmfinnen vor.

A. Untersuchungen an Helminthen

a) Morphologische Untersuchungen

Strongyloides spec.

Die mit Abstrichen von der Dünndarmschleimhaut erhaltenen Strongyloidesexemplare weisen folgende morphologischen Merkmale auf: Es sind nur parthenogenetische Weibchen von weißlicher Färbung vorhanden, deren Länge 4,7 bis 6,7 mm und deren Breite in der Vulvagegend 0,045 mm beträgt. Die Mundöffnung ist von sechs Lippen umgeben, von denen die beiden subdorsalen und subventralen breiter als hoch, die beiden lateralen aber höher als breit sind. Jede Lippe ist an der Innenseite mit zwei Papillen besetzt. Die Mundhöhle, die eine typisch dreiseitige Pyramide darstellt, führt in einen muskulösen Oesophagus ohne ausgeprägten Endbulbus. Oesophagusspeere sind vorhanden. Die Länge des Oesophagus beträgt 1,2 bis 1,5 mm. Die Vulva ist quergestellt und befindet sich 1,2 bis 1,6 mm vom Hinterende entfernt. Sie führt direkt in die divergenten Uterusäste. Beide Ovarialschläuche verlaufen in der Regel haarnadelförmig ohne Windungen neben dem Darm zum Vorder- bzw. Hinterende, wo sie in einfachem Bogen etwa 160 μ hinter dem Oesophagusende bzw. kurz vor dem Anus umbiegen. Der hintere Ovarialschlauch beginnt cranial der Vagina, etwa 33 μ von ihr entfernt. Es werden auch Exemplare gefunden, deren vorderer Ovarialschlauch den Darm in einer oder mehreren Spiralenwindungen umfaßt. Der Anus befindet sich 55 bis 65 μ vom konisch gerundeten Hinterende entfernt. Die Eier werden, ähnlich wie bei Strongyloides westeri, in Strängen abgelegt. Sie messen 54,0 bis 66,0 $\times$ 27,0 bis 36,0 μ, sind ungefärbt, dünnschalig, oval und enthalten einen U- oder brezelförmigen Embryo.

Die vorliegende Beschreibung stimmt zwar mit der von ENIGK (17) *Strongyloides chapini* (SANDGROUND, 1925) zugeordneten und später von ihm (19) für *Strongyloides myopotami* ARTIGAS & PACHECO, 1933 gehaltenen Art überein. Da ENIGK jedoch in einer weiteren Arbeit (21) nachgewiesen hat, daß eine Unterscheidung der parasitischen Strongyloidesweibchen sämtlicher Pflanzenfresser auf Grund ihrer strukturellen Merkmale nicht möglich ist und Nagetiere (wie der Sumpfbiber) auch für andere Strongyloidesarten empfänglich sind, kann mit der angeführten Beschreibung das Vorliegen von *Strongyloides myopotami* nicht bewiesen werden. Die zur Klärung der Art notwendigen Messungen an freilebenden Männchen sind nicht durchgeführt worden.

Trichostrongylus retortaeformis (ZEDER, 1800)

In Abstrichen von der Dünndarmschleimhaut ist auch ein Trichostrongylide gefunden worden, der im lebenden Zustand schwach rötlich gefärbt ist. Die Cuticula ist fein quergestreift. Eine Cervicalfurche befindet sich 80 bis 150 μ von seinem Vorderende entfernt. Die Länge des einfachen Oesophagus beträgt 0,6 bis 0,9 mm.

Männchen: 2,9 bis 3,9 mm lang, am Ende des Oesophagus 40 bis 50 μ und vor der Bursa copulatrix 70 bis 90 μ breit. Die Bursa ist in der dorsalen Mittellinie tief eingeschnitten und besitzt zwei symmetrische Seitenlappen. Der Dorsallappen ist undeutlich. Die ventro-ventrale Rippe ist kurz und dünn. Sie entspringt an der Basis der latero-ventralen Rippe, die bedeutend größer und stärker als jene etwa die gleichen Ausmaße wie die externo-laterale und die medio-laterale Rippe erreicht. Die externo-dorsale und postero-laterale Rippe entspringen aus einem gemeinsamen Stamm. Sie sind etwa gleich lang, doch ist die letztere kräftiger. Die Dorsalrippe erreicht eine Länge von 30 bis 38 μ. Sie ist 5 bis 7 μ tief gespalten, und beide Äste sind nochmals durch zwei seichte Einschnitte geteilt. Die distale Hälfte der Dorsalrippe ist etwas verschmälert. Die Spicula (Abb. 1a) sind fast gleich lang. Das linke Spiculum mißt 110 bis 120 μ, das rechte 100 bis 110 μ in der Länge. Etwa in der Mitte ihrer gegenüberliegenden Innenseiten entspringt je ein fadenförmiges Anhängsel, das nach hinten zieht und noch vor der pflugscharähnlichen, 23 bis 26 μ langen Spitze der Spicula ausläuft. Das Gubernaculum (Abb. 1b) ist 50 bis 60 μ lang. Seine Seitenwände sind vor der caudal weisenden Endspitze quergestellt. Weibchen: 3,3 bis 5,0 mm lang, am Oesophagusende 40 bis 50 μ, an der Vulva 70 bis 90 μ breit. Die mit einem Chitinring versehene, längsgestellte Vulva ist 0,7 bis 1,0 mm vom Hinterende entfernt, befindet sich also am Anfang des letzten Körperfünftels. Die Entfernung des Anus vom Schwanzende beträgt 60 bis 90 μ. Das Hinterende ist zugespitzt, der Mittelteil des Ovejektors weit länger als breit (Abb. 2). Im Uterus befinden sich auf beiden Seiten insgesamt nicht mehr als 3 bis 5 Eier, die 68,8 bis 95,7 × 33,0 bis 46,6 μ, in den meisten Fällen jedoch 80 bis 90 × 35 bis 45 μ messen. Sie sind dünnschalig, oval und besitzen mehr als 16 Furchungskugeln.

Der Schmarotzer wird der Art *Trichostrongylus retortaeformis* (ZEDER, 1800) zugeordnet, weil im Vergleich mit ähnlichen Arten nur hier die fadenförmigen Spiculaanhänge festgestellt werden können. Die Maße der chitinigen Teile (Spicula, Gubernaculum) erreichen in der Regel zumindest die untere Grenze der in der Literatur von HAAKH (38) für *Trichostrongylus retortaeformis* aus Hasen und Wildkaninchen angegebenen Werte. Lediglich die Dorsalrippe erscheint in unserem Material noch kürzer als bei *Trichostrongylus retortaeformis* aus Hasen, welche wiederum bedeutend kleinere Maße als die von Material aus Wildkaninchen aufweist (HAAKH). Nach SPREHN (113) ist der Mittelteil des Ovejektors beim Weibchen rundlich, was im eigenen Material nicht der Fall ist.

Trichuris myocastoris ENIGK, 1933

Im Blinddarminhalt sind nicht selten mit dem Vorderende in der Schleimhaut der Darmwandung haftende Würmer gefunden worden, deren Körper vorn lang und dünn, hinten aber walzenförmig verdickt ist (Peitschenwürmer). Die Cuticula ist quergestreift, der Hinterrand der Chitinringe an den Seiten des Vorderkörpers sägezahnartig nach hinten gerichtet. Die Zähnelung ist am Hinterkörper nicht ausgeprägt. Die gelblich-weiß gefärbten Männchen werden 3 bis 4 cm lang, wovon 1,8 bis 2,8 cm auf den dünnen Körperteil, der den Oesophagus enthält, entfallen. Die maximale Breite beträgt 0,42 mm. Der Hoden beginnt 4 bis 5 mm vom aufgerollten Hinterende entfernt, läuft zunächst eine Strecke gerade, um dann in mäanderartigen Windungen bis zum Ende des Oesophagus vorzudringen, wo er nach hinten umbiegt. Kurz nach der Umbiegungsstelle entspringt aus ihm das Vas deferens. Es ist 6,5 bis 7 mm lang und geht nach einer deutlichen Einschnürung in den 3,5 bis 4,1 mm langen Ductus ejaculatorius über. Dieser verbindet sich mit dem Darm zum Kloakenkanal, der eine Weite von 50 μ aufweist. Der Kloakenkanal kann völlig gestreckt verlaufen, bis er etwa 2 mm vom Hinterende entfernt in die Spiculumröhre einmündet. Es werden aber auch Exemplare beobachtet, in denen der Kanal zunächst eine nicht unbeträchtlichr Strecke nach hinten zieht, auf etwa die Hälfte dieser Strecke nach vorn und schließlich wieder nach hinten umbiegt. Seine Länge beträgt 1,2 bis 3,0 mm. Das entsprechend dem Verlauf des Hinterkörpers gebogene Spiculum ist 3,5 bis 4,8 mm lang, röhrenförmig und quergestreift. Am etwas trichterförmig verbreiterten Anfangsteil, der wie ausgefranst erscheint, erreicht das Spiculum eine Breite von 97 μ. In der Mitte ist es 40 μ und vor dem Ende 30 μ breit. Die Spiculumröhre setzt sich proximal weit über die Vereinigungsstelle Ductus ejaculatorius-Darm hinaus fort. Die Spiculumscheide ist 180 μ lang und 40 μ breit. Sie ist vollständig mit feinen nach vorn gerichteten Stacheln besetzt (Abb. 3). Das vorn gelblich-weiß und hinten durch vom Körper aufgenommene Substanzen rötlich-braun gefärbte Weibchen ist 4,5 bis 5,4 cm lang, 2,8 bis 3,5 cm davon entfallen auf den dünnen Oesophagusteil. Die maximale Breite beläuft sich auf 0,6 bis 0,9 mm. Am Ende des Oesophagus befindet sich die querovale Vulva, die von einem radiär gestreiften Wall umgeben ist. Die Vagina verläuft zunächst auf einer Strecke von 0,97 bis 1,4 mm gerade, um dann in etliche Windungen überzugehen, denen sich der Uterus anschließt. Der Keimstock beginnt 1,5 mm vom Hinterende entfernt. Der Anus liegt terminal am Hinterende, das eine stumpfe Rundung aufweist. Die Eier haben zitronenförmige Gestalt und besitzen eine dicke, gelblichgrüne Schale. Sie sind bei der Ablage ungefurcht. Ihre beiden Polpfröpfe zeigen Querstreifung. Die Eier messen 61,1 bis 67,7 × 26,4 bis 29,7 μ.

Der Schmarotzer wird der Art *Trichuris myocastoris* ENIGK, 1933 zugeordnet. Die von uns gefundenen Peitschenwürmer stimmen in ihrer Morphologie mit der von ENIGK (17) gegebenen Beschreibung weitgehend überein. Auch die von CLAUSSEN (12) angeführten Merkmale treffen zu. Geringe Abweichungen sind allerdings in bezug auf die Maßangaben vorhanden. Außerdem wird in den genannten Beschreibungen nicht auf die morphologischen Merkmale des Spiculumanfangs und die wallartig umfaßte Vulva hingewiesen.

Taenia taeniaeformis (BATSCH, 1786), *larv.*

Die etwa kirschkerngroße Finne wurde in einer vom Wirt gebildeten bindegewebigen Cyste direkt unter der Leberserosa aufgefunden. Der vierkantige Finnenkörper zeigt bereits eine äußere Segmentierung. Er befindet sich von vornherein außerhalb der Finnenblase, die ein relativ kleines Anhangsgebilde darstellt. Der rechteckige, in den Hals eingestülpte Scolex ist verhältnismäßig groß; sein größter Durchmesser beträgt 1,2 mm. Vor den stark vorspringenden Saugnäpfen nimmt der Scolex — im ausgestülpten Zustand — zylindrische Gestalt an. Er ist mit einem Doppelkranz von 28 bis 32 Haken bewaffnet. Diese Haken zeichnen sich durch eine flügelfömige Spaltung ihres Zahnfortsatzes aus. Die Dorsalseite verläuft ohne Unterbrechung durch Einschnitte von der Hakenspitze bis zum Wurzelfortsatzende. Die Ränder eines jeden Hakens sind verstärkt und umfassen eine dünne Chitinmembran. Die Länge beträgt 412 bis 423 μ bei den großen und 273 bis 280 μ bei den kleinen Haken.

Taenia spec., *larv.*

Der Siedlungsort dieser Finne ist die Leber, in der sie direkt unter der Serosa sowohl der Zwerchfell- als auch der Eingeweidefläche, entweder an den Rändern oder auch mehr in der Mitte des Organs beobachtet wurde. Gelegentlich wird sie auch im völlig entwickelten Zusatnd in der Tiefe des Lebergewebes gefunden.

Diese Finne ist von einer bindegewebigen, linsengroßen Cyste umgeben. Einmal wurde auch eine mehrkammrige Cyste beobachtet. Jede Cyste beherbergt nur eine Finne (Abb. 4). Diese besitzt auch nur einen Scolex, der in eine kleine Blase eingestülpt ist. Die Wandung dieser Finnenblase zeigt im unfixierten Zustand eine feine Querstreifung. Sie ist in der Regel undurchsichtig. In der Blase befindet sich Flüssigkeit. Kalkkörperchen sind reichlich vorhanden; sie messen 6,3 bis 16,3 × 9,9 bis 20,0 μ. Die Finne ist rundlich, in der Regel etwas länger als breit. Die Maße betragen 0,8 bis 3,1 × 1,0 bis 3,6 mm. Die Breite des Halses an der Finnenblase ist mit 220 bis 330 μ, am Scolex mit 170 bis 270 μ ermittelt worden. Halslängen wurden mit 0,2 bis 1,3 mm festgestellt. Der Durchmesser des Scolex beträgt 215 bis 330 × 230 bis 360 μ, seine Länge (bis zum Ende der Saugnäpfe gemessen) 160 bis 240 μ. Die verhältnismäßig großen Saugnäpfe stehen etwas vor. Ihr äußerer Durchmesser kann mit 60 bis 125 × 95 bis 175 μ angegeben werden. Die Anzahl der Scolexhaken konnte ihrer Kleinheit und oft ungünstigen Lage wegen am eingestülpten oder seitlich auf den Objektträger montierten Scolex in keinem Fall ganz genau ermittelt werden. Die Zahlen 32 bis 64 sind Mindestwerte. An einem Präparat schienen 37 Hakenpaare vorzuliegen.

Eindeutig wurden zwei alternierende Kränze von Haken beobachtet. In Quetschpräparaten von unfixierten Finnen mit ausgestülptem Scolex ließ sich zwar die Hakenzahl auch nicht genau ermitteln; aber man bekam einen Teil nebeneinanderliegender, alternierender Haken in Seitenlage, so daß ihre Form genau studiert und Messungen durchgeführt werden konnten (Abb. 5).

Danach bewegt sich die Länge der Haken zwischen 15,9 und 24,0 μ. An jedem Scolex sind Größenunterschiede bei den Haken vorhanden. Diese wechseln aber nicht regelmäßig miteinander ab, so daß man nicht sagen kann, daß zwischen den beiden Hakenreihen gleichmäßige Längenunterschiede auftreten. Die Grenze zwischen Sichel und Wurzelfortsatz wird durch einen kleinen Einschnitt auf der Dorsalseite des Hakens angegeben. Während die Sichel — mit Randverstärkungen versehen — vertikal angeordnet ist, erscheint der Wurzelfortsatz mehr horizontal gedreht. Je nach Lage des Hakens erkennt man manchmal beinahe an seinem Hinterende (Wurzelfortsatz) eine kleine Eindellung oder seitliche Einschnürung. Der Zahnfortsatz wird von hinten schalenförmig umfaßt, wodurch seine Zweiflügeligkeit (von vorn gesehen) zustande kommen dürfte. Die Ränder der Schale erscheinen verstärkt durch eine Leiste, die etwas unterhalb der Grenze zwischen Sichel und Wurzelfortsatz entspringt und schließlich etwas breiter werdend nach unten zieht. Die Sichel ist länger als der Wurzelfortsatz; das Verhältnis der Länge des Wurzelfortsatzes zu der Länge der Sichel beträgt etwa 1:1,8.

Neben Finnen mit Haken der eben beschriebenen Art wurden weitere gefunden, deren Haken den erwähnten in ihrer Anzahl und in ihren strukturellen Merkmalen zwar glichen, aber bedeutend zarter und feiner als diese eine Länge von nur etwa 12 bis 15 μ erreichten. In anderen Fällen wieder schienen sogar regelmäßige Größenunterschiede (aber keine Formunterschiede) zwischen den Haken beider Kränze aufzutreten. Die Finnenblase war hier mehr durchsichtig.

Die Einordnung in die Familie Taeniidae kann wegen der blasenförmigen Finne, in die Gattung Taenia wegen Ausrüstung derselben mit nur einem Scolex (Cysticercustyp) erfolgen. Auf Grund morphologischer Ähnlichkeiten ist die Finne zu nächst als *Cysticercus talpae* RUDOLPHI, 1819 identifiziert worden (HOHNER [47, 48, 49, 50]). Da sich jedoch inzwischen Unterschiede in den Größenverhältnissen und in der Anordnung der Scolexhaken sowie Unterschiede im Lichtbrechungsvermögen der Finnen und in der Kammerung der Cysten herausgestellt haben, ist anzunehmen, daß sich möglicherweise unter dieser Bezeichnung mehrere Arten verbergen können.

b) Untersuchungen über die Häufigkeit der Helminthen

Strongyloides spec.

In Deutschland werden Helminthen aus der Gattung Strongyloides in den Sumpfbiber-Zuchtbetrieben am häufigsten beobachtet (*Strongyloides myopotami*). Im eigenen Untersuchungsmaterial waren bei Kotuntersuchungen nur 5 von 52 Gehegesammelproben (Zuchttiere) und weitere 4 von 18 Gehegesammelproben (Jung- und halberwachsene Tiere) frei von Strongyloideseiern. Bei positivem Befund war stets nur eine geringe Anzahl von Eiern nachzuweisen. (Der Kot wurde im Gehege aufgelesen. Die Reinigung der Gehege erfolgte täglich. Der Kot konnte also nicht älter als 1 Tag gewesen sein. Möglicherweise war aber eine Anzahl von Larven bereits aus den Eiern geschlüpft.)

Genauere Anhaltspunkte über die Befallsstärke und Verbreitung des Parasiten wurden durch Untersuchung des Abschabsels der Dünndarmschleimhaut gewonnen: Von 30 meist im Alter von weniger als 8 Wochen verendeten Jungtieren wiesen 2 keinen Befall auf. Bei den übrigen schwankte er zwischen 1 und 155 Exemplaren. Diesen Untersuchungen standen 30 an gesunden, gepelzten erwachsenen Tieren gegenüber. Strongyloidesbefall war hier bei jedem Tier zu verzeichnen, und zwar bewegte sich die Anzahl der ausgezählten Würmer zwischen 5 und 1279 Exemplaren, hielt sich aber in der Regel bei einigen Hundert von ihnen. Die Wirtstiere stammten zum Teil aus Zuchtgehegen mit fließendem Wasser oder auch aus Freilandgehegen, wo sie sich mit langsam fließendem, gelegentlich gewechseltem oder auch nur stehendem Wasser begnügen mußten. Während im ersten Fall der größte Teil des Kotes mit den in ihm enthaltenen Krankheitserregern verhältnismäßig rasch aus den Gehegen entfernt wird, bleibt er in den anderen Fällen zum überwiegenden Teil in den Wasserbecken liegen. Aus diesem Grund erwartet man einen stärkeren Befall, der Freilandgehegetiere mit diesem Parasiten. Das ist auch der Fall, wie die folgende zusammenfassende Aufstellung zeigt. Es wurde der Befallsgrad von je 20 aus Zucht- und Freilandgehegen stammenden erwachsenen Sumpfbibern ermittelt, die sämtlich gepelzt worden sind. Bei dieser Parasitenauszählung kam das verkürzte Verfahren zur Anwendung.

Strongyloidesbefall in Zuchtgehegen mit fließendem Wasser

Befallsgrad	50	150	250	350	450	550	Exemplare
Anzahl	11	5	1	2	0	1	Wirtstiere

Strongyloidesbefall in Freilandgehegen ohne fließendes Wasser

Befallsgrad	550	650	750	850	950	1050	1150	1250	1350	Exemplare
Anzahl	4	4	3	4	1	2	1	0	1	Wirtstiere

Während die Befallsstärke bei Zuchtgehegetieren hauptsächlich zwischen 0 und 200 Exemplaren liegt, bewegt sich dieselbe bei Freilandgehegetieren zwischen 500 und 900 Exemplaren. Nicht ein Wirtstier aus dem Freilandgehege hat einen Befall von weniger als 500 Strongyloidesexemplaren aufzuweisen.

Die Befallsstärke scheint aber in jedem Fall noch zu gering gewesen zu sein, um unter den gegebenen Fütterungsbedingungen klinische Erscheinungen auszulösen. Diese konnten in keinem Fall festgestellt oder — wenn vorhanden — nicht auf den Schmarotzer zurückgeführt werden.

Trichuris myocastoris

Auch dieser Schmarotzer hat überall dort günstige Entwicklungsbedingungen gefunden, wo die Haltungsbedingungen für den Wirt günstig sind. Kotuntersuchungen beweisen, daß die Entwicklungsstadien des Schmarotzers beinahe in jeder Probe nachzuweisen sind. Lediglich 3 von 52 Gehegesammelproben (Kot von erwachsenen Tieren) und nochmals 8 von 18 weiteren Gehegesammelproben (Kot von halberwachsenen und Jungtieren) blieben in bezug auf ihren Gehalt an Eiern ohne Befund. In Fällen mit positivem Befund ist die Eizahl, bezogen auf einen Tropfen flotierter Untersuchungsflüssigkeit, nicht sehr groß. Die obere Grenze liegt bei 16.

Die makroskopische Untersuchung von Blinddarminhalt bzw. der Darmwandung auf erwachsene und halberwachsene Trichurisexemplare blieb bei 30 im Alter von meist unter 8 Wochen verendeten Sumpfbibern in 27 Fällen erfolglos. Nur in 3 Fällen (2 davon über 3 Monate alt) konnten bis zu 5 der gesuchten Schmarotzer gefunden werden. In 41 klinisch gesunden, gepelzten erwachsenen Tieren, die aus den gleichen Gehegen wie die verendeten Jungtiere und aus mit mehr oder weniger fließendem Wasser ausgestatteten Freilandgehegen stammten, waren Trichuriden in 27 Fällen bis zu einer Höchstzahl von 23 Exemplaren nachweisbar. Völlig frei davon waren 14 Tiere. Den Befallsgrad kann man als äußerst schwach bezeichnen.

Trichostrongylus retortaeformis

Im eigenen Material war nur eine geringe Anzahl dieser Trichostrongyliden festzustellen. In 70 Kotproben wurde nur bei erwachsenen Tieren gelegentlich sehr schwacher Befall, bei Jungtieren bis zu einem Alter von 5 Monaten gar kein Befall diagnostiziert.

Im Abschabsel der Dünndarmschleimhaut konnte bei 30 in Zuchtgehegen verendeten Jungtieren im Alter von meist unter 8 Wochen ebenfalls kein Befall festgestellt werden, während in 15 von 30 aus Zucht- und Freilandgehegen stammenden gepelzten erwachsenen Tieren bis 9 Trichostrongyliden ausgezählt wurden. Ein Vergleich des Befallsgrades zwischen gepelzten Sumpfbibern aus Zucht- und Freilandgehegen läßt erkennen, daß auch diese Art in den Freilandgehegen in etwas stärkerem Maße auftritt.

Taenia taeniaeformis, larv.

Dieser Schmarotzer wurde außer in der Pelztierfarm Lauer in einer weiteren Farm in insgesamt 5 Sumpfbibern festgestellt. Einmal war die Leber mit drei, ein weiteres Mal mit zwei (außerdem zusätzlich mit 7 „kleinhakigen Cysticercen") und dreimal mit je einer dieser Finnen befallen.

Taenia spec., *larv.*

Diese Finnen wurden über eine bestimmte Zeitspanne in der Pelztierfarm Lauer gefunden, insgesamt etwa 80. Häufig befand sich nur eine Finne in der Leber, einigemale waren es drei und mehr, und einmal waren sogar sieben solcher Finnen vorhanden (vergesellschaftet mit zwei Finnen von *Taenia taeniaeformis*). Klinische Erscheinungen wurden auf Grund des Finnenbefalls nicht festgestellt.

Während also Strongyloidesbefall beinahe in allen Kotproben bzw. Abstrichen von der Dünndarmschleimhaut nachgewiesen werden konnte, wobei relativ hohe Zahlen erreicht wurden, blieben *Trichostrongylus retortaeformis* und *Trichuris myocastoris* zahlenmäßig praktisch ohne Bedeutung. Dasselbe traf für die beiden Finnenarten zu. Bemerkenswert war, daß trotz des oft verhältnismäßig starken Strongyloidesbefalles erwachsener Sumpfbiber bei diesen Tieren keine klinischen Erscheinungen beobachtet werden konnten.

Die oben erwähnten Todesfälle unter Jungtieren in der Pelztierfarm Lauer sind auf keinen Fall auf Strongyloidesbefall oder Helminthen anderer Art zurückzuführen, da hierfür die vorgefundene Anzahl nicht ausreicht.

B. Untersuchungen an Kokzidien

Die Untersuchungen an Sumpfbiberkokzidien sind auf Fütterungsversuchen aufgebaut worden. Mit ihrer Hilfe soll die Morphologie, die endogene und exogene Entwicklung sowie die Pathogenität soweit als möglich studiert und damit ein Beitrag zur Klärung des Verhaltens der einzelnen Arten geleistet werden.

a) Zu Fütterungsversuchen verwendete Oocysten

Das in der Pelztierfarm Lauer gewonnene Material, welches von einer Anzahl Jungtiere und halberwachsener Sumpfbiber stammt, ist nach etwa 30-tägiger

Aufbewahrung in 0,5%iger Kaliumbichromatlösung einer Differenzierung unterzogen worden. Von je 100 in der Suspension enthaltenen Oocysten sind 51 unversport geblieben. Die versporten Oocysten enthalten stets vier Sporen mit je zwei Sporozoiten, weshalb sie der Gattung Eimeria zugeordnet werden. Es sind dünnschalige Oocysten der Untergattung Eimeria und dickschalige Oocysten der Untergattung Globidium festgestellt worden. Die dünnschaligen Oocysten unterscheiden sich auffallend in ihrer Größe, Form, Schalenstruktur und im Aufbau ihres Sporenrestkörpers. Kaum Unterschiede in der Größe und Form und keine Differenzen in der Schalenstruktur sowie in der Morphologie der Sporen zeigen die Oocysten der Untergattung Globidium.

Die Zusammensetzung des gut durchmischten infektionstüchtigen Materials ist folgende:

1. Dünnschalige, runde und farblose Oocysten mit glatter Schale. Durchmesser 16,5 bis 20,0 μ. Sporenrestkörper aufgelockert und grob granuliert 12%
2. Dünnschalige, runde, rundliche und rundlich-ovale Oocysten, deren bräunlich und heller gefärbte oder fast farblose Schale eine gekörnte Oberfläche und mehr oder weniger ausgeprägte Radiärstreifung aufweist. Durchmesser 19,8 bis 28,0 × 16,5 bis 23,1 μ. Sporenrestkörper meist kompakt und grob granuliert 53%
3. Dünnschalige, farblose, längs-ovale, an den Polen breit gerundete Oocysten mit glatter Schale. Durchmesser 21,5 bis 33,0 × 11,6 bis 16,5 μ. Sporenrestkörper kompakt und fein granuliert 27%
4. Dickschalige, runde und rundliche, schwarzbraune Oocysten mit höckriger Schale. Durchmesser 39,6 bis 49,5 × 34,7 bis 44,6 μ 8%

insgesamt 100%

Die im infektionstüchtigen Material vorhandenen dünnschaligen Oocysten entsprechen zwar in ihrer Größe *Eimeria myopotami* YAKIMOFF, 1933, doch muß eine genauere Untersuchung erweisen, ob diese Art tatsächlich vorliegt. Die vielen voneinander abweichenden Merkmale sprechen für das Vorhandensein mehrerer Arten. *Eimeria pellucida* YAKIMOFF, 1933, die wegen ihrer Größe sehr auffällig ist, befindet sich nicht im Untersuchungsmaterial. Dagegen können die vorhandenen dickschaligen Oocysten auf Grund ihrer Größe und der strukturellen Merkmale ihrer Hülle bereits jetzt *Eimeria* (*Globidium*) *perniciosa* SPREHN, 1954 zugeordnet werden.

Mit dem oben beschriebenen Material sind sämtliche Infektionen gesetzt worden.

b) Beschreibung der im Fütterungsversuch ausgeschiedenen Oocysten

Für die Durchführung des Fütterungsversuches standen 5 Versuchstiere (Ju 4, Ju 5, Ju 6, Ju 11 und Ju 12) im Alter von 32 bis 83 Tagen zur Verfügung, die vor der Infektion 18 bis 44 Tage in Quarantäne gehalten wurden (Tabelle 1). Während dieser Zeit wurde der Kot laufend auf die Ausscheidung von Endoparasiteneiern und Oocysten untersucht, wobei lediglich Strongyloideseier in kleinen Mengen zum Nachweis kamen. Nach künstlich durchgeführter Infektion schieden die Versuchstiere zunächst über einen Zeitraum von 5 Tagen in geringem Maße die bereits in der zur Infektion verwendeten Suspension vorhandenen abgestorbenen unversporten sowie einige versporte Oocysten, bei denen offensichtlich die Sporozoiten nicht geschlüpft waren, aus.

Die Ausscheidung der Oocysten erfolgte in drei Schüben. Es werden deshalb drei Gruppen (A, B und C) gebildet und von jeder 100 Oocysten in bezug auf etwa vorhandene morphologische Unterschiede überprüft.

Gruppe A (1. Schub)

Sämtliche Oocysten dieser Gruppe zeichnen sich durch Dünnschaligkeit aus. Der Inhalt der unversporten Oocysten ist grob granuliert und schwach lichtbrechend. Eine sichtbare Mikropyle ist nicht ausgebildet. Auffällige Unterschiede bestehen in der Größe, Form, Schalenstruktur und in der Färbung der Oocysten.

a) Runde Oocysten mit glatter Schale

Im Untersuchungsmaterial sind zu etwa 18% runde Oocysten (Abb. 6a) mit einem Durchmesser von 14,9 bis 21,5 μ vertreten, deren Schale glatt und farblos erscheint.

Die reifen Oocysten enthalten vier Sporen mit je zwei Sporozoiten und werden deshalb in die Gattung Eimeria gestellt. Ein Oocystenrestkörper bleibt bei der Versporung nicht zurück, jedoch wird ein stark lichtbrechendes Einschlußkörperchem sichtbar (Abb. 7a). Die Sporen sind an einem Ende abgerundet und am anderen, wo sich das STIEDAsche Körperchen befindet, zugespitzt. Sie messen etwa 12,0 bis 15,0 μ in der Länge und 6,0 μ in der Breite. Jede Spore enthält zwei Sporozoiten, die an ihrem verbreiterten Hinterende und in der Mitte stärker lichtbrechende Flecke aufweisen. Der Sporenrestkörper ist aufgelockert und aus einer geringen Anzahl gröberer Granulis zusammengesetzt (Abb. 8a).

b) Runde, rundliche und rundlich-ovale Oocysten mit radiär gestreifter Schale

Mit 82% machen diese Oocysten den überwiegenden Teil des Untersuchungsmaterials aus. Am häufigsten wird die rundliche Form mit dem Formindex (Verhältnis von Länge:Breite) 1:0,75 bis 1:0,92 festgestellt (58 Oocysten). Rundlich-ovale Oocysten (Formindex 1:0,56 bis 1:0,73) sind 15, vollkommen runde (Formindex 1:1) 9 vorhanden. Die Größe der Oocysten beträgt 19,8 bis 31,0 $\times$ 16,5 bis 23,1 μ. Ihre spröde, durch Druck leicht zerstörbare Schale ist bräunlich gefärbt und von Radiärstreifen durchzogen (Abb. 6b). Vielfach ist die Färbung heller oder die Oocysten erscheinen fast farblos. Die Radiärstreifung kann ebenfalls schwächer ausgeprägt sein. In allen Fällen ist aber die Oberfläche der Oocystenhülle gekörnt.

Auch diese Oocysten enthalten im reifen Zustand vier Sporen mit je zwei Sporozoiten (Gattung Eimeria). Ein Oocystenrestkörper ist nicht nachzuweisen, doch ist auch hier ein stark lichtbrechendes Einschlußkörperchen vorhanden, das direkt unter der Schale liegt. Es hat linsenförmige Gestalt. Sein größter Durchmesser beträgt etwa 3 μ (Abb. 7b). Die farblosen Sporen sind an einem Pol abgerundet und am anderen zugespitzt (STIEDAsches Körperchen). Sie sind 12,4 bis 17,1 μ lang und 6,2 bis 9,3 μ breit. In jeder Spore befinden sich zwei Sporozoiten mit stärker lichtbrechenden Flecken am Hinterende und in der Mitte. Der Restkörper ist meist kompakt und grob granuliert. Sein Durchmesser beträgt 5 bis 8 μ (Abb. 8b).

Gruppe B (2. Schub)

Auch diese Oocysten zeichnen sich durch Dünnschaligkeit aus. Der Inhalt der unversporten Oocysten ist grob granuliert, aber stärker lichtbrechend als bei den in Gruppe A eingeordneten Oocysten. Die Form der Oocysten ist längs-oval; ihre Pole sind breit gerundet (Abb. 6c). In 92% aller Messungen bewegt sich der Formindex zwischen 1:0,50 und 1:0,69. Nur in je 4% der Messungen weicht er nach unten bis 1:0,40 und nach oben bis 1:0,72 ab. Die Oocysten messen 19,8 bis 33,0 × 11,6 bis 19,8 μ. Die äußere Oocystenhülle ist glatt und farblos. Die innere Hülle ist meist gelb gefärbt und verhältnismäßig dick. Sie läßt beide Pole frei. Dadurch wird zunächst der Eindruck erweckt, als seien Mikropylen vorhanden, was sich bei Untersuchung mit Ölimmersion jedoch nicht bestätigt. Außerdem sind im Untersuchungsmaterial einige Oocysten vertreten, die eine völlig farblose Hülle aufweisen.

Die reifen Oocysten enthalten vier Sporen mit je zwei Sporozoiten, gehören also zur Gattung Eimeria. Bei der Versporung bleibt weder ein Restkörper noch ein Einschlußkörperchen in der Oocyste zurück (Abb. 7c). Die Sporen sind an einem Ende abgerundet und am anderen zugespitzt. Sie besitzen eine Mikropyle in Form des STIEDAschen Körperchens. Ihre Länge beträgt 12 bis 15 μ, die Breite 7 bis 10 μ. Jede Spore enthält zwei Sporozoiten und einen kompakten, rundlichen, fein granulierten und stark lichtbrechenden Restkörper in ihrer Mitte der einen Durchmesser von 5 bis 7,5 μ aufweist. Am Hinterende der Sporozoiten hebt sich ein stärker lichtbrechender homogener Fleck ab, in der Mitte des Sporozoiten wird ein mit schwachen Granulis versehenes Gebilde sichtbar, das möglicherweise den Kern darstellen könnte (Abb. 8c).

Gruppe C (3. Schub): *Eimeria* (*Globidium*) *perniciosa* SPREHN, 1954.
(Syn. *Eimeria* [*Globidium*] *fulva* SEIDEL, 1954; *Eimeria seideli* PELLÉRDY, 1957)

Die mit dem Kot ins Freie ausgeschiedene Oocyste (Abb. 6d) ist von meist rundlicher (Formindex aus 88% aller Messungen 1:0,77 bis 1:0,97), seltener völlig runder Form (Formindex 1:1 aus 12% aller Messungen). Der Durchmesser dieser verhältnismäßig großen Oocyste beträgt 36,3 bis 51,2 × 33,0 bis 46,2 μ. Die äußere Hülle ist dunkelbraun gefärbt, mit welliger bzw. grobkörniger Oberfläche versehen und kaum durchsichtig. Sie ist 6,6 μ dick und zerbricht unter leichtem Druck. Der Oocysteninhalt wird von einer zarten, ungefärbten inneren Hülle, die 0,05 μ dick ist, umschlossen. Eine Mikropyle ist weder an der äußeren noch an der inneren Hülle sichtbar.

Die Oocyste enthält nach ihrer Reifung vier Sporen (Abb. 7d und 7e). Nach abgeschlossener Versporung bleiben weder Oocystenrestkörper noch Einschlußkörperchen zurück. Die Sporen sind an einem Ende abgerundet, am anderen — wo sich das STIEDAsche Körperchen befindet — zugespitzt. Sie sind 26,4 bis 29,7 μ lang und 13,2 bis 15,5 μ breit. Jede Spore enthält zwei verhältnismäßig große Sporozoiten, an deren Hinterende und in deren Mitte je eine stärker lichtbrechende, homogene Stelle vorhanden ist. Der Restkörper ist in Form von etwa 1,6 μ großen Kügelchen über die gesamte Spore verteilt und füllt sämtliche Hohlräume aus (Abb. 8d).

Die im Fütterungsversuch ausgeschiedenen Oocysten weisen in bezug auf Größe, Form, Schalenstruktur, Aufbau des Sporenrestkörpers und Färbung Übereinstimmung mit dem zur Infektion verwendeten Material auf. Gruppe A entspricht dabei den im vorigen Abschnitt unter 1. und 2., Gruppe B den unter 3. und Gruppe C den unter 4. angeführten Oocysten.

Wie aus den Untersuchungsbefunden hervorgeht, enthalten sowohl die runden Oocysten mit glatter Schale (Gruppe A/a) als auch die runden, rundlichen und rundlich-ovalen Oocysten mit radiär gestreifter Schale (Gruppe A/b) im reifen Zustand ein Einschlußkörperchen. Aus diesem Grund kann — wenn auch die Größenmaße weitgehend übereinstimmen — keine der beiden Typen *Eimeria myopotami* YAKIMOFF, 1933 zugeordnet werden; denn YAKIMOFF weist in seiner Beschreibung ausdrücklich darauf hin, daß bei der Versporung der Oocyste weder ein Restkörper noch lichtbrechende Granula zurückbleiben. Außerdem spricht gegen das Vorliegen der zitierten Art die radiär gestreifte Schale und ihre gekörnte Oberfläche bei den runden bis rundlich-ovalen Oocysten des zuletzt genannten Typus. Die unterschiedlichen Oocysten der Gruppe A sind zahlenmäßig im gleichen Verhältnis, wie sie im Infektionsmaterial vorhanden sind, ausgeschieden worden (vergl. Abschnitt B/a).

Eine Nachprüfung, ob die von GOLIKOFF (32), SEIDEL (92) und anderen Autoren *Eimeria myopotami* YAKIMOFF, 1933 zugeordneten Oocysten dieser Art oder einer der von uns beschriebenen Typen entsprechen, ist auf Grund der in der Literatur niedergelegten mangelhaften Angaben nicht möglich.

Die im Untersuchungsmaterial vorhandenen glattschaligen Oocysten der Gruppe B unterscheiden sich bereits durch ihre längs-ovale Form und ihre breit gerundeten Pole von denen der Gruppe A. Im Vergleich der Formindices von je 100 Oocysten der Gruppen A und B weisen 1% bzw. 67% einen Formindex zwischen 1:0,40 und 1:0,59 auf. Einen Formindex von 1:0,40 bis 1:0,69 besitzen 7% bzw. 96% der Oocysten dieser Gruppen. Nur 4% der Oocysten aus Gruppe B haben einen Formindex von nach oben über 1:0,70 hinausgehend gegenüber 93% der Oocysten aus Gruppe A aufzuweisen. Rundlich-ovale Formen werden also nur ganz selten erreicht. Außerdem unterscheiden sich diese Oocysten durch die besondere Anordnung der inneren Hülle, das Fehlen eines Einschlußkörperchens und den Aufbau des Sporenrestkörpers von Oocysten aus Gruppe A. Auf Grund ihrer Formmerkmale können auch diese Oocysten nicht für *Eimeria myopotami* YAKIMOFF, 1933 gehalten werden. Gruppe B umfaßt in morphologischer Beziehung einheitliche Oocysten. Möglicherweise gehören die von SEIDEL (92) und SPREHN (124) *Eimeria pellucida* zugeordneten Oocysten in diese Gruppe. Nicht ausgeschlossen ist es auch, daß ein Teil der von GOLIKOFF (32) *Eimeria myopotami* zugeordneten Oocysten mit den Maßen 27 × 18 μ (Formindex 1:0,67; d. Verf.) in Gruppe B einzuordnen ist.

Auf Grund der durchgeführten Untersuchungen, insbesondere der Größenmessungen, kann man behaupten, daß sich die verhältnismäßig großen dünnschaligen Oocysten der Art *Eimeria pellucida* YAKIMOFF, 1933 nicht unter den angeführten Formen befinden. Ob die Art *Eimeria coypi* OBITZ & WADOWSKI, 1937 in den einzelnen Gruppen enthalten ist und welche Oocysten dieser Art zugehören können, läßt sich nicht ermitteln, da die Originalbeschreibung nicht zu erlangen war. Aus diesem Grunde kann bei den dünnschaligen Oocysten eine Benennung der einzelnen beschriebenen Typen als Arten nicht erfolgen.

Die von uns vorgefundenen Oocysten der Gruppe C, *Eimeria* (*Globidium*) *perniciosa*, entsprechen in bezug auf ihre strukturellen Schalenmerkmale den von SPREHN bzw. SEIDEL angeführten Merkmalen in den wesentlichsten Punkten. Lediglich eine weiße, zarte Hülle, die nach SEIDEL gelegentlich über der äußeren Schale der Ocoyste zu liegen scheint sowie die von diesem Autor beobachteten, aber nicht näher definierten beiden kugelförmigen Gebilde, die neben den Sporozoiten in der Spore vorhanden sein sollen, wurden nicht vorgefunden. Möglicherweise handelt es sich bei diesen um Teile der Sporozoiten. Die von uns ermittelten Größenwerte fallen durch ihre Variationsbreite auf. Sie erstrecken sich über einen größeren Bereich, als er von SEIDEL angegeben wird. Die Angaben von SPREHN liegen an der oberen Grenze der eigenen Maßangaben.

Eine Mikropyle — SEIDEL (92) will eine solche an der Längsseite von Oocysten, die er *Eimeria myopotami* zuordnet, gesehen haben — ist in keinem Fall beobachtet worden.

c) Die Präpatenzperiode

Gleichzeitig mit dem eben geschilderten Fütterungsversuch, also mit den Versuchstieren Ju 4, Ju 5, Ju 6, Ju 11 und Ju 12 (Tabelle 1), erfolgte auch die Ermittlung der Präpatenzperiode (Abb. 9).

Runde Oocysten mit glatter Schale (Gruppe A/a) sowie runde, rundliche und rundlich-ovale Oocysten mit mehr oder weniger ausgeprägter Radiärstreifung der Schale und gekörnter Oberfläche (Gruppe A/b) wurden ab 6. Tag p.i. ausgeschieden. Die Ausscheidung hielt bis zum 11. Tag p.i. ziemlich massiv an, um dann geringer zu werden.

Die ersten längs-ovalen Oocysten mit glatter Schale und breit gerundeten Polen (Gruppe B) wurden am 12. Tag p.i., zunächst noch in geringem Umfang, ausgeschieden. Am 13. Tag p.i. fand in der Regel eine vermehrte Ausscheidung statt, die ab 14. Tag p.i. in massiver Form einige Tage anhielt.

Oocysten von *Eimeria* (*Globidium*) *perniciosa* (Gruppe C) sind vereinzelt am 13. Tag p.i. zum ersten Mal aufgetreten. Ab 14. Tag p.i. wurde eine vermehrte und ab 15. Tag p.i. eine massenhafte Ausscheidung beobachtet.

Die Beobachtung erfolgte im Höchstfall bis einschließlich 17. Tag p.i.

Die Präpatenzperiode sämtlicher Eimerien der Gruppe A erstreckt sich also über 5 Tage, die der Gruppe B über 11 Tage und die von *Eimeria* (*Globidium*) *perniciosa* über 12 bis 13 Tage.

Es ist nicht möglich, die bisher lediglich in bezug auf ihre Oocysten untersuchte morphologisch uneinheitliche Gruppe A mit Hilfe der Präpatenzperiode aufzuspalten. Dagegen ist die Einheitlichkeit von Eimerien der Gruppe B auch hinsichtlich der Dauer des endogenen Entwicklungsablaufes gesichert. Das gleiche gilt für *Eimeria* (*Globidium*) *perniciosa*.

d) Die endogene Entwicklung

Zur Feststellung der endogenen Entwicklung wurden 17 Versuchstiere herangezogen, die nach vollzogener Mischinfektion mit dem in Abschnitt B/a beschriebenen Material in bestimmten Abständen nach der Infektion getötet wurden oder verendeten, und deren Därme histologisch untersucht wurden. Es handelt sich um die Versuchstiere Ju 4 bis 6 (Tabelle 1) sowie A 1 bis A 11 und Ju 7 bis Ju 9 (Tabelle 2.)

1. Befunde über die endogene Entwicklung der dünnschaligen Eimereien (Untergattung *Eimeria* s. str.)

Während in dem zwei Tage nach erfolgter Infektion gewonnenen Material noch keine Kokzidienentwicklungsstadien gefunden werden konnten, waren vom 3. bis 13. Tag p.i. (Versuchstiere A 2 bis A 11, Ju 7 bis Ju 9 und Ju 4) Abläufe der endogenen Entwicklung nachzuweisen. Auf Grund der vorliegenden Mischinfektionen konnten aber die einzelnen Agamogonie- und Gametogoniestadien nicht mit Sicherheit auf die jeweils entsprechende Gruppe von Oocysten bezogen werden. Aus diesem Grunde wurde auf ihre Beschreibung verzichtet. Die durchgeführte Untersuchung von endogenen Entwicklungsstadien der dünnschaligen Oocysten gibt also keine Hinweise zur Differenzierung von Kokzidienarten.

2. Die Gametogonie von *Eimeria* (*Globidium*) *perniciosa* SPREHN, 1954

Von *Eimeria* (*Globidium*) *perniciosa* wurde eine agame Phase nicht identifiziert. Weder im Material, das 2, 3, 4 oder 6 Tage nach erfolgter Infektion gewonnen und danach histologisch ausgewertet wurde (Versuchstiere A 1 bis A 7 und Ju 7), fanden sich Hinweise auf diese Phase wie auch auf die Phase der Gametogonie.

Erst 7 Tage p.i. wurden im subepithelialen Gewebe der Dünndarmschleimhaut von Versuchstier Ju 8 kleine rundliche Körperchen mit Kern in vakuolisierten, hypertrophierten Wirtszellen beobachtet, die als Gamonten gedeutet werden konnten (Abb. 10a). Der Durchmesser dieser Gamonten betrug 3,1 μ, der des Kernes 1,6 μ. Diese kleinen Gebilde wurden bis zum 12. Tag p.i. (Versuchstiere Ju 9 und A 9 bis A 11) im Versuchsmaterial nachgewiesen. Daneben fanden sich aber bereits am 9. Tag p.i. (Versuchstier A 9) weiter herangewachsene, geschlechtlich nicht differenzierte Gamonten, die einen Durchmesser von 5,4 μ aufwiesen. Am 10. Tag p.i. waren bei Versuchstier Ju 9 auf 7,0 μ herangewachsene, nicht differenzierte Gamonten vorhanden (Abb. 10b), doch fand, unter weiterem

Heranwachsen, zu diesem Zeitpunkt bereits die geschlechtliche Differenzierung der Zelle statt. In jugendlichen Makrogameten lagen bei einem Durchmesser von 12,0 × 15,0 μ fein verteilte basophile Granula im Plasma (Abb. 10c), die sich schon bei einer Größe des Parasiten von 17,0 μ durch Aneinanderlagern und Verschmelzen vergrößert hatten (Abb. 10d). Ein jugendlicher Mikrogametozyt wurde bei einem Durchmesser von 7,5 μ an seinem Inhalt erkannt: 3 Kernen (Abb. 10g). Die größten jugendlichen Mikrogametozyten, die am 10. Tag p.i. nachgewiesen wurden, hatten eine Größe von 19,0 × 23,0 μ aufzuweisen, und ihr Inhalt bestand aus sehr vielen Kernen.

Am 12. Tag p.i. (Versuchstier A 11) sammelte sich die weiter verschmolzene hüllbildende Substanz mehr am Rande der Makrogameten, deren Durchmesser nunmehr bereits auf 22,0 μ herangewachsen war (Abb. 10e). Jugendliche Mikrogametozyten, die eine Größe von 26,0 × 31,0 μ erreicht hatten, begannen zu diesem Zeitpunkt ihre Oberfläche durch Einfalten zu vergrößern (Abb. 10i). Es waren aber auch größere, noch immer unreife Mikrogametozyten mit einem Durchmesser von 28,0 × 43,0 μ vorhanden, die starke Einfaltungen zeigten und deren Kerne sich an der Peripherie dieser Einfaltungen aufreihten (Abb. 10k).

Makrogameten wurden kurz vor dem Abschluß der Hüllbildung am 13. Tag p.i. (Versuchstier Ju 4) beobachtet. Sie hatten inzwischen einen Durchmesser von etwa 26,0 × 31,0 μ erreicht (Abb. 10f). Obwohl ganz vereinzelt bereits am 13. Tag p.i. mit dem Kot Oocysten ausgeschieden worden sind, ist es zu diesem Zeitpunkt weder gelungen, einen völlig reifen Mikrogametozyten noch fertig ausgebildete, zum Ausstoß aus der Darmschleimhaut bereite Oocysten zu finden.

Beide Entwicklungsstadien konnten erst im Material vom 17. Tag p.i. (Ju 5 und Ju 6) gefunden werden. Der reife Mikrogametozyt erreichte einen Durchmesser bis etwa 45,0 × 70,0 μ und beinhaltete in fädigem, lockerem und zerklüfteten Plasma (Restkörper) die Mikrogameten (Abb. 10l). Die Makrogameten mit abgeschlossener Hüllbildung wiesen Ausmaße bis zu 37,0 × 42,0 μ auf (Abb. 10m). Sie befanden sich bereits außerhalb der Wirtszelle, aber noch vom Gewebe der Dünndarmschleimhaut umgeben. Deutlich ist der Kern und das feingranulierte Plasma des Parasiten zu erkennen (Abb. 11). Daß dieser Makrogamet kurz vor seinem Ausstoß in das Darmlumen von einem feinen, zarten äußeren Hüllchen umgeben ist das ENIGK, (18) bei *Eimeria cameli* gefunden haben will, wurde nicht beobachtet.

Mit dem heranwachsenden Gamonten vergrößert sich auch die Wirtszelle um ein Vielfaches, zunächst zusammen mit der von ihren Wänden umschlossenen Vakuole, bis der Makrogamet und der Mikrogametozyt das Zellinnere völlig ausgefüllt haben.

Unmittelbar neben dem Gamonten liegt in den meisten Fällen eine amorphe Masse in der Vakuole, die sich selektiv mit dem Gamonten anfärbt. Möglicherweise handelt es sich um das gleiche Gebilde, von dem auch REICHENOW & CARINI (75) berichten (*Eimeria travassosi*). Nicht gefunden wurde diese Masse in den Wirtszellen, die das Frühstadium des Gamonten (Durchmesser 3,1 μ) umschließen (Abb. 10a).

Da die agame Phase des endogenen Entwicklungsablaufes von *Eimeria perniciosa* im Dünndarm nicht gefunden werden kann, darf wohl angenommen werden, daß sie sich in den weiter vorn gelegenen Abschnitten des Verdauungstraktus befindet. Dagegen gelang es, die Gametogoniephase weitgehend zu erfassen.

e) Die exogene Entwicklung

Die Versporung der in den Fütterungsversuchen ausgeschiedenen Oocysten fand in 0,5%iger Kaliumbichromatlösung bei Zimmertemperatur (etwa + 20 °C) statt. Unter diesen Bedingungen reiften die dünnschaligen Oocysten der Gruppen A und B verhältnismäßig rasch. Einen Tag nach dem Ansetzen der Proben war der Inhalt der Oocysten bereits abgekugelt, am zweiten Tag waren die Sporoblasten angelegt, und am dritten Tag lag völlig gereiftes Material vor, d. h. die Sporozoiten und der Sporenrestkörper waren deutlich erkennbar.

Nicht ganz so einheitlich verliefen die Versporungsversuche mit Oocysten von *Eimeria perniciosa*. Hier war der Oocysteninhalt am 3. und 4. Tag nach dem Ansetzen der Proben abgekugelt. Während in einigen Fällen bereits am 6. Tag Sporoblasten festgestellt werden konnten, zeigte sich in anderen Fällen noch am 7. Tag der Oocysteninhalt in Kugelform. Die vollständige Versporung trat am 9. und 10. Tag ein, doch war eine Anzahl von Oocysten erst am 15. bis 17. Tag nach dem Ansetzen völlig reif geworden.

Unter entsprechenden Umweltverhältnissen muß man also mit dem Vorhandensein infektionstüchtiger dünnschaliger Oocysten bereits drei Tage nach Verlassen des Wirtstierkörpers rechnen. Bei *Eimeria* (*Globidium*) *perniciosa* beträgt dieser Zeitraum 9 Tage (nach den Untersuchungen von SPREHN [124] nur 7 Tage).

Der zeitliche Ablauf der exogenen Entwicklung kann also bei dünnschaligen Eimerien nicht zur Artentrennung herangezogen werden. Dagegen nimmt die dickschalige Art *Eimeria* (*Globidium*) *perniciosa* auch in dieser Beziehung eine Sonderstellung ein.

f) Durch Kokzidien ausgelöste klinische Erscheinungen und pathologische Veränderungen

Im folgenden sind die Beobachtungen zusammengefaßt, die während der beschriebenen Fütterungsversuche mit Kokzidienoocysten an 8 jugendlichen Versuchstieren (Ju 7 bis Ju 9; Ju 4; Ju 11 und Ju 12; Ju 5 und Ju 6) gemacht wurden (nähere Angaben über die Versuchstiere siehe Tabelle 1 und 2). Diese Versuche wurden im Sommer 1958 durchgeführt. Die Tiere waren in geschlossenen Räumen untergebracht und erhielten ein Weichfutter aus Haferflocken, Kleie und Milch sowie Grünfutter (Gras, Milchdisteln, Knopfkraut u. a.), Möhren und Heu. Außerdem wurde Wasser in Tonnäpfen gegeben. Die künstliche Infektion wurde einmal mit aus der Pelztierfarm Lauer stammenden Oocysten-Mischmaterial (Zusammensetzung wie im Abschnitt B/a geschildert) gesetzt. Soweit die Übertragung des infektionstüchtigen Materials mit dem Weichfutter erfolgte, wurde dasselbe stets mit der gleichen, sehr großen Oocystenmenge versetzt, so daß eine massive Infektion erwartet werden mußte. Dieses Futter ist allerdings nicht in jedem Fall von den Versuchstieren vollständig aufgenommen worden, weshalb der Infektionsgrad ein unterschiedlicher ist. Daraus sind vermutlich auch die unterschiedlichen Erscheinungen des Krankheitsverlaufes bei den einzelnen jugendlichen Versuchstieren zu erklären.

Das 4 Tage p.i. getötete Versuchstier Ju 7 ließ makroskopisch keine klinischen Erscheinungen erkennen, dasselbe traf für die am 7. bzw. 10. Tag p.i. getöteten Tiere Ju 8 und Ju 9 zu, die aber 7 Tage p.i. Appetitlosigkeit zeigten und ihr Weichfutter nicht restlos aufnahmen. Bei allen drei Tieren war der Kot stets normal geformt. Histologisch wurden im Epithel der Dünndarmzottenspitzen von Versuchstier Ju 7 Schizonten und von Versuchstier Ju 8 von *Eimeria perniciosa* Gamonten in Bindegewebszellen der Mukosa nachgewiesen. Bei Versuchstier Ju 9 waren weiter herangewachsene Gamonten in Bindegewebszellen der Mukosa und Schizonten im Kryptenepithel vorhanden.

Versuchstier Ju 4 wurde, ohne daß bis dahin klinische Erscheinungen hätten festgestellt werden können und obwohl die endogene Entwicklung von Eimerien der Gruppe A bereits abgeschlossen war und die Oocysten ausgeschieden waren, am 13. Tage p.i. tot, abgemagert und zusammengekrümmt im Trinkwassergefäß liegend aufgefunden. Das Tier hatte bis zu seinem Tode gefressen und normal geformten, zuletzt allerdings etwas verhärteten Kot ausgeschieden. Bei der Sektion fanden sich makroskopisch kleine, eng umgrenzte Blutungsherde im Magen. Das Duodenum, Anfang und Ende vom Jejunum sowie das gesamte Ileum waren gerötet, letzteres wies außerdem Entzündungsherde auf. Dünndarminhalt war nur wenig vorhanden. Der gesamte Blinddarm war stark gerötet und an seiner Endspitze etwas entzündet, sein Inhalt fest. Im Enddarm wies der Kot normale Konsistenz auf. Histologisch wurden Schizonten im Kryptenepithel sowie Mikrogametozyten, Makrogameten und Oocysten aus den Gruppen A und B ebenfalls im Kryptenepithel und im Epithel der Zottenspitzen nachgewiesen. In Bindegewebszellen der Dünn- und Blinddarmschleimhaut befanden sich heranwachsende Gamonten von *Eimeria perniciosa*. In Abstrichen von der Dünndarmschleimhaut fanden sich neben dünnschaligen Oocysten der Gruppen A und B auch solche von *Eimeria perniciosa*, wenn auch in geringer Anzahl. In Abstrichen von der Blinddarmschleimhaut wurden verhältnismäßig wenig Oocysten der Gruppen A und B nachgewiesen.

Die Versuchstiere Ju 11 und Ju 12 verendeten 14 Tage nach künstlich gesetzter Infektion. Bereits am 5. Tage p.i. zeigten die Tiere Inappetenz und fraßen ihr Weichfutter nicht auf. Sie erholten sich aber nach Ausscheidung der Oocysten von Gruppe A (6. Tag p.i.) zunächst wieder, um ab 11. Tag p.i. in den Zustand der Apathie zu verfallen. Am 12., 13. und 14. Tag p.i. hatten sie wieder ihr Weichfutter nicht angenommen. Versuchstier Ju 12 schied am 12. Tag p.i. keinen Kot aus. Versuchstier Ju 11 hatte nur sehr klein geformten, völlig vertrockneten Kot. Die Tiere litten offensichtlich unter Verstopfungserscheinungen. Am 13. Tag reagierten sie kaum noch auf Reize und suchten unter Anstrengung den Trinkwassernapf auf, in dem sie lange Zeit verweilten. Am 14. Tag p.i. lagen beide Tiere tot, völlig abgemagert und zusammengekrümmt in ihren Käfigen.

Ju 11 hatte am letzten Tag sehr festen, Ju 12 hatte überhaupt keinen Kot ausgeschieden. Bei der Sektion fiel auf, daß der Magen normal, aber mit Grünfutter gefüllt war. Weder im Rectum noch im Colon von Ju 11 war Kot vorhanden. Colon (insbesondere Colon transversum) und Rectum waren stark entzündet und enthielten blutigen Schleim. Bei Ju 12 fand sich im Mittelteil des Jejunums in der Länge von etwa 8 cm eine Dünndarmeinstülpung. Das Jejunum-Ende war stark gerötet bzw. entzündet, ebenso wie das Ileum (Blutaustritt in das Darmlumen). Im Colon befand sich fester, klein geformter Kot. Abstriche von der Darmschleimhaut zeigten im Anfangsteil des Dünndarmes Gametogoniestadien von *Eimeria perniciosa*, die auch am Dünndarmende vorhanden waren. Massenhaft Oocysten der Gruppen A und B wurden in Schleimhautabstrichen vom Dünndarmende, Blinddarm, Colon und Rectum nachgewiesen, im Jejunum befanden sich einige Oocysten von *Eimeria perniciosa*. Histologische Untersuchungen wurden an diesen beiden Tieren nicht vorgenommen.

Das 17 Tage nach Infektion getötete Versuchstier Ju 5 erschien klinisch gesund, schied jedoch massenhaft Oocysten der Gruppen A und B und von *Eimeria perniciosa* aus. Schleimhautabstriche waren im Anfangsteil des Dünndarmes ohne Befund. Gegen Ende des Dünndarmes wurden viele Gametogoniestadien von *Eimeria perniciosa* und Oocysten der gleichen Art sowie von Gruppe B nachgewiesen. Bis auf die zuletzt genannten Oocysten gelang ein Nachweis auch histologisch. Das Tier schied stets normal geformten Kot aus, war immer bei Appetit und fraß die vorgelegten Weichfuttermengen auf. Weder im Dünn- noch im Dickdarm konnte eine Rötung oder gar Entzündung festgestellt werden.

Versuchstier Ju 6, das ebenfalls 17 Tage p.i. getötet wurde, hatte am 8. Tag p.i. und seit dem 13. Tage p.i. sein Weichfutter nicht angerührt und suchte seit dem 8. Tag vor seinem Tode häufig den Wassernapf auf. Zuletzt war es völlig abgemagert, anämisch und zeigte nur noch schwache oder keine Abwehrreaktionen. Das Fell war struppig und die Nagezähne farblos statt gelb gefärbt. Der Kot wurde allerdings jeden Tag in normaler Form ausgeschieden. Er enthielt in der Reihenfolge ihrer Ausscheidung Oocysten von Gruppe A und B sowie von *Eimeria perniciosa*. Der Sektionsbefund zeigte makroskopisch keine Besonderheiten. Nur eine leichte Rötung des Ileum war vorhanden. In Abstrichen von der Dünndarmschleimhaut wurde eine von vorn nach hinten zunehmende Menge an Oocysten gefunden, und zwar von *Eimeria perniciosa* sowie — davon etwas weniger — Gruppe B. Histologisch gelang der Nachweis einer über den gesamten Dünndarm mit Ausnahme des Duodenums verbreiteten Gametogonie von *Eimeria perniciosa* und deren Oocysten im Bindegewebe der Mukosa.

Weitere Fütterungsversuche wurden mit erwachsenen Sumpfbibern (Versuchstiere A 1 bis A 11) durchgeführt, die zum Zeitpunkt ihrer Infektion, im Spätherbst 1958, etwa ein Jahr alt waren (Tabelle 2). Die Tiere wurden im Freien in Käfigen auf Maschendrahtboden gehalten. An Futtermitteln erhielten sie gedämpfte Kartoffeln, Hafer, Möhren und Futterrüben. Die Infektion wurde auf die gleiche Art, mit dem gleichen Material und in der gleichen Stärke wie bei den

Jungtieren gesetzt. Das verseuchte Mischfutter ist von den erwachsenen Tieren in jedem Fall vollständig aufgenommen worden.

Das am 2. Tag nach der Infektion getötete Versuchstier A 1 hatte keine entzündlichen Darmveränderungen aufzuweisen. Bis zum 3. Tag p.i. schieden die Tiere normal geformten Kot aus. Ab 4. Tag bis zur Beendigung der Versuchsreihe am 12. Tag p.i. wurde dann mehr oder weniger ausgeprägter Durchfall beobachtet, verbunden zunächst mit der Rötung nur einzelner Darmabschnitte bis zur Rötung bzw. starken Entzündung des gesamten Dünndarmes von Versuchstier A 11, das am 12. Tag p.i. getötet wurde. Caecum, Colon und Rectum waren in keinem Falle in Mitleidenschaft gezogen. Histologisch wurden am 3. und 4. Tage p.i. Schizonten, am 6. Tag eine Gametogonie im Epithel der Zottenspitzen beobachtet (A 2 bis A 7). Am 9. und 11. Tag p.i. setzte eine weitere Schizogonie im Kryptenepithel und eine beginnende Gametogonie im Bindegewebe der Mukosa ein (A 9 und A 10), um 12 Tage p.i. einer Gametogonie im Kryptenepithel, vereinzelt auch im Epithel der Zottenspitzen, Raum zu geben (A 11). In Bindegewebszellen waren inzwischen Gamonten von *Eimeria perniciosa* herangewachsen.

In den Schnitten durch die entzündeten Darmteile fallen ausgeprägte Stauungen in den Kapillargefäßen sowie hämorrhagische Erscheinungen, wie diapedetische Blutungen, auf, hauptsächlich in der Schleimhaut. Die getöteten erwachsenen Versuchstiere wiesen zwar leichte, aber augenfällige Abmagerungen auf. Doch waren keinerlei Störungen des Allgemeinbefindens äußerlich zu erkennen. Die Futteraufnahme war durchweg gut. Eine Beobachtung massiv infizierter erwachsener Sumpfbiber über den Zeitraum von 12 Tagen p.i. hinaus konnte wegen Materialmangel nicht erfolgen.

Während also die Jungtiere eher unter Verstopfungserscheinungen, niemals aber an Durchfällen zu leiden hatten, traten diese bei erwachsenen Sumpfbibern schon verhältnismäßig frühzeitig nach künstlich gesetzter Infektion auf. Ein Nachweis, ob diese Durchfallerscheinungen zufällig aufgetreten sind und etwa auf die Art und Zusammensetzung der Futtermittel zurückgeführt werden können, konnte nicht erbracht werden.

Eine augenfällige Verschlechterung des Pelzes tritt bei akuter Kokzidiose nicht ein.

Bemerkenswert war, daß sich das Befinden der Tiere am 6. Tag p.i., wenn die Oocysten von Gruppe A ausgeschieden werden, noch nicht ungünstig ist. Erst etwa vom 13. Tage an, wenn die Ausscheidung von Oocysten der Gruppe B und *Eimeria perniciosa* stattfindet, hat es sich vielfach so verschlechtert, daß bei massiver Infektion auch bei günstigen Fütterungsverhältnissen in den meisten Fällen ein Verenden zumindest der Jungtiere zu erwarten ist. Es hat also den Anschein, als ob die Gametogoniephasen von Eimerien der Gruppe B und von *Eimeria perniciosa* — evtl. durch gemeinsame Einwirkung — besonders pathogen sind. Dagegen dürften ihre agamen Entwicklungsphasen sowie die Agamogonie und Gametogonie von Eimerien der Gruppe A weniger oder kaum pathogen wirken.

g) Vorkommen und Verbreitung der Sumpfbiberkokzidien

Die endogene Entwicklungsphase läuft im Darmkanal ab. Die dünnschaligen Eimerien (Untergattung Eimeria) befallen das Epithel, Gamonten, Mikrogametozyten und Makrogameten der dickschaligen Art *Eimeria* (*Globidium*) *perniciosa* das Bindegewebe der Darmschleimhaut. Vor allem ist der Dünndarm betroffen, doch wurden in den wenigen durch den Blinddarm geführten Schnitten ebenfalls Entwicklungsstadien von Kokzidien, wenn auch in geringem Maße, in dessen Schleimhaut angetroffen. Die Reifung der Oocysten, die Sporogonie, findet im Freien statt.

Runde Oocysten mit glatter Schale (Gruppe A/a), runde bis rundlich-ovale Oocysten mit radiär gestreifter Schale (Gruppe A/b) und längs-ovale Oocysten mit breit gerundeten Polen und glatter Schale (Gruppe B) wurden im eigenen Untersuchungsmaterial häufig vorgefunden, hauptsächlich im Kot von Jung- und halberwachsenen Tieren, die nicht selten unter massivem Befall litten. Ein Befall erwachsener Sumpfbiber war zwar meist vorhanden, doch war er beinahe stets geringgradiger als der von Jungtieren. Oocysten von *Eimeria perniciosa* wurden nur selten, und dann in ganz geringer Anzahl, bei erwachsenen Sumpfbibern beobachtet. Jungtiere zeigten kaum einen Befall, dagegen waren zwei halberwachsene Tiere verhältnismäßig starke Ausscheider.

Bei den 30 in der Pelztierfarm Lauer untersuchten an akuter Gastro-Enteritis verendeten Jungtieren konnten Helminthen mit dem Tode nicht in ursächlichen Zusammenhang gebracht werden. Auch die geringe Anzahl der im Enddarmkot nachgewiesenen Oocysten — es sind nur solche aus Gattung und Untergattung Eimeria gefunden worden — ließ bei einer Höchstzahl von 36 je Tropfen Untersuchungsflüssigkeit einen Verdacht auf Kokzidienbefall als Todesursache unbestätigt. Endoparasiten waren also bei diesen Jungtierverlusten nicht ausschlaggebend beteiligt. Da auch bakteriologische Untersuchungen kein diesbezügliches Ergebnis lieferten, wird angenommen, daß die Ursache der Erkrankung möglicherweise in einer Unterkühlung der Jungtiere zu suchen ist, die auf den betonierten, häufig feuchten Gehegeböden und der meist nassen Einstreu der Wohnboxen keinen trockenen Platz mehr finden. Nachdem 1 bis 2 Tage lang Durchfallerscheinungen und „Trauern" beobachtet werden, findet man die Tiere verendet im Gehege oder Wassergraben. Ob allerdings sämtliche Jungtierverluste auf diese Erscheinungen oder wenigstens zum Teil doch auf Kokzidienbefall zurückgeführt werden müssen, konnte nicht nachgewiesen werden. Diese Vermutung kommt lediglich auf, wenn man die in Gehegedurchschnittsproben bei Jung- und halberwachsenen Sumpfbibern ermittelten hohen Ausscheidungszahlen an Oocysten betrachtet.

IV. Diskussion

Im Gegensatz zu den zahlreichen, vom Sumpfbiber (*Myocastor coypus* MOL.) aus der Literatur bekannten Endoparasitenarten, ist in der Pelztierfarm Lauer des Staatlichen Forstwirtschaftsbetriebes Grimma nur eine verhältnismäßig geringe Artenzahl vorgefunden worden. Dabei gelang es bei weitem nicht, alle jene Arten nachzuweisen, deren Vorkommen in anderen mitteleuropäischen Zuchtbetrieben beobachtet worden ist oder in unseren Breiten überhaupt möglich wäre.

Von den Trematoden konnte die allgemein als wirtschaftlich wichtig angesehene Art *Fasciola hepatica* im Untersuchungsmaterial nicht festgestellt werden. Auch die Art *Dicrocoelium lanceatum*, von der nur unsichere Meldungen über ihr Auftreten beim Sumpfbiber in Deutschland vorliegen, fehlte. Ebenso wurde keine Cestoden-Art im adulten Stadium beobachtet. Wenn man die in den Jahren nach 1935 bis heute erschienene Literatur über in deutschen und anderen mitteleuropäischen Zuchtbetrieben durchgeführte helminthologische Untersuchungen überblickt, dann tauchen Zweifel an der Behauptung SPREHNs (123, 124) auf, wonach *Hymenolepis octocoronata* auch heute noch bei unseren farmgezüchteten Sumpfbibern vorkommt; denn kein Untersuchungsergebnis weist darauf hin. Möglicherweise ist diese Art — und ihr massenhaftes Auftreten zur Zeit der umfangreichsten Zuchttiereinfuhren um 1930 scheint dies zu bestätigen — doch nur an Importtiere gebunden gewesen. Von den Bandwurmfinnen wurden *Echinococcus granulosus larv.*, *Echinococcus alveolaris larv.* und *Polycephalus serialis larv.*, die nur selten in der Literatur als Sumpfbiberparasiten Erwähnung finden, nicht beobachtet. Auch die Nematoden *Trichinella spiralis*, *Hepaticola hapatica*, *Gongylonema pulchrum*, *Trichostrongylus colubriformis*, *Heligmosomoides polygyrus* und *Heligmosomum sprehni* sind bei unseren Untersuchungen nicht aufgefunden worden. Von der zuletzt genannten Art — *Heligmosomum sprehni* — behauptet SPREHN (123, 124) ebenfalls, daß sie gelegentlich noch heute in deutschen Zuchtbetrieben vorkäme, und die Untersuchungen von KIRSCHNICK (56, 57), der Eier von diesem Helminthen in zwei Kotproben nachgewiesen haben will, scheinen diese Ansicht zu bestätigen. Die Eier von *Heligmosomum sprehni* sind aber den Trichostrongylideneiern in ihrer Größe und in ihren strukturellen Merkmalen sehr ähnlich. Aus diesem Grunde ist es nicht möglich, allein aus dem Vorliegen derartiger Eier, ohne das adulte Stadium gesehen zu haben, auf eine bestimmte Art zu schließen. ENIGK (17) weist bei der Beschreibung von *Heligmosomum sprehni* darauf hin, daß diese Art den von TRAVASSOS in Südamerika beschriebenen Heligmosomum-Arten, die später in die Gattungen Longistriata und Heligmonina eingeordnet worden sind (*Longistriata alpha* und *Heligmonina nematodiriformis*), sehr nahestehen. Ein Vergleich mit diesen Beschreibungen sowie mit der Beschreibung von *Longistriata maldonadoi* konnte wegen Fehlens der entsprechenden Literatur nicht durchgeführt werden. *Trichuris opaca* und *Trichuris vulpis*, deren Vorkommen beim Sumpfbiber ohnehin zweifelhaft erscheint, wurden ebensowenig wie die hauptsächlich aus Südamerika und den östlichen Gebieten der UdSSR bekannten Helminthen (siehe Abschnitt II/1) bei den farmgezüchteten Tieren in der Pelztierfarm Lauer beobachtet.

Die im Untersuchungsmaterial vorhandene Art *Trichuris myocastoris*, die möglicherweise mit dem in der Sowjetunion als *Trichocephalus nutria* bezeichneten Helminthen (SKRJABIN & Mitarb. [101]) identisch ist, wird von den meisten Autoren für harmlos gehalten. Nach RINDFLEISCH-SEYFARTH (76) trifft dies jedoch durchaus nicht zu. Diese Art ist ebenso wie *Trichostrongylus retortae-*

formis, *Taenia taeniaeformis larv.* und *Taenia* spec. *larv.* im eigenen Material, das aus Zucht- und Freilandgehegen stammte, stets nur in geringer Anzahl aufgetreten. Schon aus diesem Grunde konnten diese Helminthen nicht besonders pathogen wirken und klinische Erscheinungen hervorrufen. Lediglich Helminthen aus der Gattung Strongyloides traten — besonders im Freilandgehege — in größerer Anzahl auf. Doch sind in keinem Fall die von ENIGK (23) angegebenen Zahlen von 1000 bis 1800 Exemplaren, die bei Jungtieren zum Tode führen, und von 14000 Exemplaren, die er im Magen-Darmkanal eines auf Grund von Strongyloidesbefall verendeten 8 Monate alten Tieres vorgefunden hat, auch nur annähernd ermittelt worden. Man kann deshalb sagen, daß auch der Älchenwurmbefall bei den von uns untersuchten Sumpfbibern ohne Bedeutung für die betreffenden Tiere war. Leider ließ sich nicht ermitteln, ob dieser Befall durch die Art *Strongyloides myopotami* hervorgerufen worden war, oder ob eine weitere Strongyloides-Art — es hält sich beispielsweise *Strongyloides papillosus* eine Zeitlang auch beim Sumpfbiber (ENIGK [21, 22]) — vorgeherrscht hat, da Messungen an freilebenden Männchen, die nach ENIGK zur Differenzierung der Arten notwendig sind, nicht durchgeführt werden konnten.

Von der durch den Besitz sehr kleiner Scolexhaken auffälligen Bandwurmfinne — sie wurde bisher von HOHNER (47, 48, 49, 50) als *Taenia tenuicollis* RUDOLPHI, 1819, *larv.* betrachtet — muß auf Grund eigener Untersuchungen und nach Vergleich mit weiteren Angaben aus dem Schrifttum die Feststellung getroffen werden, daß sich möglicherweise mehrere Arten unter dieser Bezeichnung verbergen. Die Finne wurde vorläufig als *Taenia* spec. *larv.* bezeichnet.

Protozoen sind lediglich aus der Klasse Sporozoa, und zwar aus der Ordnung Coccidia bzw. aus der Gattung Eimeria beobachtet worden. Auch die zugängliche Literatur enthält nur Angaben über derartige Einzeller.

Untersuchungen an Sumpfbiberkokzidien sind wohl erstmalig auf Fütterungsversuchen aufgebaut worden. Das im Laufe dieser Untersuchungen gewonnene Material enthält drei Typen dünnschaliger Oocysten, die der Untergattung Eimeria zugehören. Diese Oocysten konnten allerdings keiner der aus dem Schrifttum bekannten Arten (d. i. *Eimeria myopotami* YAKIMOFF, 1933 und *Eimeria pellucida* YAKIMOFF, 1933) zugeordnet werden, da sie hinsichtlich ihrer strukturellen Merkmale bzw. Größe davon abweichen. Eine Überprüfung, ob Übereinstimmung des einen oder anderen Typus mit *Eimeria coypi* OBITZ & WADOWSKI, 1937 besteht, war wegen Fehlens der Originalliteratur nicht möglich. Sicher ist, daß die von SPREHN (123), SEIDEL (92) u. a. *Eimeria pellucida* zugeordneten Oocysten mit dieser Art nicht identisch sind; denn sie weichen in ihren Maßen davon ab. Unklar bleibt nach den durchgeführten Untersuchungen, ob die von GOLIKOFF (32), SEIDEL (92) u. a. als *Eimeria myopotami* bezeichneten Oocysten tatsächlich dieser Art zugehören. Es sind sowohl in der Originalbeschreibung als auch von den Nachuntersuchern zu wenig morphologische Merkmale angegeben worden. Beispielsweise fehlen solche über die Schalenstruktur und den Oocysteninhalt vollständig. Nur die Größenangaben stimmen weitgehend überein. Die Angaben von SPREHN (119) und SEIDEL (92), die *Eimeria coypi* betreffen, können nicht anerkannt werden, da sie sich nicht auf entsprechende Literaturangaben stützen.

Die im Untersuchungsmaterial vorhandenen, wegen ihrer dicken Schale der Untergattung Globidium zugeordneten Oocysten wurden als *Eimeria perniciosa* SPREHN, 1954 erkannt. Sie stimmen hinsichtlich ihrer strukturellen Schalenmerkmale mit der Originalbeschreibung überein. SEIDEL (92) hat die versporte Oocyste beschrieben. Die von ihm erwähnten beiden kugelförmigen Gebilde, die neben dem Sporozoiten und dem Restkörper in den Sporen vorhanden sein sollen, sind von uns jedoch nicht beobachtet worden. Möglicherweise hat es sich dabei um Teile der Sporozoiten gehandelt. Da die von SPREHN gewählte Artbezeichnung in nomenklatorischer Hinsicht einwandfrei ist, kann die von SEIDEL für das Sumpfbiberglobidium zu einem späteren Zeitpunkt durchgeführte Benennung *Eimeria fulva* nur als Synonym gelten. Dieser Artname stellt außerdem ein Homonym dar; denn er ist bereits von FARR (24) für ein Kokzid aus *Branta canadensis* vergeben worden.

Für sämtliche der beobachteten Eimerien konnte die Präpatenzperiode festgestellt werden. Diese ist bisher weder von den in der Literatur beschriebenen dünnschaligen Arten noch von der Globidium-Art bekannt gewesen.

Die Zeitdauer der exogenen Entwicklung ist ebenfalls ermittelt worden. Wenn auch exakte Untersuchungen an Oocysten der Untergattung Eimeria bisher nicht durchgeführt worden sind, so bestätigt sich doch die Ansicht der Autoren, die eine kurzfristige Reifezeit annehmen (z.B. HEIDEGGER [45]). Bei *Eimeria (Globidium) perniciosa* stimmen unsere Untersuchungsergebnisse mit den Angaben von SPREHN (124) weitgehend überein.

Da stets eine Mischinfektion gesetzt worden ist, ist es nicht gelungen, die endogene Entwicklung der drei dünnschaligen Oocystentypen zu verfolgen. Auch in der Literatur fehlen derartige Angaben. Im Verlauf dieser Arbeit wurde jedoch eine Phase der endogenen Entwicklung von *Eimeria (Globidium) perniciosa* verfolgt, und zwar die Gametogonie. Diese hat weitgehend gleiche Züge wie die von *Eimeria (Globidium) travassosi* aus dem Gürteltier *Euphractus sexcinctus* aufzuweisen, die REICHENOW & CARINI (75) beschrieben haben. Dagegen ist es nicht gelungen, die agame Phase des Sumpfbiber-Globidium zu erfassen. Nach DOFLEIN & REICHENOW (14) verläuft diese bei dem Subgenus Globidium überhaupt an anderer Stelle als die Gametogonie. Möglicherweise sind agame Stadien in den vor dem Dünndarm gelegenen, nicht untersuchten Abschnitten des Verdauungstraktus vorhanden gewesen.

Histologisch konnte der Nachweis geführt werden, daß vor allem der Dünndarm von den Erscheinungen der Kokzidiose betroffen ist. An den wenigen, durch den Blinddarm geführten Schnitten sind Kokzidienentwicklungsstadien stets nur in geringer Zahl angetroffen worden. Damit werden die Untersuchungsergebnisse von HAUFE (40) bestätigt. Die Ansicht von HEIDEGGER (45), der den Blinddarm als vorwiegend befallen erklärt, findet dagegen keine Stütze.

Auch die von HAUFE angegebenen Siedlungsorte — für die Entwicklungsstadien von Oocysten der Untergattung Eimeria das Epithel, für die der Globidium-Art das subepitheliale Gewebe der Darmschleimhaut — wurden im Verlauf der eigenen Untersuchungen aufgefunden.

Im Schrifttum führt man Todesfälle nicht selten auf Kokzidienbefall zurück (FRITZSCHE [28], SCHOOP [81, 85], SPREHN [110, 112, 120, 121, 124] u. a.). Unter den in der Pelztierfarm Lauer üblichen Fütterungs- und Haltungsbedingungen konnten aber zum Zeitpunkt der durchgeführten Untersuchungen keine Abgänge auf Grund von Kokzidiose festgestellt werden. Zwar war der Ausscheidungsgrad von Oocysten nicht immer gering, insbesondere bei Jungtieren, doch zeigten Untersuchungen an verendeten Jungtieren, daß ihr Tod durch eine Kokzidieninfektion nicht hervorgerufen worden war.

V. Zusammenfassung

Von den bisher in deutschen Zuchtbetrieben nachgewiesenen Helminthen des Sumpfbibers (*Myocastor coypus* MOL.), wurden in der Pelztierfarm Lauer des Staatlichen Forstwirtschaftsbetriebes Grimma am häufigsten solche aus der Gattung Strongyloides beobachtet. Zahlenmäßig ohne Bedeutung ist in dieser Farm das Auftreten von *Trichuris myocastoris* ENIGK, 1933, *Trichostrongylus retortaeformis* (ZEDER, 1800), *Taenia taeniaeformis* (BATSCH, 1786), *larv.* und *Taenia* spec. *larv.*

Von den vorgefundenen drei Typen dünnschaliger Kokzidienoocysten der Gattung und Untergattung Eimeria konnte keine einer in der Literatur beschriebenen Art zugeordnet werden. Dagegen wurden dickschalige Oocysten als *Eimeria* (*Globidium*) *perniciosa* SPREHN, 1954 erkannt. Von dieser Art gelang es, die Phase der Gametogonie weitgehend zu beschreiben und — ebenso für die dünnschaligen Eimerien — die Präpatenzperiode und die Zeitdauer der exogenen Entwicklung festzulegen.

An dem in der Pelztierfarm Lauer untersuchten Tiermaterial konnten klinische Erscheinungen und pathologische Veränderungen auf Endoparasitenbefall nicht zurückgeführt werden.

Резюме

Из числа гельминтов нутрии (*Myocastor coypus* MOL.), обнаруженных до сих пор в германских предприятиях разведения нутрии, в ферме пушных зверей Лауэр государственного лесхоза Гримма наблюдались чаще всего гельминты рода Strongyloides. Количественно без значения в этом ферме является *Trichuris myocastoris* ENIGK, 1933, *Trichostrongylus retortaeformis* (ZEDER, 1800), *Taenia taeniaeformis* (BATSCH, 1786), *larv.* und *Taenia* spec. *larv.*

Из обнаруженных трех типов тонкопленочных ооцистов кокцидий рода и подрода Eimeria ни одного нельзя было отнести к какому либо виду, описанному в литературе. С другой стороны были опознаны толстопленочные ооцисты как *Eimeria* (*Globidium*) *perniciosa* SPREHN, 1954. Удалось описать подробно фазу гаметологии этого вида и установить — также для тонкопленочных *Eimeria* период препатенции и продолжительность экзогенного развития.

Исследования пушных зверей на ферме пушных зверей Лауэр показали, что клинические явления и патологические изменения не вызываются поражением эндопаразитами.

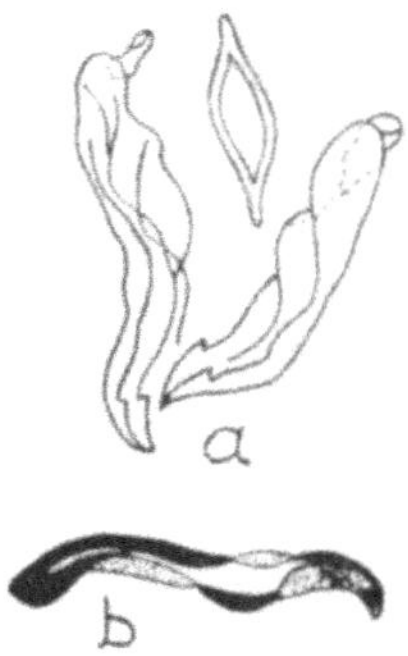

Abb. 1

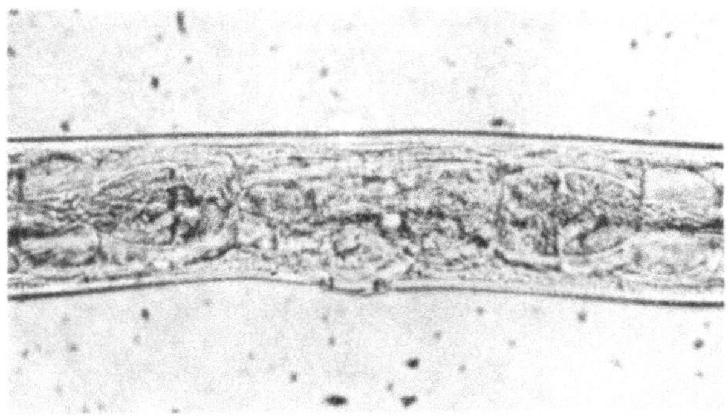

Abb. 2

Abb. 1. *Trichostrongylus retortaeformis* (ZEDER, 1800) aus dem Sumpfbiber (*Myocastor coypus* MOL.) Männchen. a) Spicula mit Gubernaculum, 250-fach, b) Gubernaculum, 450-fach

Abb. 2. *Trichostrongylus retortaeformis* (ZEDER, 1800) aus dem Sumpfbiber (*Myocastor coypus* MOL.). Weibchen. Vulvagegend mit Ovejektor. 250-fach

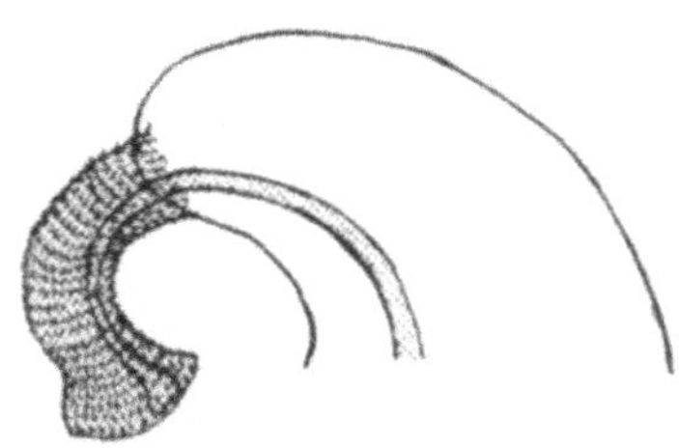

Abb. 3. *Trichuris myocastoris* ENIGK, 1933 aus dem Sumpfbiber (*Myocastor coypus* MOL.). Hinterende des Männchens, Spiculumscheide. 150-fach.

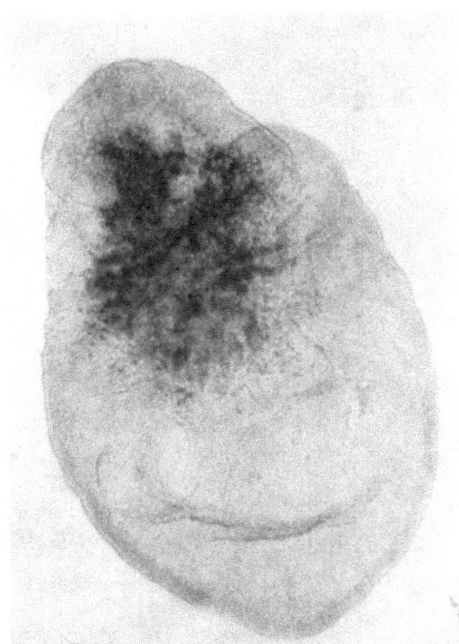

Abb. 4. *Cysticercus* spec. aus dem Sumpfbiber (*Myocastor coypus* MOL.), total. 30-fach

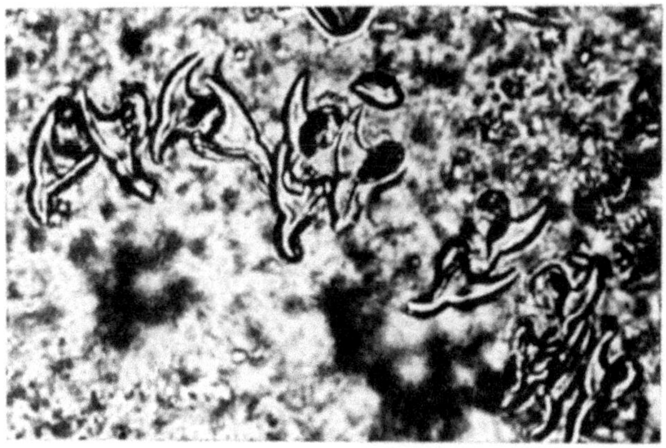

Abb. 5. *Cysticercus spec.* aus dem Sumpfbiber (*Myocastor coypus* MOL.). Einzelne Haken vom Kakenrkranz. 2500-fach.

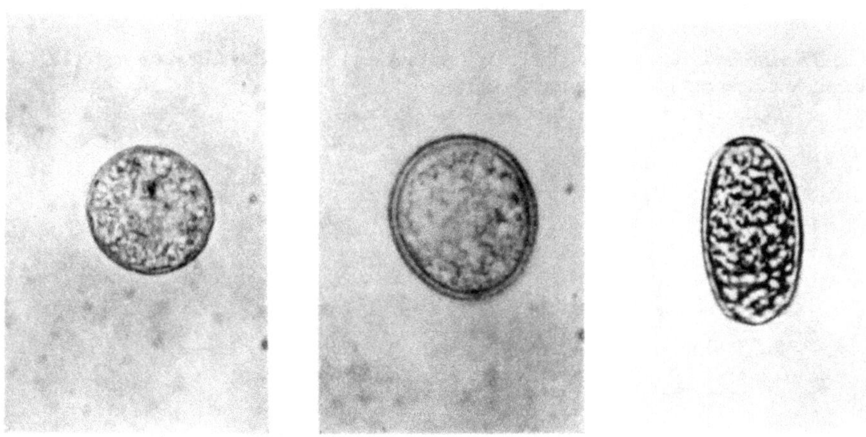

a b c

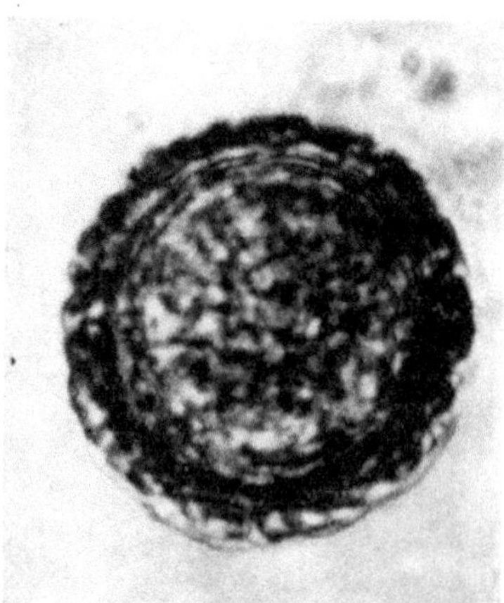

d

Abb. 6. Unreife Kokzidienoocysten aus dem Sumpfbiber (*Myocastor coypus* MOL.). Dargestellt im gleichen Größenverhältnis. 1000fach.

a) Runde Oocyste mit glatter Schale
b) Rundliche Oocyste mit radiär gestreifter Schale
c) Längs-ovale Oocyste mit breit gerundeten Polen und glatter Schale
d) Oocyste von *Eimeria* (*Globidium*) *perniciosa* SPREHN, 1954

Abb. 7. Reife Kokzidienoocysten aus dem Sumpfbiber (*Moycastor coypus* MOL.). a bis c = 2000-fach, d und e = 1500-fach.

a) Runde Oocyste mit glatter Schale

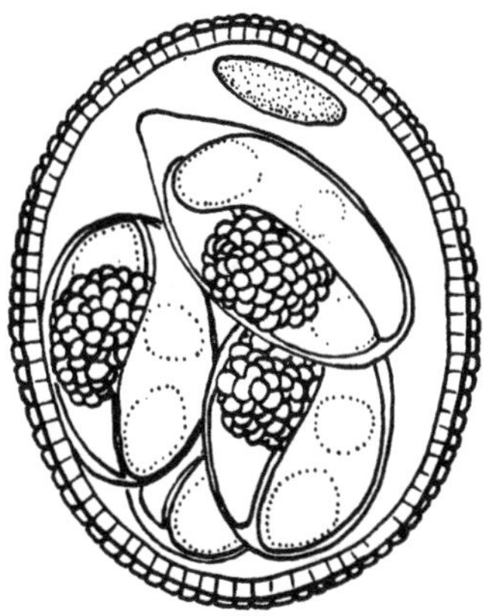

b) Rundlich-ovale Oocyste mit radiär gestreifter Schale

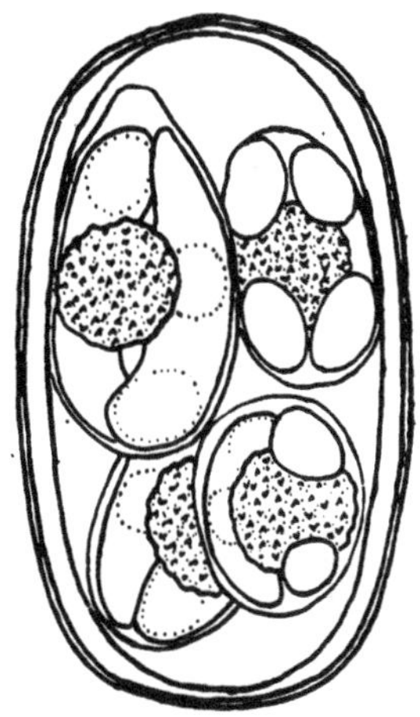

c) Längs-ovale Oocyste mit breit gerundeten Polen und glatter Schale

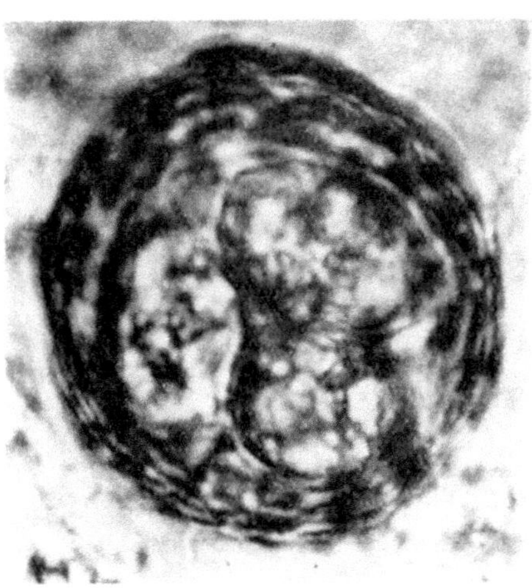

d) Oocyste von *Eimeria* (*Globidium*) *perniciosa* SPREHN, 1954, total

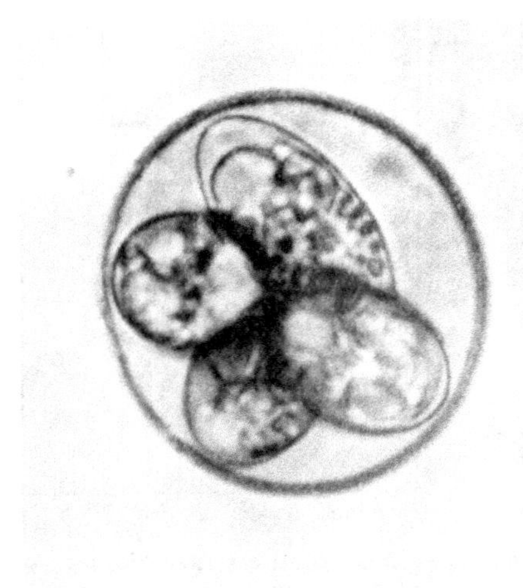

e) Oocyste von *Eimeria* (*Globidium*) *perniciosa* SPREHN, 1954. Innere Hülle mit Sporen. Die äußere Hülle wurde entfernt

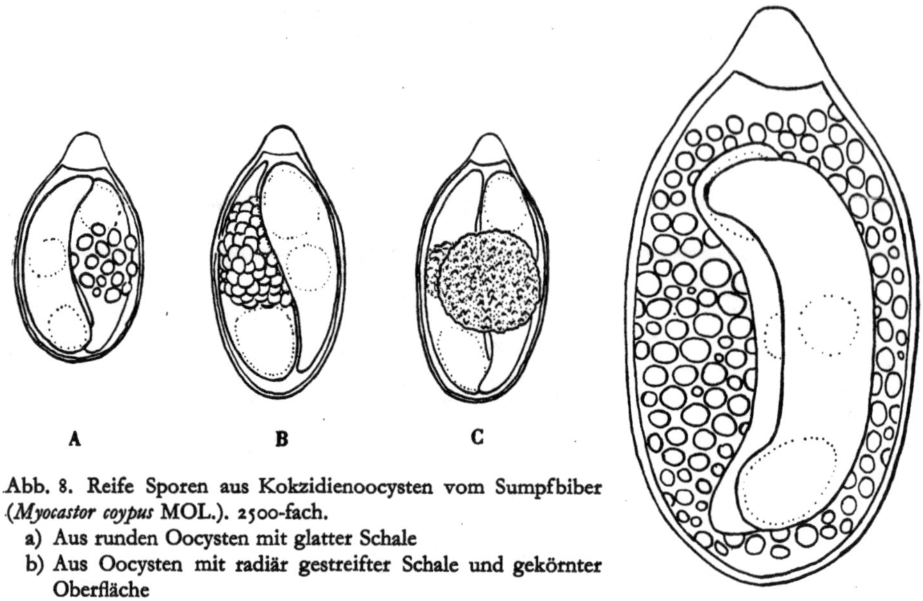

Abb. 8. Reife Sporen aus Kokzidienoocysten vom Sumpfbiber (*Myocastor coypus* MOL.). 2500-fach.

a) Aus runden Oocysten mit glatter Schale

b) Aus Oocysten mit radiär gestreifter Schale und gekörnter Oberfläche

c) Aus längs-ovalen Oocysten mit breit gerundeten Polen und glatter Schale

d) Aus Oocysten von *Eimeria* (*Globidium*) *perniciosa* SPREHN, 1954

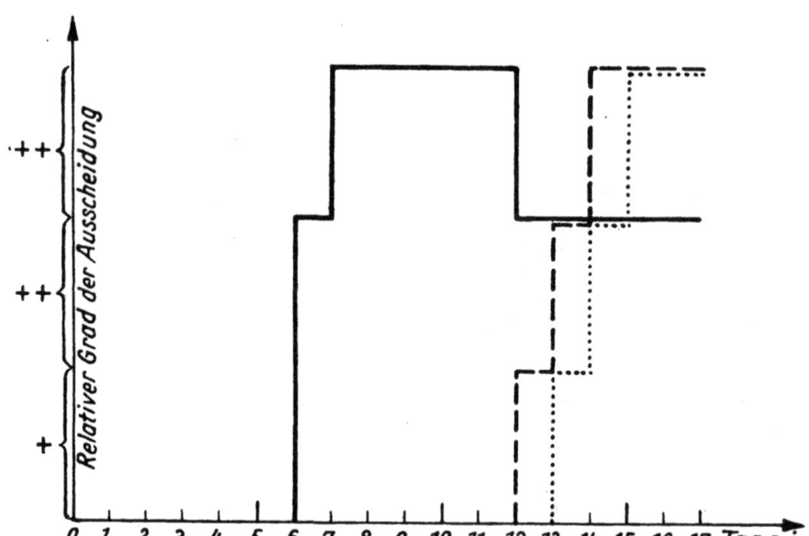

Abb. 9. Relativer Grad der Ausscheidung von Kokzidienoocysten durch den Sumpfbiber (*Myocastor coypus* MOL.) in Tagen nach der Infektion

Erklärung: + = bis zu etwa 50 ⎫
++ = bis zu etwa 300 ⎬ Oocysten je Tropfen Untersuchungsflüssigkeit
+++ = massenhaft ⎭

———————= Oocysten der Gruppe A

- - - - - - - -= Oocysten der Gruppe B

..............................= Oocysten von *Eimeria* (*Globidium*) *perniciosa* SPREHN, 1954

Abb. 10. *Eimeria* (*Globidium*) *perniciosa* SPREHN, 1954 aus dem Sumpfbiber (*Myocastor coypus* MOL.). Gametogonie in hypertrophierten Zellen des subepithelialen Gewebes der Dünndarmschleimhaut. 500-fach.

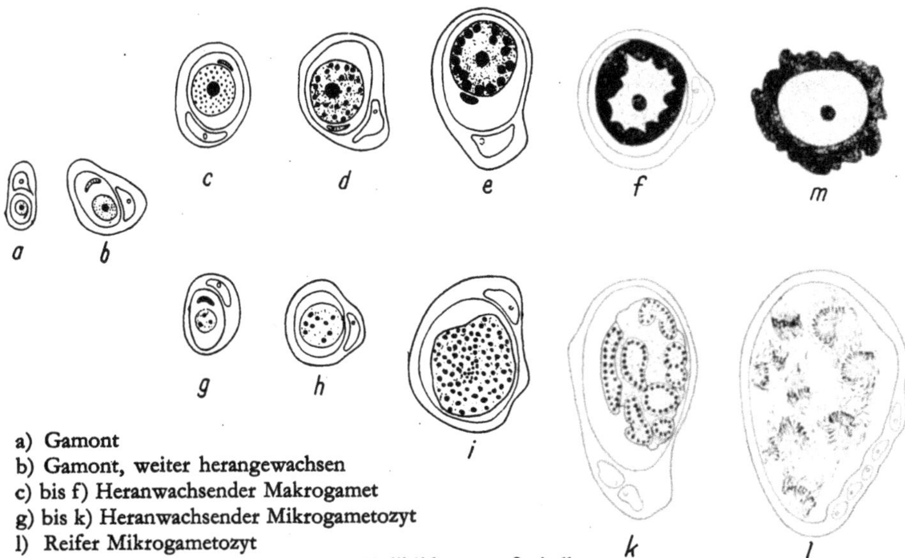

a) Gamont
b) Gamont, weiter herangewachsen
c) bis f) Heranwachsender Makrogamet
g) bis k) Heranwachsender Mikrogametozyt
l) Reifer Mikrogametozyt
m) Makrogamet mit abgeschlossener Hüllbildung, außerhalb der Wirtszelle gelegen

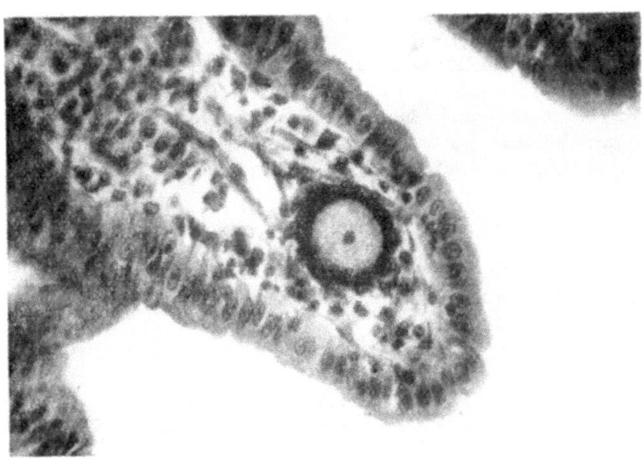

Abb. 11. Schnitt durch den Dünndarm des Sumpfbibers (*Myocastor coypus* MOL.). Makrogamet von *Eimeria* (*Globidium*) *perniciosa* SPREHN, 1954 mit abgeschlossener Hüllbildung im subepithelialen Gewebe einer Darmzotte, außerhalb der Wirtszelle gelegen. 350-fach

Summary

Of the nutria helminths (*Myocastor coypus* MOL.) found thus far in German breeding stations, those of the genus *strongyloides* were mostly found in the Lauer fur farm of the State Forestry Station Grimma. Numerically unimportant is the occurrence of the following helminths on this farm: *Trichuris myocastoris* (ENIGH, 1933), *Trichostrongylus retortaeformis* (ZEDER, 1800), *Taenia taeniaeformis* (BATSCH, 1786), *larv.* and *Taenia* spez. *larv.*

Of the found three types of thin-shelled coccidia oöcytes of the genus and subgenus *Eimeria* none could be ascribed to a species described in the literature. Thick-shelled oöcytes were however recognized as *Eimeria* (*Globidium*) *perniciosa* SPREHN, 1954). With this species it was possible the describe extensively the phase of the gametogony and to determine — also for the thinshelled *Eimeria* — the period of prepatency and the duration of the exogenous development.

Clinical phenomena and pathological changes found in the animal material examined on the fur farm could not be attributed to an attack of endoparasites.

VI. Literaturverzeichnis

1. ACHUMJAN, K. S.: Parasititscheskije tscherwi nutrii, akklimatisirowannoj w Armjanskoj SSR. (Russ.) Isw. akad. nauk Armjamsk. SSR. Biol. i selskochos. nauki 1956, **9** (4), 29—36.
2. AMEEL, D. J.: Two larval cestodes of the muskrat. Trans. Amer. Microsc. Soc. 1942, **61**, 267—271.
3. BAER, J. G.: Contribution á la Faune helminthologique de Suisse. Rev. Suisse Zool. 1932, **39**, 1—57.
4. BAYLIS, H. A.: Records of some parasitic worms from British vertebrates. Annal. and Magaz. Nat. Hist. 1928, **1** (3), 329—343.
5. BAYLIS, H. A.: Some parasitic worms from muskrats in Great Britain. Annal. and Magaz. Nat. Hist. 1935, **15** (89), 543—549.
6. BRAUN, M.: Cestodes. In: Klassen und Ordnungen des Thierreichs, 1894—1900, **4**, 1607. Leipzig: Winter.
7. BRAUN, M.: Helminthologische Notizen. V. Ein proliferierender Cysticercus und die zugehörige Taenie. Zbl. Bakt. 1. Abt. 1896, **20**, 580—588.
8. BRAUN, M.: Notiz zur Entwickelung der *Taenia tenuicollis* Rud. Zbl. Bakt. 1. Abt. 1905, **39**, 54.
9. BREHMs Tierleben. Säugetiere, Band **2**, 189—193. Leipzig und Wien 1914: Bibliogr. Inst.
10. CAMERON, T. W. M. & PARNELL, I. W.: The internal parasites of land mammals in Scotland. Proc. Royal Phys. Soc. 1933, **22**, 133—154.
11. CLAPHAM, PH. A.: On identifying *Multiceps spp.* by measurement of the large hook. J. Helminth. 1942, **20**, 31—40.
12. CLAUSSEN, L.: Über häufig bei der Biberratte vorkommende Darmparasiten. Dtsch. Tierärztl. Wschr. 1933, **41**, 599—601.
13. COBBOLD, TH. SP.: Parasites. S. 296 u. 299. London 1879.
14. DOFLEIN, F. & REICHENOW, E.: Lehrbuch der Protozoenkunde. S. 56—57, 301 und 820—874. Jena 1953: Fischer.
15. DUJARDIN, M. F.: Histoire naturelle des helminthes ou vers intestinaux. S. 558—559. Paris 1845.
16. ELTON, CH. & FORD, E. B. & BAKER, J. R. & GARDNER, A. D.: The health and parasites of a wild mouse population. Proc. Zool. Soc. London 1931, 657—721.
17. ENIGK, K.: Einige Nematoden aus der Nutria. Z. Parasitenkde. 1933, **6**, 326—331.

18. ENIGK, K.: Zur Kenntnis des *Globidium cameli* und der *Eimeria cameli*. Arch. Prot. 1934, **83**, 371—380.
19. ENIGK, K.: Zur Biologie des Strongyloides aus dem Sumpfbiber. Dtsch. Pelztierzüchter 1938, **13**, 2—5.
20. ENIGK, K.: Die Gehegedesinfektion. Dtsch. Pelztierzüchter 1949, **23**, 121—123.
21. ENIGK, K.: Zur Epidemiologie des Strongyloidesbefalles der Haus- und Nutztiere. Z. Tropenmed. u. Parasitol. 1950a, **2**, 124—142.
22. ENIGK, K.: Zur Epidemiologie des Strongyloidesbefalles des Sumpfbibers. Dtsch. Pelztierzüchter 1950b, **24**, 187—188.
23. ENIGK, K.: Pathogenität und Therapie des Strongyloidesbefalles der Haustiere. Mh. prakt. Tierheilkde. 1952, **4**, 97—112.
24. FARR, M.: Three new species of coccidia from the Canada goose, *Branta canadensis* (LINNÉ, 1758). J. Wash. Acad. Sci. 1953, **43**, 336—340.
25. FREUND, L.: Die Parasiten, parasitären und sonstigen Krankheiten der Pelztiere. Hannover 1930a: Schaper.
26. FREUND, L.: Neues über Pelztierkrankheiten. Landw. Pelztierzucht 1930b, **1**, 147—149.
27. FREUND, L.: Parasitismus und Pelztierzucht. Landw. Pelztierzucht 1931, **2**, 28—30.
28. FRITZSCHE, R.: Zur Parasitenbesiedelung bei Pelztieren. Kleintier und Pelztier 1934, **10**, 170—171.
29. GALLI-VALERIO, B.: Parasitologische Untersuchungen und Beiträge zur parasitologischen Technik. Zbl. Bakt. 1. Abt. 1917, **79**, 41—48.
30. GANGHOFER, R.: Haltung und Zucht des Sumpfbibers (Nutria). Pelztierzucht verb. m. Kleintierzucht 1931, **7**, 121—126.
31. GEBAUER, O.: *Böhmiella perichitinea* n. sp., ein neuer Trichostrongylide (Nematodes) des Nutria. Z. Parasitenkde. 1932, **4**, 730—736.
32. GOLIKOFF, N. N.: Zur Frage der Coccidien der Nutrien. Landw. Pelztierzucht 1934, **5**, 91—92.
33. GRIEDER, H.: Beobachtungen über Nutriakrankheiten während drei Jahren (1931, 1932, 1933). Schweiz. Pelzgewerbe 1934, **2**, 153—164 und 168—170.
34. GRIEDER, H.: Unsere während drei Jahren gemachten Beobachtungen und Erfahrungen über Nutriakrankheiten. Schweiz. Arch. Tierheilkde. 1935, **77**, 255—265.
35. GRIEDER, H.: Der gegenwärtige Stand der Pelztierzucht in der Schweiz. Dtsch. Pelztierzüchter 1937a, **12**, 186—191.
36. GRIEDER, H.: Strongyloidesseuche in zwei Nutriafarmen. Schweiz. Arch. Tierheilkde. 1937b, **79**, 475—480.
37. GRIEDER, H.: Seltene Nutriaparasiten. Schweiz. Arch. Tierheilkd. 1937c, **79**, 520—525.
38. HAAKH, U.: Morphologische Untersuchungen bei *Trichostrongylus retortaeformis* (ZEDER 1800) (Nematoda: Trichostrongylinae) aus verschiedenen Wirtstieren (Hase, *Lepus europaeus* und Kaninchen, *Oryctolagus cuniculus*). Z. angew. Zool. 1955, **42**, 151—157.
39. HAMMOND, D. M. & BOWMAN, G. W. & DAVIS, L. R. & SIMMS, B. T.: The endogenous phase of the life cycle of *Eimeria bovis*. J. Parasitol. 1946, **32**, 409—427.
40. HAUFE, M.: Die Kokzidiose des Sumpfbibers. Diss. vet. med. Leipzig 1955.
41. HEIDEGGER, E.: Einige Pelztierparasiten in Wort und Bild. Dtsch. Pelztierzüchter 1931a, **6**, 145—149.
42. HEIDEGGER, E.: Hülsenwürmer (Echinokokkenkrankheit) bei der Nutria. Pelztierfarm, 1931b, (11), 161—163.
43. HEIDEGGER, E.: Bericht über die in den Jahren 1930 und 1931 zerlegten Pelztiere und kurze Mitteilung einiger Befunde. Dtsch. Pelztierzüchter 1932a, **7**, 57—64.
44. HEIDEGGER, E.: Die Bekämpfung des Leberegels beim Sumpfbiber. Dtsch. Pelztierzüchter 1932b, **7**, 414—415.
45. HEIDEGGER, E.: Pelztierkrankheiten und ihre Bekämpfung. München 1938: Mayer.
46. HEIDEGGER, E.: Wurmtafeln zum Bestimmen der wichtigsten Haustierparasiten. S. 104 bis 109. Stuttgart 1952: Enke.

47. HOHNER, L.: Bandwurmfinnen als Schmarotzer des Sumpfbibers. Dtsch. Pelztierzüchter 1954a, **28**, 119—121.
48. HOHNER, L.: *Cysticercus talpae* und *Cysticercus taeniaeformis* beim Sumpfbiber. Arch. Exp. Vet.-Med. 1954b, **8**, 512—516.
49. HOHNER, L.: Bemerkenswerte Finnenfunde in einem Sumpfbiber. Mh. Vet.-Med. 1955a, **10**, 330—331.
50. HOHNER, L.: Die tierischen Ento- und Ektoparasiten des Sumpfbibers und ihre Bekämpfung Dtsch. Tierärztl. Wschr. 1955b, **62**, 337—342.
51. JACOB, E.: Parasitische Protozoen in Mensch und Tier. S. 127. Berlin 1941: Schötz.
52. JOHNSTON, T. H.: Helminthological notes. Mem. Queensl. Mus. 1916, **5**, 186—196.
53. JOYEUX, CH. & BAER, J. G.: Sur quelques Cestodes de France. Arch. Mus. nat. hist. nat. 1934, 6. Serie, **11**, 157—171.
54. JOYEUX, CH. & BAER, J. G.: Cestodes. Faune de France. Paris 1936, **30**, 610 p.
55. KELLER, H.: Trichinen bei Sumpfbibern und Kaninchen. Dtsch. Pelztierzüchter 1952, **26**, 28—29.
56. KIRSCHNICK, H.: Verbreitung des Wurmbefalles bei Edelpelztieren, diagnostiziert durch Kotuntersuchungen, durchgeführt an Hand von Material aus Hessen-Nassau und Kurhessen im Jahre 1952. Diss. vet. med. Gießen 1953a.
57. KIRSCHNICK, H.: Untersuchungen über die gegenwärtige Verbreitung des Wurmbefalls bei Edelpelztieren. Dtsch. Pelztierzüchter 1953b, **27**, 141—145.
58. KNIGHT, I. M.: Diseases and parasites of the muskrat (*Ondatra zibethica*) in British Columbia. Canad. J. Zool. 1951, **29**, 118—214.
59. KÜCHENMEISTER, F.: Über Bandwurmmittel. Wien. Med. Wschr. 1854, **4**, 641—645.
60. KÜCHENMEISTER, F.: Über die Umwandlung der Blasenbandwürmer in Taenien. Wien. Med. Wschr. 1856, **6**, 319—320.
61. KÜCHENMEISTER, F.: Über *Leptus autumnalis* (Erntemilbe). Amtl. Bericht über die 32. Versammlung deutsch. Naturforscher u. Ärzte zu Wien im Sept. 1856. Wien. p. 254, 1858.
62. LEUCKART, R.: Die Blasenbandwürmer und ihre Entwicklung. Gießen 1856.
63. LEUCKART, R.: Bericht über die Leistungen in der Naturgeschichte der niederen Thiere während des Jahres 1856. Arch. Naturgesch. 1857, **23/2**, 165—272.
64. v. LINSTOW, O.: Compendium der Helminthologie. Hannover 1878, Hahn, S. 18. — Nachtrag S. 9.
65. v. LINSTOW, O.: Helminthologische Untersuchungen. Jh. Ver. vaterl. Naturkde. Württbg. 1879, **35**, 313—342.
66. LOCKER, B.: The identification of *Taenia tenuicollis* RUDOLPHI, 1819, in North America. J. Parasitol. 1955, **41**, 51—56.
67. MIESSNER, R. & SPREHN, C.: Hygienische Maßnahmen zur Bekämpfung seuchenhafter Erkrankungen unter Pelztieren. Pelztierzucht verb. m. Kleintierzucht 1932, **8**, 110—111.
68. MOHR, E.: Die freilebenden Nagetiere Deutschlands und der Nachbarländer S. 6—7. Jena. 1954: Fischer.
69. MORGAN, B. B. & HAWKINS, P. A.: Veterinary helminthology. S. 329. Minneapolis 1951. Burgess Publ. Comp.
70. PAGENSTECHER, H.: Zur Naturgeschichte der Cestoden. Z. Wiss. Zool. 1877/78, **30**, 171—192.
71. PALLASKE, G.: Über Krankheits- und Todesursachen bei Edelpelztieren. Dtsch. Pelztierzüchter 1936, **11**, 142—147.
72. PELLÉRDY, L.: Catalogue of the Genus Eimeria (Protozoa: Eimeriidae). Acta Vet. Hung. 1956, **6**, 75—102.
73. PELLÉRDY, L.: On the homonymy of *Eimeria fulva* FARR, 1953 and *Eimeria fulva* SEIDEL, 1954. J. Parasitol. 1957, **43**, 591.
74. PRIESNER, A.: Über Desinfektion bei Coccidiose. Dtsch. Pelztierzüchter 1933, **8**, 59—61.
75. REICHENOW, E. & CARINI, A.: Über *Eimeria travassosi* und die Gattung Globidium. Arch. Prot. 1937, **88**, 374—386.

76. RINDFLEISCH-SEYFARTH, M.: Der Sumpfbiber und seine bisher zur Untersuchung gelangten Infektions- und Invasionskrankheiten. Tierärztl. Umschau 1948, **3**, 214—216.

77. RUBLI, H.: Trichinose beim Sumpfbiber, *Myocastor coypus* MOL. Schweiz. Arch. Tierheilkde. 1936, **78**, 420—424.

78. SCHMID, F.: Ergebnisse bei Pelztieruntersuchungen im Jahre 1932. Dtsch. Pelztierzüchter 1933, **8**, 307—311.

79. SCHMID, F.: Ergebnisse bei Pelztieruntersuchungen in den Jahren 1933 und 1934. Dtsch. Pelztierzüchter 1935, **10**, 89—90.

80. SCHÖNENBERGER, A.: Magen- und Darmerkrankungen der Biberratte (*Myocastor coypus* MOL.) infolge Zooparasiteninvasion und deren Bekämpfung. Diss. vet. med. Zürich 1933.

81. SCHOOP, G.: Fuchs-, Nerz- und Sumpfbiberkrankheiten. Dtsch. Pelztierzüchter 1936, **11**, 208—211.

82. SCHOOP, G.: Trichinenschau bei Pelztieren. Dtsch. Pelztierzüchter 1937a, **12**, 270—272.

83. SCHOOP, G.: Über Entseuchung (Desinfektion) und Maßnahmen zur Krankheitsvorbeuge in der Pelztierzucht. Dtsch. Pelztierzüchter 1937b, **12**, 437—441.

84. SCHOOP, G.: Krankheiten der Edelpelztiere und ihre Bekämpfung. Hannover 1938a: Schaper.

85. SCHOOP, G.: 9. Tagung der Fachtierärzte für die Bekämpfung der Aufzuchtkrankheiten. Dtsch. Pelztierzüchter 1938b, **13**, 456—458.

86. SCHOOP, G.: Verbreiten die deutschen Edelpelztierzuchten die Trichinellen? Tierärztl. Rdsch. 1942, **48**, 311—313.

87. SCHOOP, G.: Die Trichinenfrage in der Edelpelztierzucht. Dtsch. Pelztierzüchter 1943, **18**, 90—94 und 126.

88. SCHULTE, F.: *Echinococcus alveolaris* in der Leber eines Sumpfbibers. Berlin. Münch. Tierärztl. Wschr. 1950, **63**, 29—30.

89. SEDLMEIER, H.: Filarien und Mikrofilarien bei einem Sumpfbiber. Vorl. Mitteilung. Münchn. Tierärztl. Wschr. 1931a, **82**, 83.

90. SEDLMEIER, H.: Über einen neuen Fadenwurm (*Filaria* bzw. *Microfilaria Kitti*) beim Sumpfbiber. Dtsch. Pelztierzüchter 1931b, **6**, 272—273.

91. SEIDEL, E.: Einiges über neue Parasitenfunde beim Sumpfbiber. Dtsch. Pelztierzüchter 1954a, **28**, 190—191.

92. SEIDEL, E.: Ein eigenartiger Parasit des Sumpfbibers: *Eimeria* (*Globidium*) *fulva* n. sp. Arch. Exp. Vet.-Med. 1954b, **8**, 759—764.

93. SEIDEL, E.: Parasitologische Befunde beim Sumpfbiber. S. 117—126. Berlin 1956: Akademie Verlag.

94. SERKOWA, O. P.: Parasitofauna ondatry, akklimatisirowannoj w Karelo-Finskoj SSR. (Russ.) Paras. sbornik zool. inst. akad. nauk SSSR 1948, **10**, 189—192.

95. SKINKER, M. S.: A re-description of *Taenia tenuicollis* RUDOLPHI, 1819, and its larva, *Cysticercus talpae* RUDOLPHI, 1819. Parasitology 1935, **27**, 175—185.

96. SKRJABIN, K. I.: Trematody shiwotnych i tscheloweka. (Russ.) Band 3. Isdat. akad. nauk Moskwa-Leningrad 1949, S. 224—225 und 515—516.

97. SKRJABIN, K. I.: Trematody shiwotnych i tscheloweka. (Russ.) Band 8. Isdat. akad. nauk Moskwa 1953, S. 185.

98. SKRJABIN, K. I. & SCHICHOBALOWA, N. P.: Filarii shiwotnych i tscheloweka. (Russ.) Gosud. isdat. selskochos. lit. Moskwa. 1948, S. 242—246.

99. SKRJABIN, K. I. & SCHICHOBALOWA, N. P. & SOBOLEW, A. A.: Opredelitel parasititscheskich nematod. (Russ.) 1949, Band 1. Isdat. akad. nauk Moskwa-Leningrad. S. 328—331.

100. SKRJABIN, K. I. & SCHICHOBALOWA, N. P. & SCHULZ, R. S. & POPOWA, T. I. & BOJEW, S. N. &. DELJAMURE, S. L.: Opredelitel parasititscheskich nematod. (Russ.) 1952, Band 3. Isdat. akad. nauk Moskwa S. 440 f. und 512—586.

101. SKRJABIN, K. I. & SCHICHOBALOWA, N. P. & SOBOLEW, A. A. & PARAMONOW, A. A. & SUDARIKOW, W. E.: Opredelitel parasititscheskich nematod. (Russ.) 1954, Band 4. Isdat. akad. nauk Moskwa. S. 343—344 und 768—769.

102. SKRJABIN, K. I. & SPASSKIJ, A. A.: Osnowy zestodologii. (Russ.) 1951, Band 1. Isdat. akad. nauk Moskwa. S. 425 und 667.
103. SKRJABIN, K. I. & ROMANOWA, N. P. & NAJDENOWA, N. W.: Nowye dannye o faune parasititscheskych tscherwj ondatry — *Ondatra zibethica* (L.). (Russ.) Trud. helm. lab. Moskwa 1951, 5, 42—52.
104. SPREHN, C.: Pelztierkrankheiten und Farmhygiene. Landw. Pelztierzucht 1930a, 1, 49—53.
105. SPREHN, C.: Krankheiten der Pelztiere. Die Pelztierzucht 1930b, 6, 80—81, 120, 189, 214, 234 und 252.
106. SPREHN, C.: Die Parasiten der Nutria. Pelztierzucht 1930c, 6, 121—122.
107. SPREHN, C.: Nutria-Freilandzuchten und Leberegelgefahr. Pelztierzucht 1930d, 6, 167—168.
108. SPREHN, C.: Über die Übertragung parasitärer Krankheiten durch das Futter. Pelztierzucht 1930e, 6, 189—193.
109. SPREHN, C.: Befunde an Untersuchungsmaterial aus Pelztierfarmen aus dem Jahre 1930. Dtsch. Pelztierzüchter 1931a, 6, 323—325.
110. SPREHN, C.: Die parasitären Aufzuchtkrankheiten bei Pelztieren und ihre Bekämpfung. Dtsch. Tierärztl. Wschr. 1931b, 39, 756—758.
111. SPREHN, C.: Diagnose und Behandlung der häufigsten Pelztierkrankheiten. Tierärztl. Rdsch. 1932a, 38, 389—392 u. 407—411.
112. SPREHN, C.: Über Krankheiten der ersten Lebensmonate bei den Pelztieren auf Grund eigener Erfahrungen. Berlin. Tierärztl. Wschr. 1932b, 49, 193—196.
113. SPREHN, C.: Lehrbuch der Helminthologie. Berlin. 1932c: Borntraeger.
114. SPREHN, C.: Hygienische Maßnahmen zur Verhinderung parasitärer Krankheiten der Pelztiere. Z. Pelztier- und Rauchwarenkde. 1932d, 4, 29—38.
115. SPREHN, C.: Pelztierkrankheiten. In: STANG, V. & WIRTH, D.: Tierheilkunde und Tierzucht 1937, 11, 503—522. Wien. Urban & Schwarzenberg.
116. SPREHN, C.: Wurmbefall und Entwurmung bei Pelztieren II. Dtsch. Pelztierzüchter 1950a, 24, 84—86.
117. SPREHN, C.: Hygienische Maßnahmen zur Bekämpfung seuchenhafter Erkrankungen unter Pelztieren. Dtsch. Pelztierzüchter 1950b, 24, 109—111.
118. SPREHN, C.: Wurmbefall bei Pelztieren. Dtsch. Pelztierzüchter 1951a, 25, 51—53.
119. SPREHN, C.: Die Kokzidiose der Nutria. Dtsch. Pelztierzüchter 1951b, 25, 129—130.
120. SPREHN, C.: Rückblick auf die im Jahre 1951 durch Sektionen festgestellten Pelztierkrankheiten. Dtsch. Pelztierzüchter 1952a, 26, 6—7.
121. SPREHN, C.: Ergebnis der Nerz-, Sumpfbiber- und Fuchsuntersuchungen im 1. Vierteljahr 1952. Dtsch. Pelztierzüchter 1952b, 26, 71—72.
122. SPREHN, C.: Rückblick auf die Krankheiten der Pelztiere im Jahre 1953. Dtsch. Pelztierzüchter 1954a, 28, 50—51.
123. SPREHN, C.: Die wirtschaftlich wichtigen tierischen Schmarotzer der Pelztiere und ihre vorbeugende Bekämpfung. Dtsch. Pelztierzüchter 1954b, 28, 91—93.
124. SPREHN, C.: Wirtschaftlich wichtige tierische Schmarotzer der Sumpfbiber und Füchse und ihre Bekämpfung. Dtsch. Pelztierzüchter 1954c, 28, 108—109.
125. SPREHN, C.: In SEIDEL, 1956.
126. THIENEMANN, J.: Untersuchungen über *Taenia tenuicollis* RUD. mit Berücksichtigung der übrigen Musteliden-Taenien. Diss. phil. Königsberg, 1906.
127. VOGEL, R.: Ein Fall von Echinokokkus beim Sumpfbiber (Nutria, *Myopotamus coypus* GEOFFR.). Zbl. Bakt. 1. Abt. 1930, 119, 71.
128. VOGEL, R.: Der Hülsenwurm als Schmarotzer der Nutria. Dtsch. Pelztierzüchter 1931, 6, 180—181.
129. WALTHER, A.: The South-American swamp-beaver (Nutria). S. 105. München 1931: Mayer.
130. WALTHER, A.: Der Sumpfbiber (Nutria). München 1940: Mayer.
131. WARDLE, R. A. & MC LEOD, I. A.: The zoology of tapeworms. S. 420ff. Minneapolis 1952, Univ. Minnesota Press.

132. WARWICK, T.: The parasites of the muskrat (*Ondatra zibethica.* L.) in the British Isles. Parasitology 1936, **28**, 395—402.
133. WOLFFHÜGEL, K.: Cysticercus der *Taenia tenuicollis* RUD. aus *Cricetus frumentaris* PALL. Z. Infkrh. Haust. 1907, **2**, 207—210.
134. WOLFFHÜGEL, K.: Nutria (*Myocastor coypus*) als Wirt von Echinococcus. Berlin. Münch. Tierärztl. Wschr. 1951, **64**, 79.
135. YAKIMOFF, W. L.: Die Coccidiose der Nutrien. Landw. Pelztierzucht 1933, **4**, 189—190.
136. ZIESKE, R.: In KELLER, 1952.

Die Mehrzahl der Tabellen befindet sich im Originalexemplar der Dissertationsarbeit bei der Math.-Nat. Fakultät der Karl-Marx-Universität Leipzig.

Verfasser: Dr, rer. nat. LUDWIG HOHNER, Veterinäruntersuchungs- und Tiergesundheitsamt, Karl-Marx-Stadt C 1. Dresdener Str. 45.

Titel der im Landwirtschaftlichen Zentralblatt Heft I/1961 referierten Arbeiten auf dem Gebiet der speziellen Kleintierzucht

Aus: Spezielle Kleintierzucht

System-Nr.

ANONYM: **Amtliche Effektivbestände an Schafen und Ziegen.** (Les effectifs officiels des Ovins et Caprins.) (Mouton **15.** 19. Febr. 1960) 4508

LENGNING: **Der Stand der rheinischen Ziegenzucht und -haltung.** (Dtsch. Kleintier-Züchter, Ausg. Kaninchen **69.** Nr. 14. 3. 15/5. 1960.) 4508

H. BRANDSCH: **Die „Zwitterbildung" und ihre Ursachen.** (Kleintierzüchter **1.** Nr. 9. 10—11. 1. Mai-H. 1960. Halle/S., Martin-Luther-Univ., Inst. für Kleintierzucht.) 4550

ANONYM: **40 Jahre organisierte Ziegenzucht in Schwaben.** (Dtsch. Kleintier-Züchter, gemischte Ausg. **69.** Nr. 19. 12. 5/7. 1960.) 4598

Geflügel

K. FRITSCHE: **Geflügelwirtschaft und Geflügelkrankheiten im Blickfeld des Tierarztes.** (Zbl. Veterinärmed. **7.** 194—203. März 1960. Koblenz.) 4601

PAUL MERTINS: **Geflügel im tropischen Klimabereich.** (Dtsch. Wirtschaftsgeflügelzucht **12.** 225—227. 28/5. 1960. Essen/Ruhr.) 4601

EDMUND BICKEL: **Legehennen-Haltungen in Alaska.** (Österr. Kleintierzüchter **15.** 91. Juni 1960.) 4608

GEORGI CHLEBAROW und ALBINA SCHABALINA: **Untersuchung über die Legeleistung und Mastfähigkeit der herausgezüchteten Rassegruppe Bulgarisches Schwarzes Mittelschweres Huhn.** (in bulgarisch) (Landwirtsch. Bl. Sofia **5.** 41—52. 1960. Sofia, Inst. für Tierzuchtforsch. der Bulg. Akad. der Wiss.) 4630

H. HAVERMANN: **Gedanken zur Neugestaltung der Hühnerleistungsprüfungen in Deutschland.** (Dtsch. Wirtschaftsgeflügelzucht **11.** 309—13. 4/4. 1959. Bonn.) 4656

A. W. NORDSKOG und O. KEMPTHORNE: **Die Bedeutung von Genotyp-Umwelt-Wechselwirkungen bei der Hühnerleistungsprüfung.** (Importance of genotype-environment interactions in random sample poultry tests.) (Biometr. Genetics, Proc. int. Symposium 1958. Nr. 38. 159—68. Aug., herausgeg. 1960.) 4656

A. W. NORDSKOG: **Die Bedeutung der Eigröße und anderer Faktoren für das Nettoeinkommen bei Stichprobenprüfungen.** (Importance of egg size and other factors in determining net income in random sample tests.) (Poultry Sci. **39.** 327—38. März 1960. Ames, Iowa State Univ., Dep. of Poultry Husbandry.) 4656

V. S. ASMUNDSON und L. M. JULIAN: **Erbliche Muskelabnormität beim Haushuhn.** (Inherited muscle abnormality in the domestic fowl.) (J. Heredity **47.** 248—52. Sept./Okt. 1956. Davis, Univ. of California, School of Veterin. Med., Dep. of Poultry Husbandry.) 4660

KENNETH GOODWIN: **Ein Daunenmosaik beim Huhn.** (A. mosaic affecting the down of the chick.) (J. Heredity **47.** 215—16. Sept./Okt. 1956. Niles, Calif., Kimber Farms.) 4660

O. FRANKE: **Aufbau einer Geflügelzucht unter besonderer Berücksichtigung der Lehrlingsausbildung.** (Tierzucht **14.** Grünland/Feldfutter **1.** 274—76. Juni 1960.) 4668

OLE VENGE: **Zuchtmethoden bei Geflügel.** (Avelsmetoder for fjäderfä.) (Jord Gröda Djur, Arsbok **15.** 154—60. 1959. Lantbrukshögskolan.) 4669

BORIS EFTIMOW: **Ganzjährige Eierbrut und Kükenaufzucht.** (in bulgarisch) (Landwirtsch. Bl. Sofia **5.** 123—29. 1960. Sofia, Höh. Landwirtsch. Inst. „Georgi Dimitrow".) 4676

MARY S. SHORB, H. M. WALKER und O. D. KEENE: **Die Wirkungslosigkeit von Eigelb in der Diät auf die Ausbildung des Rous-Sarkoms bei Küken.** (Lack of effect of egg yolk in the diet on the development of rous sarcoma in the chick.) (Poultry

System-Nr.

Sci. **39.** 409—17. März 1960. College Park, Univ. of Maryland, Dep. of Poultry Husbandry.) 4681

A. T. SCHABALINA: **Zur Frage des Schlachtalters der Hähnchen.** (in bulgarisch) (Tierzucht Sofia **14.** Nr. 2. 29—32. Febr. 1960) 4690

O. SIEGMANN: **Umfang und Ursachen der Abgänge in westdeutschen Geflügelzuchten.** (Zbl. Veterinärmed. **7.** 204—09. März 1960. Celle.) 4710

R. E. ISAACKS, B. L. REID, R. E. DAVIS, J. H. QUISENBERRY und J. R. COUCH: **Eingeschränkte Fütterung in Broiler-Vermehrungszuchten.** (Restricted feeding of broiler type replacement stock.) (Poultry Sci. **39.** 339—46. März 1960. College Station, Texas, Texas A & M Coll., Dep. of Poultry Sci.) 4690

S. BOSE: **Durchleuchten — ein sicherer Weg zur Erkennung eines schlechten Eies.** (Candling: a sure way of telling a bad egg.) (Indian Farming **9.** Nr. 10. 35—36. Jan. 1960. Izatnagar, U. P., Indian Veterin. Res. Inst.) 4700

C. JOSEPH WELTER: **Der Einfluß verschiedener Stresswirkungen auf die Histomoniasis bei Hühnern und Puten.** (The effect of various stresses upon histomoniasis in chickens and turkeys.) (Poultry Sci. **39.** 361—66. März 1960. East Lansing, Mich., Michigan State Univ., Dep. of Microbiol. and Public Health.) 4710

L. G. RAGGI und R. G. RAYMOND: **Eine Studie über das Verhalten von 6 Stämmen des Virus der Infektiösen Bronchitis in Hühnerembryonen.** (A study of the behaviour of six infectious bronchitis virus strains in chicken embryos.) (Poultry Sci. **39.** 346—49. März 1960. Davis, Univ. of California, School of Veterin. Med.) 4710

THEODOR SONNEMANN: **Zur Neuregelung der Eier- und Geflügelwirtschaft.** (Mitt. dtsch. Landwirtsch.-Ges. **75.** 749—50. 9/6. 1960) 4715

ANONYM: **Mangel an Enten und Gänsen in Schweden.** (Dtsch. Wirtschaftsgeflügelzucht **11.** 784. 5/9. 1959.) 4882

LADISLAV LANDAU und RUZENA J. VANCIKOVA: **Das Legen von befruchteten Eiern bei Legeenten nach Absonderung der Erpel.** (Znaska oplodnenych vajec u kacic po odstraneni kacerov.) (Pol'nohospodarstvo **6.** 755—64. 1959. Ivanka pri Dunaji Vyskumny Ustav pre Chov Hydiny Pobocky Ceskoslovenskej Akad. Podohospodarskych Vied.) 4965

H. PULST: **Ist die Paratyphus-Untersuchung beim Wassergeflügel notwendig?** (Dtsch. Geflügelztg. **9.** 187—88. 2. Apr.-H. 1960. Potsdam, Veterinäruntersuchungs- u. Tiergesundheitsamt, Geflügelgesundheitsdienst.) 5030

STJEFAN ROMIC: **Über den Ausschlachtungswert der einheimiscnen Truthühner.** (O klaonickoj vrijednosti domace pure.) (Veterinaria **6.** 354—59. 1957. Zagreb, Univ., Landwirtsch.-Forstwirtsch. Fak., Inst. für Veterinärwes. mit Zoohyg.) 5100

H. O. WHEELER, B. L. REID, T. M. FERGUSON, J. R. COUCH und R. H. RIGDON: **Unterschiedliche Empfindlichkeit bei Breitbrüstigen Bronzeputen und Beltsville Kleinen Weißen Puten gegenüber dem fütterungsbedingten Hängekropf.** (Differences in susceptibility of Broad Breasted Bronze and Beltsville Small White turkeys to dietary-induced pendulous crop.) (Poultry Sci. **39.** 263—67. März 1960. College Station, Texas, Texas Agric. Exp. Stat., Dep. of Poultry Sci.; Dep. of Biochem. and Nutrit.; Galveston, Texas, Univ. of Texas, Med. Branch.) 5110

U. K. ABBOTT, D. A. McMARTIN, H. E. ADLER und F. H. KARTZER: **Der Einfluß der vom Ei übertragenen Mycoplasma-Infektion auf die Embryonalentwicklung von Puteneiern.** (The effect of egg-borne Mycoplasma on embryonating turkey eggs.) (Poultry Sci. **39.** 315—26. März 1960. Davis, Univ. of California, Dep. of Poultry Husbandry; Dep. of Avian Med.) 5110

ERNST-MARTIN REINKE: **Die verwilderten Haustauben in Hamburg.** (Z. angew. Zool. **46.** 285—301. 1959. Hamburg, Staatl. Vogelschutzwarte, Inst. für angew. Vogelkunde.) 5162

H. G. HERBST: **Eine Taube mit „Schwimmhäuten“.** (Dtsch. Geflügelztg. **9.** 303—04. 3. Juni-H. 1960. Berlin, Inst. für Zool.) 5175

System-Nr.

ERNST BUCHKA: **Quälgeister im Taubenstall.** (Prakt. Schädlingsbekämpfer **10.** 57—58. Mai 1958. Frankfurt/M.) 5184

J. L. RODRIGUEZ und L. A. RIEHL: **Malathion als Bekämpfungsmittel für zwei Species von Taubenläusen.** (Malathion dust for the control of two species of pigeon lice.) (J. econ. Entomol. **52.** 772. Aug. 1959.) 5184

JOHN L. RODRIGUEZ und L. A. RIEHL: **Malathion als Läuse-Bekämpfungsmittel bei domestizierten Wildvögeln.** (Malathion dust for the control of lice on domestic game bords.) (J. econ. Entomol. **52.** 774—75. Aug. 1959.) 5184

Kaninchen

A. I. KAPLEWSKI und N. I. MURAWJOWA: **Einige Ergebnisse der Verbesserung der Grauen und Weißen Riesen.** (in russisch) (Kaninchen- u. Pelztierzucht **3.** Nr. 4. 16—19. Apr. 1960.) 5260

EMIL FALK: **Betrachtungen zur ALP 1959.** (Dtsch. Kleintier-Züchter, Ausg. Kaninchen **69.** Nr. 12. 10. 25/4. 1960. Marburg/Lahn.) 5261

ANONYM: **Rheinische Angorakaninchen-Leistungsprüfung 1959.** (Dtsch. Kleintier-Züchter, Ausg. Kaninchen **69.** Nr. 14. 6. 15/5. 1960.) 5261

KARL DORN: **Ist Möhrenfütterung für säugende Häsinnen nachteilig?** (Kleintierzüchter 1. Nr. 7. 7—8. 1. Apr.-H. 1960.) 5265

SW. RAJTSCHEW: **Untersuchungen über die verschiedenartige Mast von einigen Kaninchenrassen.** (in bulgarisch) (Wiss. Arb. höheren landwirtsch. Inst. „Georgi Dimitrow", zootechn. Fak. Sofia **8.** Nr. 2. 177—91. 1959.) 5270

M. SY: **Insektizide gegen Myxomatose.** (Dtsch. Kleintier-Züchter, Ausg. Kaninchen **69.** Nr. 14. 3. 15/5. 1960. Düsseldorf, Böhme Fettchemie GmbH., Lab. für Schädlingsbekämpfung.) 5275

C. H. ANDREWES, H. V. THOMPSON und W. MANSI: **Die Myxomatose: Gegenwärtiger Stand und zukünftige Ausdehnung in Groß-Britannien.** (Myxomatosis: present position and future prospects in Great Britain.) (Nature London **184.** 1179—80. 17/10. 1959. Mill Hill, London, Nat. Inst. for Med. Res.; Ministry of Agric., Fisheries and Food.) 5275

Pelztiere

Z. WOJTATOWICZ: **Pelztierzucht in Polen.** (Blauen Hefte Tierarzt 1960. 253—55. Warszawa.) 5301

B. PIATKOWSKI: **Ernährungsphysiologische Untersuchungen an Silberfüchsen und Nerzen.** (Kleintierzüchter **1.** Nr. 8. 14—15. 2. Apr.-H. 1960. Dummersdorf, Inst. für Tierzuchtforsch. der Dtsch. Akad. der Landwirtsch.-Wiss. zu Berlin.) 5301

HANS-CHRISTOPH LÖLIGER: **Die Bedeutung der Tuberkulose für die fleischfressenden Pelztiere.** (Dtsch. Pelztierzüchter **34.** 138—51. 1/8. 1960. Celle.) 5301

J. RECK: **Die Kennzeichnung der Nerze.** (Kleintierzüchter **1.** Nr. 11. 15. 1. Juni-H. 1960. Dummerstorf, Inst. für Tierzuchtforsch. der Dtsch. Akad. der Landwirtsch.-Wiss. zu Berlin.) 5302

ANONYM: **Betonfuttertische für Jungnerze.** (Concrete feed trays for kits.) (Amer. Fur Breeder **33.** Nr. 3. 21. März 1960.) 5302

WILLIAM L. LEOSCHKE: **Futteranalyse und praktische Nerzfütterung. 1. Mitt.** (Proximate analysis and practical mink nutrition. I.) (Amer. Fur Breeder **33.** Nr. 3. 18—19. 44. März 1960. Valparaiso, Ind., Univ.) 5302

WILLIAM L. LEOSCHKE: **Futteranalyse und praktische Nerzfütterung. 2. Mitt.** (Proximate analysis and practical mink nutrition. II.) (Amer. Fur Breeder **33.** Nr. 4. 20—21. 48. Apr. 1960. Valparaiso, Ind., Valparaiso Univ., Mink Nutrit. Res.) 5302

JOHN A. MILLER: **Einiges über die richtige Ernährung des Nerzes.** (Dtsch. Pelztierzüchter **34.** 114—15. 1/6. 1960. Ohio State Univ.) 5302

H. ZIMMERMANN: **Fisch-Kochsilage als Nerzfutter.** (Dtsch. Pelztierzüchter **34.** 110—13. 1/6. 1960. Greifswald, Veterinäruntersuchungs- und Tiergesundheitsamt.) 5302

System-Nr.

DAVID W. JOHNSON und JOCK PAOLA: **Aureomycin-Beifütterung.** (Aureomycin feed supplementation.) (Amer. Fur Breeder **33.** Nr. 3. 22—23. 48—50. März 1960. Portland, Oreg.) 5302

ANONYM: **Harnträufeln der Nerze.** (Wet belly disease.) (Amer. Fur Breeder **33.** Nr. 3. 17. März 1960.) 5302

HORST ZIMMERMANN: **Die Behandlung des durch Streptokokken-Infektion hervorgerufenen Dickkopfes des Nerzes.** (Dtsch. Pelztierzüchter **34.** 131—32. 1/7. 1960. Greifswald, Veterinäruntersuchungs- und Tiergesundheitsamt.) 5302

ANONYM: **Über drei im Monat Juli vorzunehmende Vaccinierungen.** (Three possible July vaccinations.) (Amer. Fur Breeder **33.** Nr. 5. 19. 52. Mai 1960.) 5302

F. LÜTZENBERG und H. GERBER: **Der Einfluß der Jahreszeiten auf die Fütterung und Entwicklung der Jungtiere in der Sumpfbiberzucht.** (Kleintierzüchter **1.** Nr. 16. 14—15. 2. Aug.-H. 1960. Berlin, Humboldt-Univ., Inst. für Geflügel- und Pelztierzucht.) 5310

I. G. POWETZKI: **Erfahrungen über die Fütterung von Silberfüchsen mit Trockenfischen.** (in russisch) (Kaninchen- u. Pelztierzucht **3.** Nr. 2. 22—26. Febr. 1960. Udelnaja, Gebiet Moskau, Forsch.-Inst. für Pelztier- und Kaninchenzucht.) 5315

H. KRAFT: **Krankheits- und Todesursachen bei Chinchillas früher und jetzt.** (Dtsch. Pelztierzüchter **34.** 129—31. 1/7. 1960. München.) 5318

Bienen

K. DREHER: **Bericht über die Lehr- und Versuchsanstalt für Imkerei in Mayen vom 1. 4. 1959 bis 31. 3. 1960.** (Rhein. Bienenztg. **111.** 240—43. Aug. 1960.) 5402

ERNST REINHARDT: **Kernverhältnisse, Eisystem und Entwicklungsweise von Drohnen- und Arbeiterinneneiern der Honigbiene (Apis mellifera).** (Zool. Jb., Abt. Anatom. Ontogenie Tiere **78.** 167—234. 15/5. 1960. Marburg/Lahn, Univ., Zool. Inst.) 5425

JANINE PAIN und MICHEL BARBIER: **Das augenscheinliche Vorhandensein einer attraktiven Substanz, aus Arbeitsbienen extrahiert, die aus weiselrichtigen Völkern stammen.** (Mise en evidence d'une substance attractive extraite du corps des ouvrieres d'abeilles non orphelines (Apsis mellifica L.) (C. R. hebd. Seances Acad. Sci. **250.** 1126—27. 8/2. 1960. Bures-sur-Yvette, Stat. de Rech. Apicoles; Paris, Inst. de Biol. Physico-chim.) 5425

ERNST PERKIEWIZ: **Der Weiselzopf.** (Dtsch. Bienenwirtsch. **11.** 149. Juni 1960. Marburg.) 5460

H. ZECHA: **Nehmen die Bienen lieber Larven in Jungfernwachszellen oder in Zellen aus vormals bebrüteten Wachs in Weiselpflege?** (Bienenvater (Wien) **80.** 340—42. Dez. 1959. Wien, Bundesanst. für Bienenkunde.) 5460

LJUBEN RADOEW: **Wie sind die Bienenstände vor Kälte und Wind zu schützen?** (in bulgarisch) (Bienenzucht Sofia) **6.** Nr. 2. 7—11. Febr. 1960. Sofia, Versuchsstat. für Bienenzucht.) 5485

IWAN DIMITROW: **Faktoren, die den Platz der Wintertraube im Bienenstock bestimmen.** (in bulgarisch) (Bienenzucht (Sofia) **6.** Nr. 1. 12—13. Jan. 1960. Widin, Bulgarien.) 5485

J. BRETSCHKO: **Dosenfütterung.** (Bienenwelt (Graz) **2.** 180—82. Aug./Sept. 1960.) 5494

K. DREHER: **Der Einfluß der Roten Waldameise auf die Honigtautracht.** (Rhein. Bienenztg. **111.** 67—70. März 1960. Mayen, Lehr- und Versuchsanst. für Imkerei.) 5530

JULIUS F. OBERMAIER: **Die jährliche Bienenwanderung zu den Lavendelkulturen in Südfrankreich.** (Bienenvater (Wien) **81.** 183—84. Juni 1960.) 5540

KARL STUTE: **Untersuchungsbericht über die Bienenschäden des Jahres 1959.** (Westf. Bienenztg. **73.** 103—09. Apr. 1960. Celle, Bundesforschungsanst. für Kleintierzucht.) 5555

GEORGI POPILIEW: **Bekämpfung der Bienenfresser und Ameisen.** (in bulgarisch) (Bienenzucht (Sofia) **6.** Nr. 2. 14—15. Febr. 1960. Sandanski, Bulgarien.) 5570

System-Nr.

Seidenraupen

SEIJIRO MOROHOSHI und ROKURO KIKUCHI: **Die Funktionen des Zentralnervensystems in bezug auf die quantitativen Merkmale in einem W-translokalisierten Stamm der Seidenraupe, Bombyx mori L.** (Functions of the central nervous system in relation to quantitative characters in a W-translocated strain of silkworm, Bombyx mori L.) (Jap. J. Genetics **34.** 319—26. Okt. 1959. Ayabe, Kyöto, Japan, Gunze Silkworm and Mulberry Res. Inst.) 5656

KENSUKE SHIMURA, HIRONOBU FUKAI, SEIICHI SUTO und REIKO HOSHI: **Untersuchungen über die Biosynthese des Seidenfibroins. 1. Mitt. Die Einverleibung von Glycin-1-^{14}C in das Fibroin in vivo.** (Studies on the biosynthesis of silk fibroin. I. Incorporation of glycine-1-C^{14} into fibroin in vivo.) (J. Biochemistry (Tokyo) **45.** 481—88. Juli 1958. Sendai, Tohoku Univ., Dep. of Agric., Lab. fo Biochem.) 5656

KENSUKE SHIMURA, HIRONOBU KOBAYASHI, REIKO HOSHI und JIN SATO: **Untersuchungen über die Biosynthese des Seidenfibroins. 2. Mitt. Ungleichmäßige Markierung des in vivo gebildeten Seidenfibroins.** (Studies on the biosynthesis of silk fibroin. II. Non-uniform labeling of silk fibroin synthesized in vivo.) (J. Biochemistry (Tokyo) **46.** 849—55. Juli 1959. Sendai, Tohoku Univ., Dep. of Agric. Chem., Lab. of Biochem.) 5656

DIMITER CHRISTOW: **Ergebnisse der heterospermen Besamung des Bagdader Weißspinners.** (in bulgarisch) (Wiss. Arb., Inst. Tierzuchtforsch. (Kostinbrod-Sofia) **1.** 203—08. 1959. Charmanli, Bulgarien, Versuchsstat. für Seidenraupenzucht.) 5660

ANGEL JANKOW: **Untersuchung über die Gebrauchskreuzung des zweibrütigen Weißspinners mit dem einheimischen Gelbspinner im Hinblick auf die Sommerfütterung der Raupen.** (in bulgarisch) (Wiss. Arb., Tierzuchtforsch. (Kostinbrod-Sofia) **1.** 195—202. 1959. Wraza, Bulgarien, Versuchsstat. für Seidenraupenzucht.) 5670

JUTTA V. ZYCHLINSKI: **Jeder Kokon war ein halbes Gramm leichter!** (Mitt. Seidenbauer 1960. Nr. 9. 7—9.) 5670

DIMITER CHRISTOW und IWAN BOJADSHIEW: **Untersuchungen der verbesserten Kokontypen des Bagdader Weißspinners im Hinblick auf deren Zulassung.** (in bulg.) (Wiss. Arb., Inst. Tierzuchtforsch. (Kostinbrod Sofia) **1.** 209—25. 1959. Charmanli, Bulgarien, Versuchsstat. für Seidenbau; Sofia, Inst. für Textilforsch.) 5672

Aus: Tierernährung

ANONYM: **11. Tagung in Gießen am 28. und 29. April 1959.** (Z. Tierphysiol., Tierernähr. Futtermittelkunde **14.** 370—83. Dez. 1959.) 7010

T. G. TAYLOR, J. H. MOORE und F. HERTELENDY: **Änderungen in der Mineralzusammensetzung einzelner Knochen des Skeletts von Haushühnern.** (Variations in the mineral composition of individual bones of the skeleton of the domestic fowl.) (Brit. J. Nutrit. **14.** 49—57. 1960. Reading, Univ., Dep. of Physiol. Chem.) 7370

J. SPENGLER: **Ein Apparat zur quantitativen fortlaufenden Registrierung der Nahrungs- und Wasseraufnahme von Ratten.** (Helv. physiol. pharmacol. Acta **18.** 50—55. 1960. Zürich, Univ., Pharmakol. Inst.) 7751

H. J. H. DE MUELENAERE, G. V. QUICKE und J. P. H. WESSELS: **Die Anwendbarkeit der „Untersuchungsmethode des gesamten Tierkörpers" zur Bestimmung der Eiweißverdaulichkeit bei Küken.** (The applicability to chicks of the carcass analysis method for the determination of net protein utilization.) (South African J. agric. Sci. **3.** 91—98. März 1960. Pietermaritzburg, Univ. of Natal, Fac. of Agric.) 7785

JACK R. LUICK, MAX KLEIBER und JIRO J. KANEKO: **Ein Respirationsapparat für ^{14}C-Untersuchungen bei Schaf und Hund.** (A respiration apparatus for C^{14} studies on sheep and dogs.) (J. appl. Physiol. **15.** 175—77. Jan. 1960. Davis, Calif., Univ. of California, School of Veterin. Med., Dep. of Animal Husbandry.) 7818

System-Nr.

WLADIMIR STOJANOW: **Einfluß des verschiedenen Rohfasergehalts auf die Verdaulichkeit der Futterration bei Hühnern.** (in bulgarisch) (Landwirtsch. Bl. (Sofia) 4. 439—64. 1959. Sofia, Höheres Landwirtsch. Inst. „G. Dimitrow".) 7888

SAKARU SUZUKI und JACK L. STROMINGER: **Enzymatische Sulfatierung von Mucopolysacchariden im Henneneileiter. 1. Mitt. Übertragung von Sulfat von 3'-Phosphoadenosin-5.-phosphosulfat auf Mucopolysaccharide.** (Enzymatic sulfation of mucopolysaccharides in hen oviduct. I. Transfer of sulfate from 3'-phosphoadenosine 5'-phosphosulfate to mucopolysaccharides.) (J. biol. Chemistry **235**. 257—66. Febr. 1960. St. Louis, Mo., Washington Univ. School of Med., Dep. of Pharmacol.) 7910

SAKARU SUZUKI und JACK L. STROMINGER: **Enzymatische Sulfatierung von Mucopolysacchariden im Henneneileiter. 2. Mitt. Mechanismus der an Oligosacchariden und Monosacchariden als Akzeptoren untersuchten Reaktion.** (Enzymatic sulfation of mucopolysaccharides in hen oviduct. II. Mechanism of the reaction studied with oligosaccharides and monosaccharides as acceptors.) (J. biol. Chemistry **235**. 267—73. Febr. 1960. St. Louis, Mo., Washington Univ. School of Med., Dep. of Pharmacol.) 7910

SAKARU SUZUKI und JACK L. STROMINGER: **Enzymatische Sulfatierung von Mucopolysacchariden im Henneneileiter. 3. Mitt. Mechanismus der Sulfatierung von Chondroitin und Chondroitinsulfat.** (Enzymatic sulfation of mucopolysaccharides in hen oviduct. III. Mechanism of sulfation of chondroitin and chondroitin sulfate A.) (J. biol. Chemistry **235**. 274—76. Febr. 1960. St. Louis, Mo., Washington Univ. School of Med., Dep. of Pharmacol.) 7910

PATRICIA McLEAN: **Kohlenhydratstoffwechsel des Milchdrüsengewebes. 3. Mitt. Faktoren bei der Regulation der Umsetzungswege des Glucosekatabolismus in der Milchdrüse von Ratten.** (Carbohydrate metabolism of mammary tissue. III. Factors in the regulation of pathways of glucose catabolism in the mammary gland of the rat.) (Biochim. biophysica Acta (Amsterdam) 37. 296—309. 15/1. 1960. London, Middlesex Hospital Med. School, Courtauld Inst. of Biochem.) 7910

C. H. HILL, H. W. GARREN und J. W. KELLY (unter Mitarbeit von MYRL K. WARREN): **Untersuchungen der Citronensäurewerte in Blut und Leber von Küken.** (Studies on blood and liver citric acid levels in chicks.) (Poultry Sci. **39**. 117—19. Jan. 1960. Raleigh, North Carolina, State Coll., Dep. of Poultry Sci.) 7910

F. W. R. BRAMBELL, W. A. HEMMINGS, C. L. OAKLEY und R. R. PORTER: **Der relative Durchtritt von Fraktionen des Papain-fhydrolysierten homologen y-lobulinsG aus der Gebärmutterhöhle in den oetalen Kreislauf des Kaninchens.** (The relative transmission of the fractions of papain hydrolysed homologous y-globulin from the uterine cavity to the foetale circulation in the rabbit.) (Proc. Roy. Soc. (London), Ser. B **151**. 478—82. 1/3. 1960. Bangor, Univ. Coll. of North Wales, Dep. of Zool., A. R. C. Unit of Embryol.; Univ. of Leeds, Dep. of Bacteriol.; London, Nat. Inst. for Med. Res.) 7930

R. J. B. KING: **Biosynthese von 2-Methoxyöstriol durch Rattenleberpräparate.** (Biosynthesis of 2-methoxyoestriol by rat-liver preparations.) (Biochem. J. **74**. 22 p. Febr. 1960. Univ. of Edinburgh, Dep. of Biochem.) 7960

DAVID A. VAUGHAN und LUCILE N. VAUGHAN: **Der Einfluß niedriger Umgebungstemperatur auf das Gewicht und den Futterkonsum bei Ratten mit unzureichender Riboflavinzufuhr.** (The effect of a low environmental temperature on the weight and food consumption of riboflavin-deficient rats.) (J. of Nutrit. **68**. 485—93. 10/7. 1959. Seattle, Washington, Arctic Aeromedical Lab.) 8012

W. L. LEOSCHKE und C. A. ELVEHJEM: **Die Bedeutung von Arginin und Methionin für Wachstum und Fellentwicklung beim Nerz unter Verabreichung gereinigter Diäten.** (The importance of arginine and methionine for the growth and for development of mink fed purified diets.) (J. of Nutrit. **69**. 147—50. Okt. 1959. Madison, Univ. of Wisconsin, Dep. of Biochem.) 8042

System-Nr.

M. I. WOLSKI: **Aneignung von Stickstoff durch tierische Organismen am Beispiel der Hühnerembryonen und Bienenpuppen.** (in russisch) (Ber. Akad. Wiss. UdSSR **128.** 857—59. 1/10. 1959.) 8042

E. W. CRAMPTON, R. K. SHAW, V. G. MACKAY und DONNA C. SCHAD: **Vergleichende Futterwerte von allgemeinen Nahrungsfetten durch Wachstumsmessungen bei vorzeitig entwöhnten Hunden, Meerschweinchen und Ferkeln.** (Comparative feeding value of common edible fats as measured by the growth of prematurely weaned pups, guinea pigs and swine.) (J. of Nutrit. **70.** 81—90. Jan. 1960.) 8066

D. M. HEGSTED, ANNA GOTSIS und F. J. STARE: **Der Einfluß von Nahrungsfett auf den Gehalt an Serum-Cholesterin bei Cholesterin-gefütterten Küken.** (The influence of dietary fats on serum cholesterol levels in cholesterol-fed chicks.) 8066

BERTIL RASMUSON, BO GAHNE und LARS FREDERIKSSON: **Studien über die Unterscheidung von ^{90}Sr von diploiden und tetraploidem Rotklee und ^{45}Ca in Fütterungsversuchen mit Mäusen.** (Studies on the discrimination of Sr^{90} from diploid and tetraploid red clover and Ca^{45} in feeding experiments with mice.) (Kungl. Lantbrukshögskolans Ann. **25.** 241—51. 1959. Inst. of Plant Systematics and Genetics; Nat. Agronomic Exp. Stat.) 8123

MARSHALL R. URIST und NANCY MARIE DEUTSCH: **Osteoporosis bei Legehennen.** (Osteoporosis in the laying hen.) (Endocrinology **66.** 377—91. März 1960. Los Angeles, Calif., Univ. of California, School of Med., Dep. of Surgery, Div. of Orthopedics.) 8123

C. B. AMMERMAN, H. W. NORTON, H. M. SCOTT und A. H. NESBIT: **Schnelltest für anorganischen Phosphor bei Küken.** (Rapid assay of inorganic phosphates for chicks.) (Poultry Sci. **39.** 245—50. März 1960. Quincy, Ill., Univ. of Illinois, Dep. of Animal Sci.)

MACIT ERKOL und K. BRONSCH: **Resorptionsstudien an Nutztieren. 2. Mitt. Die Phosphatresorption im Dickdarmbereich des Kaninchens.** (Zbl. Veterinärmed. **6.** 913—18. Dez. 1959. München, Univ., Inst. für Physiol. und Ernähr. der Tiere.) 8124

J. EDMONDSON: **Vitaminbedarf des Geflügels und Mangelerscheinungen.** (Vitamin requirements of poultry and deficiency disorders.) (New Zealand J. Agric. **98.** 29. 31—32. 15/1. 1959.) 8145

C. M. ELY: **Ein Vergleich der Verwertung von Carotin und eines präformierten Vitamin A bei Küken des Masttyps.** (The comparative utilization of carotene and preformed vitamin A in broiler type chicks.) (Poultry Sci. **38.** 1316—24. Nov. 1959. Harrison, N. J., Nopco Chem. Co.) 8152

J. G. BIERI, G. M. BRIGGS, D. J. POLLARD und M. R. SPIVEY FOX: **Normaler Wachstums- und Entwicklungsverlauf bei Hühnchen ohne Zusatz von Vitamin E oder anderen Antioxydantien zum Futter.** (Normal growth and vedelopment of female chickens without dietary vitamin E or other antioxidants.) (J. of Nutrit. **70.** 47—57. Jan. 1960.) 8156

R. F. GLASCOCK und W. G. HOEKSTRA: **Selektive Akkumulation von Tritium-markiertem Hexoestrol durch die Fortpflanzungsorgane nicht geschlechtsreifer weiblicher Ziegen und Schafe.** (Selective accumulation of tritiumlabelled hexoestrol by the reproductive organs of immature female goats and sheep.) (Biochem. J. **72.** 673—82. Aug. 1959. Shinfield, Berks., Univ. of Reading, Nat. Inst. for Res. in Dairying.) 8175

N. W. KURILOW, N. A. LIPATOWA und M. I. MASCHURKO: **Das Biomycin in der Futterration von Kaninchen.** (in russisch) (Kaninchen- u. Pelztierzucht) **3.** Nr. 1. 20 bis 22. Jan. 1960. Udelnaja, Gebiet Moskau, Forsch.-Inst. für Pelztier- und Kaninchenzucht.) 8185

B. L. WOROBJOW und W. W. PETUCHOWA: **Über die Wirkung von Biomycin auf das Wachstum von jungen Nerzen.** (in russisch) (Kaninchen- u. Pelztierzucht) **3.** Nr. 3. 14. März 1960.) 8185

System-Nr.

H. R. KRUEGER, J. E. CASIDA und R. P. NIEDERMEIER: **Stoffwechsel von organischen Phosphor-Insekticiden beim Rind, Stoffwechsel und Rückstände bei dermatischer Applikation von Co-ral an Ratten, einer Ziege und einer Kuh.** (Bovine metabolism of organophosphorus insecticides. Metabolism and residues associated with dermal application of Co-ral to rats, a goat, and a cow.) (J. agric. Food Chem. 7. 182—88. März 1959. Madison, Wiss. Univ. of Wisconsin, Dep. of Entomol. and Dairy Husbandry.) 8360

W. C. DAUTERMAN, J. E. CASIDA, J. B. KNAAK und TADENSZ KOWALSZYK: **Stoffwechsel von organischen Phosphorinsekticiden beim Rind. Stoffwechsel und Rückstände nach oraler Gabe von Dimethoat an Ratten und drei laktierende Kühe.** (Bovine metabolism of organophosphorus insecticides. Metabolism and residues associated with oral administration of dimethoate to rats and three lactating cows.) (J. agric. Food Chem. 7. 188—93. März 1959. Madison, Wis., Univ. of Wisconsin, Dep. of Entomol., Dairy Husbandry, and Veterin. Sci.) 8360

WALTER A. BECKER und LAWRENCE R. BERG: **Der Einfluß der Wachstumsgeschwindigkeit sowie der Homo- und Heterocygotie der Küken auf die Empfindlichkeit von Experimenten.** (Effect of growth rate, homozygosity and heterozygosity of chickens on the sensitivity of experiments.) (Poultry Sci. 38. 1409—22. Nov. 1959. State Coll. of Washington, Puyallup, Western Washington Exp. Stat.) 8451

G. F. COMBS und N. V. HELBACKA: **Untersuchungen mit legenden Hennen. 1. Mitt. Auswirkung von Fett, Proteingehalt und anderen Veränderlichen des Futters in Rationen der Praxis.** (Studies with laying hens. I. Effect of dietary fat, protein levels and other variables in practical ration.) (Poultry Sci. 39. 271—79. März 1960. College Park, Md., Univ. of Maryland, Poultry Dep.) 8548

H. A. KEENER und E. J. THACKER: **Wachstumsstadien an Kälbern und Kaninchen, die Timotheheu von stark gedüngten Böden erhielten.** (Growth studies with calves and rabbids fed timothy hay grown on heavily fertilized soils.) (J. Dairy Sci. 41. 182—89. Jan. 1958. Durham, New Hamps. Agric. Exp. Stat.; Ithaca, N. Y., U. S. Plant, Soil, and Nutrit. Lab., A. R. S.) 8630

Titel der im Landwirtschaftlichen Zentralblatt Heft 2/1961 referierten Arbeiten auf dem Gebiet der speziellen Kleintierzucht

Aus: Spezielle Kleintierzucht

System-Nr.

Ziegen

SS. SS. MISCHAREW: **Neue Rassegruppe der Angoraziegen.** (in russisch) (Schafzucht **6.** Nr. 4. 27—30. Apr. 1960. Stawropol. Unions-Forsch.-Inst. für Schaf- und Ziegenzucht.) 4530

Geflügel

F. M. FRONDA: **Geflügelindustrie in Thailand.** (The poultry industry of Thailand.) (Philippine Agriculturist **42.** 325—35. Jan./Febr. 1959. Univ. of the Philippines. Coll. of Agric., Centr. Exp. Stat., Poultry Husbandry.) 4601

Hühner

MUSTAFA YAMAN: **Moderne Geflügelhaltung in der Türkei.** (Fatis Rev. Bad Godesberg **7.** 36—37. März/Apr. 1960.) 4608

I. A. MICHAILIN, K. SS. MARSCHUNINA, D. M. ROMANOWSKI und W. K. REDICH: **Panzyrewsker Zwiehuhnrasse.** (in russisch). (Geflügelzucht **10.** Nr. 3. 18—21. März 1960. Gebiet Uljanowsk, RSFSR, Geflügelsowchos „Panzyrewski".) 4630

JE. W. TOLOKONNIKOWA und I. G. MOISSEJEWA: **Der Einfluß auf die Nachzucht von Hennen, denen rassefremdes Blut übertragen wurde.** (in russisch) (Akad. Wiss. UdSSR, Arb. Inst. Genetik **24.** 372—84. 1958.) 4660

G. SEBESTYÉN und I. MORVAI: **Angaben zur Vererbung einiger wertbestimmender Eigenschaften des Gelben Ungarischen Huhnes.** (in ungarisch) (Tierzucht **7.** 149—54. 1958. Budapest.) 4660

MARY E. RAWLES: **Eine experimentelle Studie über die Entwicklung regionaler Besonderheiten im Zeichnungsmuster der Silbercampiner.** (An experimental study on the development of regional variation in the plumage pattern of the Silver Campine fowl.) (J. Morphology **105.** 33—54. Juli 1960. Baltimore, Md., Carnegie Inst. of Washington, Dep. of Embryol.) 4660

L. W. TAYLOR, U. K. ABBOTT und C. A. GUNNS: **Weitere Untersuchungen über Diplopodie.** 1. Mitt. Modifikation phänotypischer Spaltungsverhältnisse durch Selektion. (Further studies on diplopodia. I. Modification of phenotypic segregation ratios by selection.) (J. Genetics **56.** 161—78. Mai 1959. Berkeley, Univ. of California, Dep. of Poultry Husbandry.) 4660

U. K. ABBOTT: **Weitere Untersuchungen über Diplopodie.** 2. Mitt. Embryonale Merkmale. (Further studies on diplopodia. II. Embryological features.) (J. Genetics **56.** 179—96. Mai 1959. Berkeley, Univ. of California, Dep. of Poultry Husbandry.) 4660

U. K. ABBOTT: **Weitere Untersuchungen über Diplopodie.** 3. Mitt. Beziehungen zwischen Expressivität und Penetranz in selektierten Linien und Kreuzungen. (Further studies on diplopodia. III. The relationship between expressivity and penetrance in selected lines and crosses.) (J. Genetics **56.** 197—225. Mai 1959. Berkeley, Univ. of California, Dep. of Poultry Husbandry.) 4660

U. K. ABBOTT: **Faktorengenetik und Leistungen beim Geflügel.** 1. Mitt. Gefieder „Hermelin" oder „Wild": Beziehung zur Gewichtsentwicklung. (Further studies on diplopodia. III. The relationship between expressivity and penetrance in selected lines and crosses.) (J. Genetics **56.** 197—225. Mai 1959. Berkeley, Univ. of California, Dep. of Poultry Husbandry.) 4660

PH. MERAT (unter Mitarbeit von A. BOUCHARDEAU und O. ARGAND): **Faktorengenetik und Leistung beim Geflügel.** 1. Mitt. Gefieder „Hermelin" oder „Wild";

System-Nr.

Beziehung zur Gewichtsentwicklung. (Génétique factorielle et production chez les volailles. I. Plumage „Hermine" ou „sauvage": relation avec la croissance en poids.) (Ann. Inst. nat. Rech. agronom., Sér. **D** 7. 123—42. Apr/Juni 1958. Jouy-en-Josas, C. N. R. S., Stat. de Rech. Avicoles.) 4660

PH. MÉRAT: **Faktorengenetik und Leistung beim Geflügel.** 2. Mitt. Geschlechtsgebundene Sperberung und Gewichtsentwicklung. (Génétique factorielle et production chez les volailles. II. Barrure lieé au sexe et croissance en poeds.) (Ann. Inst. nat. Rech. agronom., Sér. **D 8.** 39—47. Jan./Febr. 1959. Jouy-en-Josas, Centre Nat. de Rech. Zootechn., Stat. de Rech. Avicoles.) 4660

PH. MÉRAT: **Faktorengenetik und Leistung beim Geflügel.** 3. Mitt. „Dominantes Weiß" und Gewichtsentwicklung. (Génétique factorielle et production chez les volailles. III. „Blanc dominant" et croissance en poids.) (Ann. Inst. nat. Rech. Avicoles.) 4660

M. W. McDONALD: **Nachkommenschaftsprüfung auf dominantes Weiß bei Rassen des Fleischtyps.** (Progeny testing for dominant white in meat-type chickens.) (Agric. Gaz. New South Wales 71. 158—64. März 1960. Seven Hills, New South Wales, Poultry Exp. Stat.) 4660

H. BRANDSCH: **Warum ist die Haltung mehrjähriger Legehennen nicht lohnend?** (Dtsch. Geflügelztg. **9.** 360—61. 1. Aug.-H. 1960. Halle, Martin-Luther-Univ., Tierzucht-Inst.) 4668

L. A. SUBARJOWA: **Einige wirtschaftliche und biologische Besonderheiten bei Kreuzungshühnern.** (in russisch) (Akad. Wiss. UdSSR, Arb. Inst. Genetik) **24.** 321—39. 1958.) 4669

DOJKA TOMOWA: **Die Gebrauchskreuzung der Hühner, eine wichtige Reserve zur Steigerung der Lege- und Fleischleistung.** (in bulgarisch) (Bull. wiss.-techn. Inform., Landwirtsch. Forsch.-Inst. Dobrudsha Warna) **3.** Nr. 3. 47—50. 1959.) 4669

R. N. SHOFFNER und R. E. GRANT: **Gelockerte Selektion in einem Stamm Weißer Leghorn.** (Relaxed selection in a strain of White Leghorns.) (Poultry Sci. **39.** 63—66. Jan. 1960. St. Paul, Minn., Agric. Exp. Stat.; Duluth, Northeast Branch Agric. Exp. Stat.) 4669

F. HOFMANN und K. LÖHLE: **Beobachtungen über den Gewichtsverlust von Hühnereiern während der Bebrütung.** (Dtsch. Geflügelztg. **9.** 346—47. 3. Juli-H. 1960. Jena, Friedrich-Schiller-Univ., Tierzucht-Inst.) 4647

E. CORDIEZ: **Ernährung und Produktivität in der Jungmasthühnchenproduktion.** (Alimentation et productivité dans la production du poulet de chair.) (Rev. Agric. Bruxelles **12.** 753—71. Juli/Aug. 1959. Cureghem-Bruxelles, Ecole de Méd. Vétrin. de I Etat.) 4690

KAZIMIERZ ZIELIŃSKI: **Korrelation zwischen dem Lebendgewicht von Junghennen der Weißen Leghorn-Rasse während der Wachstumsperiode und dem frühzeitigen Beginn der Legetätigkeit.** (Wspólzależność miedzy waga mlódek w okresie ich wzrostu i ich wczesnóscia dojrzewania. Biale Leghorny.) (Roczniki Nauk rolniczych, Ser. **B 74.** 363—74. 1959.) 4700

J. BURCKHARDT: **Die Wirtschaftlichkeitskontrolle der Legehennenhaltung — ein wirkungsvolles Beratungsmittel für Landwirte und Berater.** (Dtsch. Wirtschaftsgeflügelzucht **12.** 33—36. 23/1. 1960. Frankfurt/M.) 4706

G. A. KODINETZ: **Über die Aufzucht von landwirtschaftlichem Geflügel.** (Geflügelzucht **10.** Nr. 5. 18—19. Mai 1960.) 4706

PETER WÂLTSCHEW, DIMITER BALJOSOW, KOJTSCHO IWANOW und NIKOLA SCHISCHKOW: **Einfluß der tiefen Dauerstreu auf die Lebensfreudigkeit und Entwicklung der Kücken.** (in bulgarisch) (Wiss. Arb., Inst. Tierzuchtforsch. Kostinbrod-Sofia **1.** 65—72. 1959.) 4707

Anonym: **Zehn neue Ratschläge für die Bodenhaltung von Masthühnchen und zukünftigen Zuchttieren.** (Dix nouveaux conseils pour l élevage au sol des poulets de chair et des futurs reproducteurs.) (Agric. prat. **124.** 201—02. Mai 1960.) 4707

System-Nr.

T. E. ALLEN und F. SKALLER: **Die Sterblichkeit in einer unselektierten Population von 4 Generationen von Junghühnern während ihres ersten Legejahres.** (Mortality in an unculled population of four generations of chickens during their first laying year.) (Austral. veterin. J. **34.** 61—70. März 1958. Werribee, Poultry Res. Centre, Div. of Animal Health and Product.) 4710

H. FRIESE: **CRD — der große Feind.** (Dtsch. Wirtschaftsgeflügelzucht **12.** 247—49. 11/6. 1960.) 4710

A. H. ABDOU und M. K. SELIM: **Über den Lebenscyclus von Subulura suctoria, eines Blinddarmnematoden des Geflügels in Ägypten.** (On the life-cycle of subulura suctoria, a caecal nematode of poultry in Egypt.) (Z. Parasitenkunde **18.** 20—23. 1957. Cairo, Univ., Fac. of Veterin. Med. Parasitol. Dep.) 4710

M. L. COLGLAZIER, A. O. FORSTER, F. D. ENZIE und D. E. THOMPSON: **Die anthelmintische Wirkung von Phenothiazin und Piperazin auf Heterakis gallinae und Ascaridia galli in Küken.** (The anthelmintic action of phenothiazine and piperazine against heterakis gallinae and ascaridia galli in chikkens.) (J. Parasitology **46.** 267—70. Apr. 1960. Beltville, Md., U.S. Dep. of Agric., A. R. S., Animal Disease and Parasite Res. Div.) 4710

E. L. STUBBS und F. G. SPERLING: **Getrocknetes Kükensarkom über 20 Jahre lelensfähig.** (Desiccated chicken sarcoma.) (J. Amer. veterin, med. Assoc. **136.** 376—77. 15/4. 1960.) 4710

Pelztiere

F. M. STOUT, J. E. OLDFIELD und JOHN ADAIR: **Wesen und Ursachen der „Wattefelle“ bei Nerzen.** (Nature and cause of the „cotton-fur“ abnormality in mink.) (J. of Nutrit. **70.** 421—26. Apr. 1960.) 5302

L. JOUBERT: **Enzootische Tuberkulose beim Nerz.** (Tuberculose enzootique du Vision.) (Rev. Méd. vétérin. (N. S.) **22**(110). 113—34. Febr. 1959.) 5302

R. J. AVERY, C. E. DOLMAN, P. L. STOVELL und A. J. WOOD: **Ein natürlicher Ausbruch einer durch Clostridium botulinum Typ C bedingten Intoxikation bei Farmnerzen, die durch Schweineleber entstand.** (A natural outbreak of clostridium botulinum type C intoxication in ranch mink arising from pork liver.) (Canad. J. comparat. Med. veterin. Sci. **23.** 203—09. Juni 1959. Lethbridge, Alberta, Canada Dep. of Agric., Trairie Area Branch Lab.; Animal Pathol. Lab., Health of Animals Div.; Dep. of Bacteriol. and Immunol.; Toronto, Univ., Connaught Med. Res. Lab.; Vancouver, Brit. Columbia, Univ. of British Columbia, Canada Dep. of Agic., Pacific. Area Branch Lab.; Animal Pathol. Lab., Health of Animal Div.; Div. of Animal Sci.) 5302

R. K. FARRELL, R. W. LEASER und J. R. GORHAM: **Bericht über das Auftreten einer hämorrhagischen Pneumonie beim Nerz.** (An outbreak of hemorrhagic pneumonia im mink. A case report.) (Cornell Veterinarian **48.** 378—84. Okt. 1958. Pullman, Wash.) 5302

H. S. McTAGGART: **Coccidien aus Nerzen in England.** (Coccidia from mink in Britain.) (J. Parasitology **46.** 201—05. Apr. 1960. Edinburgh, Univ., Roy. Dick School of Veterin. Studies, Dep. of Med.) 5302

T. BARTHA und É. P. GAYER: **Untersuchungen über den Geschlechtszyklus des Sumpfbibers** (Nutria). (Vizsgálatok a nutria ivari ciklusáról.) (Alattenyésztés Tierzucht **7.** 179—84. 1958. Budapest.) 5310

Bienen

W. DRESCHER, W. STECHE, GEORG A. W. GEISSLER, L. BECKER, B. ZEUTZSCHEL u, F. EBERHARDT: **Die Tätigkeit des Universitäts-Institutes für Bienenkunde mit Lehrstuhl für Tierpsychologie in Bonn im Arbeitsjahr 1958/59.** (Westfl. Bienenztg. **72.** 70—72. März; 136—41. Mai 1959.) 5402

HELMUTH KAUSCHE: **Neue Methoden zur Flügelindexmessung.** (Z. Bienenforsch. **4.** 194—98. Juli 1959. Erlangen.) 5425

System-Nr.

ELLANOR H. SLIFER und SANT S. SEKHON: **Die Feinstruktur der Plattenorgane auf den Fühlern der Honigbiene,** Apis mellifica L. (The fine structure of the plate organs on the antenna of the honey bee, Apis mellifica Linnaeus.) (Exp. Cell. Res. **19.** 410—14. März 1960. Iowa City, Iowa, State Univ. of Iowa, Dep. of Zool.) 5425

M. DELIA ALLEN: **Die Respirationsverhältnisse der Arbeiterin der Honigbiene bei verschiedenem Alter und verschiedener Temperatur.** (Respiration rates of worker honeybees of different ages and different temperatures.) (J. exp. Biology **36.** 92—101. März 1959. Aberdeen, Marischal Coll.; North of Scotland Coll. of Agric., Bee Res. Dep.) 5425

F. G. SMITH: **Verständigung und Futtersuche der afrikanischen Bienen im Vergleich zur europäischen und asiatischen Biene.** (Communication and foraging range of African bees compared with that of European and Asian bees.) (Bee Wld. **39.** 249—52. Okt. 1958. Tabora, Tanganyika, Beekeeping Div.) 5425

P. L. SHARMA: **Beobachtungen über das Schwarm- und Paarungsverhalten der indischen Honigbiene.** (Observation on the swarming and mating habits of the Indian honeybee.) (Bee Wld. **41.** 121—25. Mai 1960. Bihar, India, Indian Agric. Res. Inst., Beekeeping Res. Lab., Substat. Pusa.) 5425

J. O. HÜSING und P. STAWOWY: **Zur Frage der Auslösung des Jungbieneneinfluges.** (Wiss. Z. Martin-Luther-Univ. Halle-Wittenberg, math.-naturwiss. R. **8.** 1121—22. 1958/59. Halle/S., Martin-Luther-Univ., Zool. Inst.) 5425

M. DELIA ALLEN: **Das Auftreten und der mögliche Sinn des Schüttelns der Bienenkönigin durch die Arbeiterinnen.** (The occurrence and possible significance of the „shaking“ of honeybee queens by the workers.) (Animal Behaviour **7.** 66—69. Jan./Apr. 1959. Aberdeen, Marischal Coll., Res. Dep.) 5430

C. G. BUTLER: **Einige Arbeiten aus Rothamsted über das soziale Verhalten der Honigbienen.** (Some work at Rothamsted on the social behaviour of honyebees.) (Proc. Roy. Soc. London, Ser. B **147.** 275—88. 3/12. 1957.) 5430

E. MALÝ: **Königinzucht aus eintägigen Eiern.** (Leipziger Bienenztg. **73.** 44—45. Febr. 1959. Košice, ČSR.) 5460

FRIEDRICH RUTTNER: **Drohnenflugweite und Drohendichte.** (Dtsch. Bienenwirtsch. **10.** 42—47. März 1959, Lunz am See, Außenstelle der Bundesanst. für Bienenkunde Wien.) 5470

ROGER HOOPINGARNER und C. L. FARRAR: **Genetische Steuerung der Größe von Bienenköniginnen.** (Genetic control of size in queen honey bees.) (J. econ. Entomol. **52.** 547—48. Aug. 1959. Madison, Wis., Univ., Dep. of Entomol., Agric. Exp. Stat.) 5472

I. SCHABARSCHOW: **Die Bienenfarm der Stepanowschen Sowchose.** (in russisch) (Bienenzucht **37.** Nr. 5. 12—16. Mai 1960.) 5480

MYKOLA H. HAYDAK: **Das Einwintern der Bienen in Minnesota.** (Wintering of bees in Minnesota.) (J. econ. Entomol. **51.** 332—34. Juni 1958. St. Paul, Univ. of Minnesota, Inst. of Agric.) 5485

M. W. BORISSENKO: **Reinigungsausflug der Bienen in einem Raum mit elektrischer Beleuchtung.** (Bienenzucht **36.** Nr. 3. 27—29. März 1959. Cherson, Landwirtsch.-Zjurupa-Inst.) 5485

J. SIMPSON: **Über das Auftreten des Schwärmens der Honigbienen in England.** (The incidence of swarming among colonies of honey-bees in England.) (J. agric, Sci. **49.** 387—93. Nov. 1957. Rothamsted Exp. Stat., Bee Dep.) 5492

M. G. STEKOLSCHTSCHIKOW: **Die Schwarmverhinderung bei Bienenvölkern.** (in russisch) (Bienenzucht **36.** Nr. 5. 39—41. Mai 1959. Kasan, Univ.) 5492

B. HOCKING und F. MATSUMURA: **Bienenbrut als Nahrungsmittel.** (Bee brood as food.) (Bee Wld. **41.** 113—20. Mai 1960. Edmonton, Alberta, Canada, Univ., Dep. of Entomol.) 5496

HOMER LEN FOOTE: **Die Bedeutung der Kontrolle von Bienenständen.** (The importance of apiary inspection.) (Calif. Dep. Agric., Bull. **48.** 219—21. Okt./Dez. 1959.) 5502

System-Nr.

L. H. JOHNSON: **Ein Wärmeraum zum Verflüssigen von Honig.** (Hot room for liquefying honey.) (New Zealand J. Agric. **100.** 459—64. Mai 1960. Palmerston North, New Zealand, Dep. of Agric.) 5520

TAGE S. K. JOHANSSON: **Aufspüren von Honigbienen in Baumwollfeldern mit fluorescierenden Farbstoffen.** (Tracking honey bees in cotton fields with fluorescent pigments.) (J. econ. Entomol. **52.** 572—77. Aug. 1959. U. S. Dep. of Agric., A. R. S., Entomol. Res. Div.) 5530

G. E. BOHART: **Insektenbestäubung von Futterleguminosen.** (Insect pollimation of forage legumes.) (Bee Wld. **41.** 57—64. März; 85—97. Apr. 1960. U. S. Dep. of Agric., A. R. S., Entomol. Res. Div.) 5530

W. SS. MOSSKALENKO: **Koriander — ein zeitiger Honigträger.** (Bienenzucht **37.** Nr. 5. 38—39. Mai 1960. Krasnodar, Forsch.-Inst. für Ölpflanzen und Äther. Ölkulturen.) 5530

P. G. JALANSKI: **Der Eschenahorn — ein wertvoller Pollenträger im Frühjahr.** (Bienenzucuht **37.** Nr. 5. 40—41. Mai 1960. Nowo-Iwanowka, Gebiet Saporoshje.) 5530

A. A. WJASOW: **Mönchspfeffer** (Vitex agnus — castus L.) — **ein Honigträger.** (Bienenzucht **37.** Nr. 5. 43—44. Mai 1960. Nikita, Jalta, Bot. Garten.) 5530

G. A. SACHAROW: **Beflug der schwarzen Johannisbeere durch Bienen.** (Bienenzucht **37.** Nr. 5. 39—40. Mai 1960. Mitschurin. Forsch.-Inst. für Gartenbau.) 5530

W. P. POLISCHTSCHUK: **Lupine-Phacelia-Gemenge — eine gute Trachtquelle.** (Bienenzucht **37.** Nr. 5. 36—37. Mai 1960. Ukrain. Akad. der Landwirtsch.-Wiss.) 5530

SALAH EL-DIN RASBAD und RALPH L. PARKER: **Pollen als begrenzender Faktor für die Brutaufzucht und Honigproduktion während der drei Dürrejahre 1954, 1955 und 1956.** (Pollen as a limiting factor in brood rearing and honey production during three drought years, 1954, 1955, and 1956.) (Trans. Kansas Acad. Sci. **61.** 237—48. Herbst 1958, Manhattan, Kansas State Coll.) 5530

G. PRITSCH: **Sicherung der Bienenweide durch zweckentsprechende Gehölzauswahl in der Landschaft.** (Dtsch. Landwirtsch. **10.** 254—56. 1959. Berlin, Humboldt-Univ., Inst. für Kleintierzucht, Abt. Bienenkunde und Seidenbau.) 5530

G. F. TARANOW: **Der Zustand der Bienenvölker und die Lüftung der Beute während des Transports.** (Bienenzucht **37.** Nr. 5. 25—29. Mai 1960.) 5540

K.-A. EICKMEYER: **Steigerung der Erträge durch Wanderung.** (Westf. Bienenztg. **72.** 149—52. Mai 1959. Gudendorf/Niederelbe.) 5540

OSKAR BULLMANN: **Pflanzenschutz — Bienenschutz.** (Bienenwelt (Graz) **2.** 87—91. Apr. 1960.) 5555

A. M. KOTOGJAN und L. M. MARTIROSSJAN: **Wie verhindert man Vergiftungen der Bienen durch DDT.** (Bienenzucht) **37.** Nr. 6. 49—50. Juni 1960. Jerewan, Forsch.-Inst. für Tierzucht und Veterinärmed.) 5555

FRANK R. SHAW: **Die Wirkung einiger neuerer Schädlingsbekämpfungsmittel auf Honigbienen bei Feldanwendung.** (The effects of field application of some of the newer pesticides on honey bees.) (J. econ. Entomol. **52.** 549—50. Aug. 1959. Amherst, Mass., Agric. Exp. Stat.) 5555

ELBERT R. JAYCOX: **Überblick über die Nosema-Erkrankungen der Honigbienen in Californien.** (Surveys for nosema disease of honey bees in California.) (J. econ. Entomol. **53.** 95—98. Febr. 1960. Sacramento, California Dep. of Agric., Apiary Inspection.) 5565

W. I. POLTEW: **Nosemabefall der Weisel.** (Bienenzucht) **37.** Nr. 6. 39—40. Juni 1960.) 5565

D. F. LANGRIDGE: **Septicämie der Honigbiene.** (Septicaemia disease of the honey bee.) (J. Agric. (Melbourne) **57.** 787—89. Dez. 1959. Victoria, Australia, Apicult. Res. Unit.) 5565

A. G. MEGED: **Der Kampf gegen die Sentotainiose der Bienen verschärfen.** (Bienenzucht) **37.** Nr. 6. 41—42. Juni 1960. Minist. für Landwirtsch. der Ukrain. SSR.) 5570

System-Nr.

A. K. BOIKO: **Über Kampfmaßnahmen gegen die Senotainiose der Bienen.** (Bienenzucht) **36.** Nr. 3. 40—45. März 1959.) 5570

ANONYM. **Bekämpfung der Ameisen mit Borax.** (Bienenzucht) **37.** Nr. 6. 50. Juni 1960.) 5570

ELBERT R. JAYCOX: **Über den Milbenbefall der Honigbiene.** (Acarine disease of honey bees.) (Calif. Dep. Agric., Bull. 47, 215—21. Juli/Sept. 1958.) 5570

Seidenraupen

RADKA NAJDENOWA: **Die Seidenraupenzucht in Bulgarien.** (Geographie (Sofia) **8.** 5—7. 1958.) 5652

HAJIME SHIGEMATSU und HIRO-O TAKESHITA: **Über die Gewichtsveränderung des Fettkörpers und seiner Hauptbestandteile während der Metamorphose des Seidenspinners,** Bombyx mori L. (On the change in the weight of the fat body and of its chief constituents in the silkworm, Bombyx mori L., during metamorphosis.) (Jap. J. appl. Entomol. Zool. **3.** 123—27. Juni 1959. Tokyo, Sericult. Exp. Stat.) 5656

YASUO TAKAHASHI: **Struktur und Permeabilität des Chorions beim Seidenspinnerei.** (Structure and permeability of the chorion in the silkworm egg.) (Jap. J. appl. Entomol. Zool. **3.** 80—85. Juni 1959. Nagano Prefecture, Nagano Sericult. Exp. Stat.) 5656

YOSHIYUKI HAYASHI: **Xanthindehydrogenase beim Seidenspinner.** Bombyx mori L. (Xanthine Dehygrogenase in the silkworm, Bombyx mori L.) (Nature (London) **186.** 1053—54. 25/6. 1960. Anzyo Aitiken, Nagoya Univ., Agric. Fac. Sericult. Lab.) 5656

T. D. C. GRACE: **Wirkungen verschiedener Substanzen auf das Wachstum des Seidenraupengewebes in vitro.** (Effects of various substances on growth of silkworm tissues in vitro.) (Austral. J. biol. Sci. **11.** 407—17. Aug. 1958.) 5656

HELMUT ROST: **Ein Fall von bilateraler Mosaikbildung bei einer Raupe des Maulbeerseidenspinners** (Bombyx mori L.). (Genetica (s-Gravenhage) **30.** 412—16. 1959. Jena, Inst. für Seidenbau.) 5666

G. W. SSAMOCHWALOWA und S. A. SKATSCHKOWA: **Der Prozentsatz der geschlüpften Seidenraupen als Gradmesser der Vitalität des Seidenspinners.** (Agrobiologie 1959. 402—09. Mai/Juni. Moskau, Lomonossow-Univ.) 5665

XENIA MOLDOVEANU: **Die Langlebigkeit der Bombyx mori-Schmetterlinge in Verbindung mit einigen Konstitutionseigenschaften ihrer Larven.** (Cercetari asupra unor insusiri constitutionale in legatura cu longevitatea fluturilor la viermele de matase (Bombyx mori).) (Inst. agronom. „N. Balcescu" Bucuresti, Lucari stiint. 1960. 563 bis 575.) 566

HARISH C. SAXENA und B. K. SRIVASTAVA: **Die Wirkung von Oleandomycin auf das Wachstum der Seidenraupe,** Bombyx mori L. (The effect of oleandomycin on the growth of the silkworm, Bombyx mori Linn.) (Sci. and Cult. (Calcutta) **25.** 538—39. März 1960. Udaipur, Rajasthan, Rajasthan Coll. of Agric.) 5670

H. SPOOR und KLAUS ZIEGLER: **Über Chemie und Feinbau von Naturseide.** (Angew. Chem. **72.** 316—21. 7/5. 1960.) 5672

Aus: Tierernährung

C. DE DUVE, H. BEAUFAY, P. JACQUES, Y. RAHMAN-LI, O. Z. SELLINGER, R. WATTIAUX und S. DE CONINCK: **Intracelluläre Lokalisierung der Katalase und einiger Oxydasen in der Rattenleber.** (Intracellular localization of catalase and of some oxidases in rat liver.) (Biochim. biophysica Acta (Amsterdam) **40.** 186—87. 6/5. 1960. Louvain, Belgium, Univ. Dep of Physiol, Chem.) 7300

M. W. NEIL: **Das Vorkommen von Phosphorylcholin und Phosphoryläthanolamin in Ziegenplacenta.** (Occurrence of phosphorylcholine and phosphorylithanolamine in goat placenta.) (Biochem. J. **74.** 32p. März 1960. London, London Hospital, Med. Coll., Dep. of Biochem.) 7330

System-Nr.

SS. A. JEWDOKIMOW und G. A. TRUBITZYNA: **Zur Methodik der Gasaustauschbestimmung bei Kleintieren.** (Ssetschenow J. Physiol. UdSSR) **46.** 631—33. Mai 1960.) 7802

S. LEPROVSKY, AVIVA CHARI-BITRON, R. M. LEMMON, R. C. OSTWALD und M. K. DIMICK: **Anatomische und stoffwechselphysiologische Anpassungen bei Küken, die „trainiert" sind, ihre tägliche Futterration in 2 Std. aufzunehmen.** (Metalbolic and anatomic asaptations in chickens „trained" toeat their daily food in two hours.) (Poultry Sci. **39.** 385—89. März 1960. Berkeley, Calif., Univ. of California, Dep. of Poultry Husbandry and Med. Physics.) 7872

R. E. SMITH und T. M. MACLNTYRE: **Der Einfluß von löslichem Grit auf die Futterverdaulichkeit beim Geflügel.** (The influence of soluble and insoluble grit upon the digestibility of feed by the domestic fowl.) (Canad. J. Animal Sci. **39.** 164—69. Dez. 1959. Nappan, Nova Scotia, Canada, Dep. of Agric.) 7888

SCOTT W. HINNERS und H. M. SCOTT: **Ein Versuch zur Bestimmung der zweckmäßigsten Verwendung von Proteinsupplementen im Futter für das Kükenwachstum.** (A bioassay for determining the nutritional adequacy of protein supplements for chick growth.) (Poultry Sci. **39.** 176—83. Jan. 1960. Urbana, Ill., Univ. of Illinois, Dep. of Animal Sci.) 8042

F. D. WHARTON, jun., J. C. FRITZ und L. J. CLASSEN: **Untersuchungen über das Vermögen von Sorbit und verschiedenen Zuckern, Küken und Ratten zu befähigen, einen Vitaminmangel zu überleben.** (Studies on the ability of sorbitol and various sugars to enable chicks and rats to survive dietary deficiencies of single vitamins.) (J. of Nutrit. **69.** 74—80. Sept. 1959. Chicago, Ill., Nutrit. Res. Lab.; Dawe's Lab.) 8062

S. J. RITSCHEY und L. R. RICHARDSON: **Der Einfluß von bestrahlten pflanzlichen Ölen, tierischen Fetten und Lagerung des Fettes auf Wachstum und Sterblichkeit bei Hühnern.** (The effects of irradiated vegetable oils and animal fatty tissue and storage of the diet on growth and mortality in chicks.) (Poultry Sci. **39.** 404—08. März 1960. College Park, Univ. of Maryland, Dep. of Poultry Husbandry.) 8066

P. DORN: **Die Morphologie der Epithelkörperchen im Zusammenhang mit dem Ca-Stoffwechsel des Huhnes.** (Zbl. Veterinärmed. **7.** 222—25. März 1960. München, Kleintiergesundheitsdienst Bayern e. V.) 8123

W. G. MARTIN und H. PATRICK: **Studien mit Radio-Mineralien: Beziehungen von Rasse, Alter und Vitamin B_{12} zum anorganischen ^{53}S-Stoffwechsel bei Küken.** (Radionuclide mineral studies: Relation of breed, age, and vitamin B_{12} to inorganic S^{53} metabolism in chicks.) (Poultry Sci. **39.** 282—86. März 1960. Morgantown, W.Va., West Virginia Univ., Dep. of Poultry Husbandry.) 8124

A. HOCK und H. BERGNER: **Jodeinbau (^{131}J) in die Schilddrüse von Küken unter dem Einfluß von Tetracyclinen.** (Arch. Tierernähr. **10.** 161—73. 1/6. 1960. Berlin, Humboldt-Univ., Inst. für Tierernähr.) 8127

ALBERT G. HOHAN und ROBERT W. CRAGHEAD: **Wesentliche Bestandteile einer praktischen Ration für Eintagsküken.** (Essential constituents of a practical ration for baby chicks.) (Univ. Missouri, Coll. Agric., agric. Exp. Stat., Res. Bull. 1959. Nr. 691. 1—19. Febr.) 8158

RICHARD C. ROBENALT: **Thiaminbedarf junger Truthühner.** (The thiamine requirement of young turkey poults.) (Poultry Sci. **39.** 354—60. März 1960. Davis, Univ. of California, Dep. of Poultry Husbandry.) 8158

PAUL A. THORNTON: **Thiaminbedarf wachsender Küken in Abhängigkeit von Rasse-Unterschieden.** (Thiamine requirement of growing chicks as influenced by breed differences.) (Poultry Sci. **39.** 440—44. März 1960. Fort Collins, Colorado Agric. Exp. Stat., Dep. of Poultry Husbandry.) 8158

ROBERT G, WILSON und L. M. HENDERSON: **Niacinbiosynthese im sich entwickelnden Hühnerembryo.** (Niacin biosynthesis in the developing chick embryo.) (J. biol. Chemistry **235.** 2099 bis 2102. Juli 1960. Stillwater, Okla., Oklahoma State Univ., Agric. Exp. Stat. Dep. of Biochem.) 8158

Titel der im Landwirtschaftlichen Zentralblatt Heft 3/1961 referierten Arbeiten auf dem Gebiet der Kleintierzucht

Geflügel

Hühner

System-Nr.

ANONYM: **Interessantes aus der amerikanischen Geflügelwirtschaft.** (Dtsch. Geflügelwirtsch. **12.** 351—52. 13/8. 1960.) 4601

B. HANEBERG: **Geflügelzucht in Bayern.** (Bayer. landwirtsch. Jb., Sonderh. **37.** Nr. 3. 77—85. 1960.) 4608

ELLIOT KIMBALL: **Die Genetik der Weizenfarbigkeit beim Huhn.** (Genetics of of wheaten plumage in the fowl.) (Poultry Sci. **39.** 768—74. Mai 1960. Clinton, Conn., Clinton Exp. Farm.) 4660

R. GEORGE JAAP: **Vererbung, Wechselwirkung der Gene und Korrelationen beim Wachstum der Drüsen, die an der Antikörperbildung beim Küken beteiligt sind.** (Heritabilities, gene interaction and correlations for growth of glands associated with antibody formation in the young chicken.) (Poultry Sci. **39.** 557—60. Mai 1960. Columbus, Ohio, Agric. Exp. Stat.) 4660

EARL W. HENDERSON: **Der Einfluß der Vererbung auf die Schlupfkraft von Küken aus 18 Generationen.** (The influence of inheritance on hatching power of 18 generations of chickens.) (Michigan State Univ. Agric. appl. Sci., agric. Exp. Stat., quart. Bull. **42.** 596—606. Febr. 1960. Poultry Sci. Dep.) 4660

A. M. GUHL, J. V. CRAIG und C. D. MUELLER: **Selektion auf Streitlust beim Huhn.** (Selective breeding for aggressiveness in chickens.) (Poultry Sci. **39.** 970—80. Juli 1960. Manhattan, Kansas State Univ., Dep. of Zool., Dep. of Poultry Husbandry.) 4669

H. BRANDSCH: **Leistungsvergleich zwischen rebhuhnfarbigen Italiener- und Kreuzungshennen.** (Tierzucht **14.** 320—22. Juli 1960.) 4669

G. JA. KOPYLOWSKAJA: **Die Produktivität der Hennen in Abhängigkeit von der Zeitspanne des Schlupfes.** (Akad. Wiss. UdSSR, Arb. Inst. Genetik **24.** 366—71. 1958.) 4674

E. M. FUNK und JAMES FORWARD: **Die Beziehung zwischen dem Grad des Wendens sowie der Lage des Eies und der Schlupffähigkeit bei Hühnereiern.** (The relation of angle of turning and position of the egg to hatchability of chickens eggs.) (Poultry Sci. **39.** 784—85. Mai 1960. Columbia, Mo., Univ. of Missouri.) 4676

N. R. KNOWLES: **Über den Mikrobenbefall von Handelseiern während der Kaltlagerung.** (The control of microbial spoilage in commercial eggs during cold storage.) (Res. exp. Rec. Ministry Agric. Northern Ireland **5.** 29—39. 1957. herausgeg. 1958.) 4700

J. BÖGRE und K. BÁRDOS: **Die Intensität der Eiererzeugung in der ungarischen Hühnerzucht.** (A tojásermelés intenzitásának kérdése a magyar tyúktenyésztésben.) (Állattenyésztés Tierzucht **7.** 273—80. 1958. Budapest.) 4700

J. BROOKS und H. P. HALE: **Die mechanischen Eigenschaften des dicken Eiklars des Hühnereies.** (The mechanical properties of the thick withe of the hen's egg.) (Biochim. biophysica Acta Amsterdam **32.** 237—50. März 1959. Cambridge, Great Britain, Univ. of Cambridge, Dep. of Sci. and Ind. Res., Low Temperature Stat. for Res. in Biochem. and Biophysics.) 4700

KARL FRITZSCHE: **Neue Wege zur Bekämpfung der Newcastle-Krankheit** (atypische Geflügelpest). (Dtsch. Wirtschaftsgeflügelzucht **12.** 195—97. 7/5. 1960. Koblenz. 4710

UNABELLE B. BLACKWOOD und WILLIAM O. POLLARD: **Wachstumshemmung und Beinleiden bei Hühnchen nach parenteraler Verabfolgung von Hämin und Nichtmetallporphyrinen.** (Growth inhibition and leg disorder in chicks following parenteral administration of hemin and nonmetalloporphyrins.) (Proc. Soc. exp. Biol. Med. **103.** 556—59. März 1960. Univ. of Maryland, Dep. of Poultry Husbandry.) 4710

System-Nr.

H. KURTZE: **Beobachtungen und Untersuchungen von sogenannten Ballengeschwülsten in einer Hühnerfarm.** (Dtsch. tierärztl. Wschr. **66.** 386—87. 15/7. 1959. Prüm/Eifel.) 4710

G. MONREAL: **Zur Frage der Schutzimpfungen in Hühnerbeständen und der dabeigegebenen Kombinationsmöglichkeiten.** (Dtsch. Wirtschaftsgeflügelzucht **12.** 341 bis 342. 6/8. 1960.) 4710

Gänse

H. MÜLLER: **Die Gänsezucht in der DDR in ihrer bisherigen und zukünftigen Entwicklung.** (Tierzucht **14.** 318—20. Juli 1960.) 4722

F. HOFMANN, K. LÖHLE und D. MULSOW: **Leistungsermittlungen bei der Deutschen Legegans in Herdbuchbetrieben der DDR.** (Arch. Geflügelzucht Kleintierkunde **9.** 149—73. 1960. Jena, Univ., Inst. für Tierzucht.) 4810

W. N. KOPYLOW: **Die Steigerung der Legeleistung der Gänse durch die Einwirkung der Umweltfaktoren.** (Bull. wiss.-techn. Inform. Unions-Forsch.-Inst. Geflügelzucht) 1958. Nr. 3. 8—12.) 4865

A. U. BYCHOWETZ: **Die Abkühlung von Enten- und Gänseeiern in den ersten Bruttagen.** (Geflügelzucht **10.** Nr. 4. 25—28. Apr. 1960. Ukrain. Forsch.-Inst. für Geflügelzucht.) 4965

Enten

WERNER KLÖKER: **Zur Technik der Entenmast.** (Dtsch. Wirtschaftsgeflügelzucht **12.** 249—51. 11/6. 1960. Langwege, Kreis Vechta, Oldenburg.) 5000

Truthühner

H. MARKS: **Gute Perspektiven für die Putenzucht.** (Tierzucht **14.** 173—76. Apr. 1960. Mühlenbeck.) 5052

M. D. HALL: **Putenzucht in Victoria.** (Turkey raising in Victoria.) (J. Agric. Melbourne **57.** 69—76. Febr. 1959.) 5052

Perlhühner

F. JUHRE: **Die Perlhühner als Rasse- und Wirtschaftsgeflügel.** (Tierzucht **12.** 127 bis 129. Apr. 1958. Hönow, Kreis Strasberg.) 5122

Kaninchen

G. H. M. GOTTSCHEWSKI: **Untersuchungen beim Hauskaninchen.** 1. Mitt. Erbliche Unterschiede in der Wahl von Kotablageplätzen. (Z. Tierpsychol. **16.** 26—46. März 1959.) 5260

M. M. KIM und M. I. MASCHURKO: **Methode zur Schnellmast von Jungkaninchen.** (Kaninchen- u. Pelztierzucht **2.** Nr. 5. 12—16. Sept./Okt. 1959. Udelnaja, Gebiet Moskau, Forsch.-Inst. für Pelztier- und Kaninchenzucht.) 5265

KARL KREILKAMP: **Wollwert-Endzahlen für Angora-Wolleistungen.** (Dtsch. Kleintier-Züchter, Ausg. Kaninchen **69.** Nr. 23. 6—8. 15/8. 1960.) 5270

Pelztiere

JOHN D. PALARSKI: **Firacinbehandlung der Grauen Diarrhoe beim Nerz.** (Furacin treatment of gray diarrhea in mink.) (J. Amer. veterin. med. Assoc. **136.** 177—79. 15/2. 1960. Kaukauna, Wis.) 5302

HANS RIMESLATTEN: **Protein, Fett und Kohlehydrate im Nerzfutter.** (Protein, fedt og kullhydrater i minkfoderet.) (Nord. Jordbrugsforskn., Suppl. **2.** 71—72. 1959, herausgeg. 1960. Vollebekk, Norges Landbrukshögskole.) 5302

G. AHMAN: **Wachstum und Pelzqualität von Jungnerzen bei verschiedenem Gehalt an Protein, Fett und Kohlehydraten im Futter.** (Mikhvalpenes tilvaekst of pelskvalitet ved forskelligt indhold af protein fedt ok kullhydrater i foderet.) (Nord. Jordburgsforshn., Suppl. **2.** 68—70. 1959, herausgege. 1960. Uppsala, Statens Husdjursförsök.) 5302

System-Nr.

F. HAGEN PETERSEN: **Versuche mit verschiedenen Protein- und Kohlenhydratnormen im Futter von Jungnerzen.** (Forsög med forskellige normer for protein og kullhydrater i minkhvalpenes foder.) (Nord. Jordburgsforskn., Suppl. **2.** 64—68. 1959, herausgeg. 1960. Kopenhagen, Landökonomisk Forsögslab.) 5302

HANS RIMESLATTEN: **Versuche mit Vitaminen, Haustierleber und Spurenelementen bei Silber- und Blaufüchsen sowie Nerzen.** (Forsög med vitaminer, husdyrlever og spormetaller til sölvraeve, blaraeve og mink.) (Nord. Jordbrugsforskn., Suppl. **2.** 74—80. 1959, herausgeg. 1960. Vollebekk., Norges Landbrukshögskole.) 5315

FRITZ SCHMIDT: **Blick auf den Blaufuchs.** (Dtsch. Pelztierzüchter **34.** 161—63, 1/9. 1960.) 5315

ANONYM: **Ein neues Verfahren der Chinchilla-Polygamzucht: Herdenhaltung.** (Dtsch. Pelztierzüchter **34.** 166—68. 1/9. 1960.) 5318

WOLFGANG ZIMMERMANN: **Zu erwartende Mutationen bei Chinchillas — und ein kleines Kapitel Vererbungslehre.** (Dtsch. Pelztierzüchter **34.** 163—66. 1/9. 1960.) 5318

H. KRAFT: **Erkrankungen beim Chinchilla.** (Kleintier-Prax. **4.** 56—60. Juni 1959. München, Univ., Med. Tierklin.) 5318

PAUL SCHÖPS: **Der Zobel.** (Pelzgewerbe (N. F.) **10.** 154—61. 1959. Überlingen.) 5323

KONRAD SENGLAUB: **Über den Marderhund,** Nyctereutes procyonoides (Gray, 1834), **und die Besonderheiten des lobaten Canidenschädels.** (Wiss. Z. Karl-Marx-Univ. Leipzig, math.-naturwiss. R. **8.** 155—62. 1958/59. Leipzig, Zool. Inst.) 5325

Bienen

P. P. TSCHEKUNOW: **Erfahrungen mit der Vergütung der Arbeitsleistung in Kolchosen.** (Bienenzucht **37.** Nr. 5. 16—17. Mai 1960. Kostroma, RSFSR, Landwirtsch. Gebietsverwalt.) 5402

EVA CRANE: **Die Bienenzucht in der Volksrepublik China.** (Beekeeping in the peoble's repulic of China.) (Bee Wld. **41.** 4—8. Jan. 1960. Chalfont Heights, Bucks., England.) 5402

GISELA DROEGE: **Zur Frage der Unterscheidbarkeit der Carnica-Stämme.** (Arch. Geflügelzucht Kleintierkunde **9.** 182—203. 1960.) 5410

W. WEIDE: **Einige Notizen über die Reaktionen von Honigbienen auf die elektrische Spannung.** (Wiss. Z. Mattin-Luther-Univ. Halle-Wittenberg, math.-naturwiss. R. **8.** 963—64. 1958/59. Halle/Saale, Martin-Luther-Univ., Zool. Inst.) 5425

N. G. PATEL, M. H. HAYDAK und T. A. GOCHNAUER: **Elektrophoretische Komponenten der Proteine im Larvenfutter der Honigbiene.** (Electrophoretic components of the proteins in honeybee larval food.) (Nature London **186.** 633—34. 21/5. 1960. St. Paul, Minn., Univ., Dep. of Entomol. and E con. Zool.) 5425

R. JORDAN: **Versuche zur Beantwortung der Frage, ob Königinnen, die längere Zeit die Eilage unterbrachen, Schäden erleiden, durch die sie minderwertig werden.** (Bienenvater Wien **80.** 67—73. März 1959. Wien, Bundesanst. für Bienenkunde.) 5425

M. LINDAUER und W. E. KERR: **Verständigung unter den Arbeiterinnen stachelloser Bienen.** (Communication between the workers of stingless bees.) (Bee Wld. **41.** 29—41. Febr.; 65—71. März 1960. München, Univ., Zool. Inst.; Rio Claro, Brazil, Fac. de Filosofia.) 5435

N. D. BURMISSTROWA: **Die Einwirkung der Zellform und Zellgröße auf die Qualität der Königin.** (Bienenzucht **37.** Nr. 6. 22—24. Juni 1960. Forsch.-Inst. für Bienenzucht.) 5460

A. SSADOWNIKOW: **Umweiselung.** (Bienenzucht **37.** Nr. 6. 30. Juni 1960. Marij ASSR.) 5460

IRMGARD HOFFMANN: **Die Aufzucht von Arbeitsbienenlarven im Brutschrank** (Rearing worker honeybee larvae in an incubator,) (Bee Wld, **41.** 10,—11, Jan, 1960, Berlin-Dahlem, Freie Univ., Zool. Inst.; Oberursel, Inst. für Bienenkunde.) 5465

System-Nr.

F. A. TJUNIN: **Die Verwendung zeitiger Ableger zur Steigerung des Honigertrages.** (Bienenzucht **36.** Nr. 5. 31—37. Mai 1959.) 5480

A. RATNIKOW: **Zehnjährige Arbeitserfahrung mit Bastardvölkern.** (Bienenzucht **37.** Nr. 6. 20—22. Juni 1960) 5480

W. N. WLASSOW: **Überwinterung der Bienen im Freien in Baschkirien.** Bienenzucht **37.** Nr. 1. 37—39. Jan. 1960.) 5485

STEPHEN TABER und MURRAY S. BLUM: **Aufbewahrung von Honigbienensamen.** (Preservation of honey bee semen.) (Science Washington **131.** 1734—35. 10/6. 1960. Baton Rouge, La., A.R.S., Entomol. Res. Div.; State Univ., Dep. of Entomol.) 5493

A. S. C. DEANS: **Note über die „Norm" für gepreßten Heidehonig.** (Memorandum on the „standards" for pressed ling heather honey.) (Scott. Beekeeper **36.** 41—42. März 1960). 5496

HERWARTH DUISBERG und BERND WARNECKE: **Erhitzungs- und Lichteinfluß auf Fermente und Inhibine des Honigs.** (Z. Lebensmittel-Unters. u. -Forsch. **111.** 111—19. 14/12. 1959. Bremen, Inst. für Honigforsch.; Staatl. Hyg.-Inst., Bakteriol.-Serol. Abt.) 5496

CHARLES D. MICHENER, RUDOLF B. LANGE, JOAO JOSÉ BIGARELLA und RIAD SALAMUNI: **Faktoren, die die Verteilung der Bienennester in Erddämmen beeinflussen.** (Factors influencing the distribution of bees'nests in earth banks.) (Ecology **39.** 207—17. Apr. 1958. Lawrence, Kans., Univ. of Kansas, Dep. of Entomol.) 5502

GERHARD KUNZE: **Hydrologische Grenzfragen in der Imkerei.** (Westf. Bienenztg. **72.** 180—82. Juni 1959.) 5530

A. FOSSEL: **Die Fichtentracht.** (Bienenvater Wien **81.** 204—29. Juli/Aug. 1960.) 5530

N. M. BLINOW: **Über die Bestäubung von Rotklee durch die Bienen und Hummeln.** (Bienenzucht **37.** Nr. 1. 25—28. Jan. 1960.) 5530

M. F. SCHEMETKOW: **Bestäubungstätigkeit der Bienen in Treibhäusern.** (Bienenzucht **37.** Nr. 1. 28—31. Jan. 1960.) 5530

N. M. GLUSCHKOW: **Über die Ertragssteigerung der insektenblütigen landwirtschaftlichen Kulturen mit Hilfe der Bienen.** (Leipziger Bienenztg. **74.** 276—80. Sept. 1960.) 5530

ANONYM: **Die toxischen Wirkungen der Schädlingsbekämpfungsmittel auf Bienen.** (The toxic effects of pesticides on bees.) (Agric. Chemicals **14.** Nr. 7. 59. Juli 1959.) 5555

N. I. OSSTROWSKI: **Die toxische Wirkung der Herbicide auf Bienen.** (Bienenzucht **37.** Nr. 6. 59—60. Juni 1960. Krasnodar, RSFSR, Unions-Forsch.-Inst. für Heil- und Gewürzpflanzen.) 5555

I. TOMASEC: **Weitere Untersuchungen über das Vorkommen von Streptococcus liquefaciens bei der Europäischen Faulbrut.** (Dalja istraživanja o pojavi Sc. liquefaciens kod evropske gnijoće pčelinjeg legla.) (Veterin. Arh. Zagreb **28.** 236—42. 1958. Zagreb, Veterin. Fak. Sveucilista, Zavod za Biol. i. Patol. Pcela, Svilaca i Riva.) 5560

Seidenraupen

BRICTEUX-GRÉGOIRE und MARCEL FLORKIN: **Beiträge zur Biochemie der Seidenraupe.** 2. Mitt. Der Gehalt eines Geweges von Bombyx mori an intrazellulärem Wasser und die Verteilung des dialysierbaren Stickstoffes in diesen beiden Fraktionen. (Contributions à la biochimie du ver à soie. II. Teneurs d'un tissu de Bombyx mori en eau intracellulaire et eneau extracellulaire, et répartition de l'azote dialysable dans ces deux fractions.) (Arch. int. Physiol. Biochim. **67.** 29—34. Febr. 1959. Liège, Univ., Inst. Léon Fredericq Biochim.) 5656

CH. DUCHATEAU, M. FLORKIN und CH. JEUNIAUX: **Beiträge zur Biochemie der Seidenraupe.** 3. Mitt. Die Veränderungen des „augenscheinlichen" Anteiles von Glycin und Alanin an der Hämolymphe im Laufe der Entwicklung von Bombyx mori L. (Contributions à la biochimie du ver à soie. III. Variations de concentration de la

System-Nr.

glycine et de l'alanine „apparentes" de l'hèmolymphe au cours du dèveloppement de Bomnyx mori L.) (Arch. int. Physiol. Biochim. **67.** 173—81. Apr. 1959. Liège, Univ., Inst. Léon Fredericq Biochim.) 5656

S. BRICTEUX-GRÉGOIRE, M. FLORKIN und CH. JEUNIAUX: **Beiträge zur Biochemie der Seidenraupe.** 4. Mitt. Die Veränderungen des Gehaltes der Hämolymphe an dialysierbarem Serin im Laufe der Entwicklung von Bombyx mori L. (Contributions à la biochimie du ver à soie. IV. Variations de la sèrine dialysable de l'hèmolymphe, au cours du développement de Bombyx mori L.) (Arch. int. Physiol. Biochim. **67.** 182—84. Apr. 1959. Liège, Univ., Inst. Léon Fredericq Biochim.) 5656

T. FUKUDA und M. FLORKIN: **Beiträge zur Biochemie der Seidenraupe.** 5. Mitt. Zeitpunkt der Biosynthese des Fibroins und seine Lokalisierung in der Seide von Bombyx mori L. (Contributions to silkworm biochemistry. V. Time of biosynthesis of fibroin and its location in the silk of Bombyx mori L (European race). (Arch. int. Physiol. Biochim. **67.** 185—89. Apr. 1959. Liège, Univ., Inst. L àon Fredericy Biochim.) 5656

T. FUKUDA und M. FLORKIN: **Beiträge zur Biochemie der Seidenraupe.** 6. Mitt. Zeitpunkt der Biosynthese des Fibroinoges und seine Lokalisierung in den Reservoir der Seidendrüse am Ende des 5. Stadiums. (Contributions to silkworm biochemistry. VI. Time of biosynthesis of fibroinogen and its location in the reservoir of the silkgland, at the end of the fifth age.) (Arch. int. Physiol. Biochim. **67.** 190—94. Apr. 1959. Liège, Univ., Inst. Léon Fredericq Biochim.) 5656

T. FUKUDA und M. FLORKIN: **Beiträge zur Biochemie der Seidenraupe.** 7. Mitt. Geordnetes Vordringen des Fibroinogens in dem Reservoir der Seidendrüse während des 5. Stadiums. (Contributions to silkworm biochemistry. VII. Ordered progression of fibroinogen in the reservoir of the silkgland during the 5th instar.) (Arch. int. Physiol. Biochim. **67.** 214—21. Apr. 1959. Liège, Univ., Inst. Léon Fredericq Biochim.) 5656

S. BRICTEUX, T. FUKUDA, A. DEWANDRE und M. FLORKIN: **Beiträge zur Biochemie der Seidenraupe.** 8. Mitt. Die Umwandlung von Pyruvat in Alanin, Glycin und Serin des Seidenfibroins. (Contributions to silkworm biochemistry. VIII. Conversion of pyruvate into alanine, glycine and serine of silkfibroin.) (Arch. int. Physiol. Biochim. **67.** 545—52. Okt. 1959. Univ. de Liège, Inst. Léon Fredericq Biochim.; Inst. Interuniversilaire des Sci. Nucléares de Belgique; Tokyo, Sericult. Exp. Stat.) 5656

S. BRICTEUX-GRÉGOIRE, W. G. VERLY und M. FLORKIN: **Beiträge zur Biochemie der Seidenraupe.** 9. Mitt. Die Verwendung des karboxylen Kohlenstoffes des Phenylalmins für den Aufbau der Aminosäuren des Seidenfibroins. (Contribution à la biochimie du ver à soie. IX. Utilisation du carbone carboxylique de la phénylalanine pour la synthèse des acides aminès de la fibroine de la soie.) (Arch. int. Physiol. Biochim. **67.** 563—66. Okt. 1959. Univ. de Liège, Inst. Léon Fredericq Biochim.) 5656

SUZ. BRICTEUX-GRÉGOIRE, GH. DUCHÂTEAU, M. FLORKIN und CH. JEUNIAUX: **Beiträge zur Biochemie der Seidenraupe.** 10. Mitt. Die Veränderungen des Anteiles der Hämolymphe an Asparagin- und Glutaminsäure während der Entwicklung von Bombyx mori L. (Contributions à la biochimie du ver à soie. X. Variations, de concentration des acides aspartique et glutamique de l'hémolymphe au cours du développement de Bombyx mori L.) (Arch. int. Physiol. Biochim. **67.** 586—96. Okt. 1959. Univ. de Liége, Inst. Léon Fredericq Biochim.) 5656

SUZ. BRICTEUX-GRÉGOIRE, A. DEWANDRE, M. FLORKIN und W. G. VERLY: **Beiträge zur Biochemie der Seidenraupe.** 11. Mitt. Die Verwendung des Kohlenstoffes des Formiats bei der Biosynthese der Aminosäuren des Seidenfibroins. (Contributions à la biochimie du ver à soie. XI. Utilisation du carbone du formiate pour la biosynthèse des acides aminés de la fibroine de la soie.) (Arch. int. Physiol. Biochim. **67.** 687—92. Okt. 1959. Univ. de Liège, Inst. Léon Fredericq Biochim.) 5656

SUZ. BRICTEUX-GRÉGOIRE, A. DEWANDRE, M. FLORKIN und W. G. VERLY: **Beiträge zur Biochemie der Seidenraupe.** 12. Mitt. Die Verwendung der beiden

System-Nr.

Kohlenstoffe des Glycins bei der Biosynthese der Aminosäuren des Seidenfibroins. (Contributions à la biochimie du ver à soie. XII. Utilisation des deux carbones de la glycine pour la biosynthèse des acides aminés de la fibroine de la soie.) (Arch. int. Physiol. Biochim. **67.** 693—98. Okt. 1959. Univ. de Liège, Inst. Léon Fredericq Biochim.) 5656

GH. DUCHÂTEAU, M. FLORKIN und J. LECLERCQ: **Beiträge zur Biochemie der Seidenraupe.** 13. Mitt. Die Zusammensetzung des Fibroins des Kokons von Bombyx mori L., verglichen mit derjenigen der Fibroine anderer Lepidopterenkokons. Versuche einer molekularen Taxonomie. (Contributions à la biochimie du ver á soie. XIII. La composition de la fibroine du cocon de Bombyx mori L. comparée à celle des fibroines d'autres cocons de lépidoptères. Essai de taxonomie moléculaire.) (Arch. int. Physiol. Biochim. **68.** 190—95. Jan. 1960. Liège, Univ., Inst. Léon Fredericq.) 5656

A. DRESSE, CH. JEUNIAUX und M. FLORKIN: **Beiträge zur Biochemie der Seidenraupe.** 14. Mitt. Die Veränderungen der Konzentration der Katecholamine während der nymphalen Häutung. (Contributions à la biochimie du ver à soie. XIV. Variations de concentration des catécholamines au cours de la mue nymphale.) (Arch. int. Physiol. Biochim. **68.** 196—202. Jan. 1960. Liège, Univ., Inst. Léon Fredericq.) 5656

GH. DUCHÂTEAU-BOSSON, S. BRICTEUX GRÉGOIRE, M. FLORKIN und CH. JEUNIAUX: **Beiträge zur Biochemie der Seidenraupe.** 15. Mitt. Die Veränderungen des Gehaltes der Hämolymphe an freiem Threonin während der Entwicklung von Bombyx mori L. (Contributions à la biochimie du ver à soie. XV. Variations de concentrations de la thréonine libre de l'hé molymphe au cours du développement de Bombyx mori L.) (Arch. int. Physiol. Biochim. **68.** 275—80. März 1960. Liège, Univ., Inst. Léon Fredericq Biochim.) 5656

S. BRICTEUX-GRÉGOIRE, A. DEWANDRE und M. FLORKIN: **Beiträge zur Biochemie der Seidenraupe.** 16. Mitt. Die Umwandlung des Threonins in Glycin, Serin und Alanin des Seidenfibroins. (Contributions à la biochimie du ver à soie. XVI. Conversion de la thréonine en glycine, sérine et alanine de la fibroine de la soie.) (Arch. int. Physiol. Biochim. **68,** 281—84. März 1960. Liège, Univ., Inst. Léon Fredericq Biochim.) 5656

GH. DUCHATEAU-BOSSON, M. FLORKIN und CH. JEUNIAUX: **Beiträge zur Biochemie der Seidenraupe.** 17. Mitt. Die Veränderung des Anteils der „augenscheinlichen" Histidins und Methionins an der Hämolymphe im Laufe der Entwicklung von Bombyx mori L. (Contributions à la biochimie du ver á soie. XVII. Variations de concentration de l'histidine et de la méthionine „apparentes" de l'hèmolymphe au cours du développement de Bombyx mori L.) (Arch. int. Physiol. Biochim. **68.** 327—38. März 1960. Liège, Univ., Inst. Léon Fredericq Biochim.) 5656

Aus: Tierernährung

J. K. ROY und J. M. PRICE: **Der Nachweis von Chinolinderivaten im Harn gesunder Kaninchen und Schweine.** (The identification of guinoline derivatives obtained from the urine of normal rabbits and swine.) (J. biol. Chemistry **234.** 2759—63. Okt. 1959. Madison, Wis., Univ. of Wisconsis, Med. School, Cancer Res. Hospital.) 7220

ROGER ACHER, JACQUELINE CHAUVET und MARIE-THÉRÈSE LENCI: **Die Isolierung von Oxytocin aus Hühnchen.** (Isolement de l'ocytocine du poulet.) (Biochim. biophysica Acta (Amsterdam) **38.** 344—45. Febr. 1960. Marseille, France, Fac. des Sci., Lab. de Chim. Biol.) 7290

C. le Q. DARCEL: **Papierelektrophorese von Seren und Plasma von an Erythroblastose erkrankten Hühnchen.** (Paper electrophoresis of sera and plasma from chicks affected with erythroblastosis.) (Canad. J. Biochem. Physiol. **38.** 383—91. Apr. 1960. Lethbridge, Alberta, Animal Diseases Res. Inst., Canada Dep. of Agric., Health of Animals Div.) 7500

C. E. RICHARDSON, A. B. WATTS, W. S. WILKINSON und J. M. DIXON: **Die in Stoffwechselversuchen mit chirurgisch präparierten Hennen angewandte Technik.**

System-Nr.

(Technique used in metabolism studies with surgically modified hens.) (Poultry Sci. **39.** 432—40. März 1960. Baton Rouge, La., Louisiana State Univ., Dep. of Poultry Ind. and Veterin. Sci.) 7785

HANS LUPPA: **Topochemische Untersuchungen über die Entwicklung der Sekretstoffe im Muskelmagenepithel des Hühnerembryo.** (Acta histochem. (Jena) **8.** 207—20. 13/10. 1959. Graz, Univ., Inst. für Histol. Embryol.) 7872

H. BARTELS, P. HILPERT und K. RIEGEL: **Die O_2-Transportfunktion des Blutes während der ersten Lebensmonate von Mensch, Ziege und Schaf.** (Pflügers Arch. ges. Physiol. Menschen Tiere **271.** 169—84. 1960. Tübingen, Univ., Physiol. Inst., Kinderklin.) 8008

L. E. OUSTERHOUT: **Lebensdauer von Küken und biochemische Veränderungen in Kükenfuttermischungen, die verschiedene essentielle Aminosäuren nicht enthielten.** (Survival time and biochemical changes in chicks fed diets lacking different essential amino acids.) (J. of. Nutrit. **70.** 226—34. Febr. 1960.) 8042

JACK L. FRY und W. J. STADELMAN: **Die Wirkung von Methionin im Futter auf den Methionin- und Cystingehalt des Geflügelfleisches.** (The effect of dietary methionine on the methionine and cystine content of poultry meat.) (Poultry Sci. **39.** 614—17. Mai 1960. Lafayette, Ind. Purdue Univ.) 8042

W. J. OWINGS und S. L. BALLOUN: **Beziehung von Arginin und Lysin zur Feder-Tyrosinaseaktivität.** (Relation of arginine and lysine to feather tyrosinase activity.) (Poultry Sci. **38.** 1285—89. Nov. 1959. Ames, Iowa State Univ. of Sci. and Technol., Dep. of Poultry Husbandry.) 8042

GILBERT A. LEVEILLE und H. FISHER: **Aminosäurebedarf für Erhaltung bei ausgewachsenen Hähnchen..** 3. Mitt. Der Bedarf an Leucin, Isoleucin, Valin und Threonin, auch im Hinblick auf die Verwertung der D-Isomeren von Valin, Threonin und Isoleucin. (Amino acid requirement for maintenance in the adult rooster. III. The requirements for leucine, isoleucine, valine, threonine and isoleucine.) (J. of Nutrit. **70.** 135—40. Febr. 1960.) 8042

J. E. SAVAGE und B. L. O'DELL: **Argininbedarf des Kükens und der argininsparende Wert von entsprechenden Zusätzen.** (Arginine requirement of the chick and the argininesparing value of related compounds.) (J. of Nutrit. **90.** 129—34. Febr. 1960.) 8042

B. L. O'DELL, W. D. WOODS, OSM. A. LAERDAL, ANA MUNIZ JAFFEY und J. E. SAVAGE: **Das Vorkommen der hauptsächlichsten N-Verbindungen und Aminosäuren im Hühnerharn.** (Distribution of the major nitrogenous compounds and amino acids in chicken urine.) (Poultry Sci. **39.** 426—32. März 1960. Columbia, Univ. of Missouri, Dep. of Agric. Chem. and Poultry Husbandry.) 8042

R. L. HAZELWOOD und F. W. LORENZ: **Der Einfluß des Hungers und des Insulins auf den Kohlenhydratstoffwechsel des Hausgeflügels.** (Effects of fasting and insulin on carbohydrate metabolism of the domestic fowl.) (Amer. J. Physiol. **197.** 47—51. Juli 1959. Davis, Calif., Univ. of California, Dep. of Poultry Husbandry.) 8062

B. E. MARCH und JACOB BIELY (unter techn. Mitarbeit von J. TOTHILL und S. A. HAQQ.): **Veränderung des Serumcholesterins der Küken durch Fütterung.** (Dietary modification of serum cholesterol in the chick.) (J. of Nutrit. **69.** 105—10. Okt. 1959. Vancouver, Canada, Univ. of British Columbia, Poultry Nutrit. Lab,) 8066

HANS FISHER, ABRAHAM FEIGENBAUM, GILBERT A. LEVILLE, HAROLD S. WEISS und PAUL GRIMINGER: **Biochemische Beobachtungen an der Aorta des Küken.** Die Wirkung verschiedener Fette sowie variierender Gaben von Protein, Fett und Cholesterin. (Biochemical observations on aortas of chickens. Effect of different fats and varying levels of protein, fat and cholesterol.) (J. of Nutrit. **69.** 163—71. Okt. 1959. New Brunswick, N. J., Rutgers Univ., Dep. of Poultry Sci.) 8066

ROBERT H. ROBERSON und PHILIP J. SCHAIBLE: **Die Wirkung erhöhter Calcium- und Phosphormengen auf den Zinkbedarf von Küken.** (The effect of elevated cal-

System-Nr.

cium and phosphorus levels on the zinc requirement of the chick.) Poultry Sci. **39.** 837—40. Juli 1960.) 8127

ROBERT H. ROBERSON und PHILIP J. SCHAIBLE: **Die Empfindlichkeit wachsender Küken gegenüber hohen Mengen verschiedener Zinkverbindungen.** (The tolerance of growing chicks for high levels of different forms of zinc.) (Poultry Sci. **39.** 893—96. Juli 1960.) 8127

ERNEST ROSS: **Der Effekt einer Wassereinschränkung bei Verfütterung verschiedener Mengen von Melasse an Hühner.** (The effect of water restriction on chicks fed different levels of molasses.) (Poultry Sci. **39.** 999—1002. Juli 1960.) 8129

W. MEDWAY und M. R. KARE: **Der Wasserstoffwechsel beim Haushuhn von der Brut bis zur Geschlechtsreife.** (Water metabolism of the domestic fowl from hatching to maturity.) (Amer. J. Physiol. **190.** 139—41. Juli 1957. Ithaca, N. Y., Cornell Univ., New York State Veterin. Coll., Dep. of Physiol.) 8129

H. BEKEMEIER: **Versuche zur erschöpfenden UV-Aktivierung des Provitamins D in der Haut von Ratten, Kaninchen und Meerschweinchen.** (Hoppe Seyler's Z. physiol. Chem. **314.** 125—29. 4/3. 1959. Halle-Wittenberg, Univ., Pharmakol. Inst.) 8154

ANONYM: **Wirkung von Antioxydantien auf den Vitamin-E-Mangel von Küken.** (Effect of antioxidants on vitamin E deficiency in chicks.) (Nutrit. Rev. **17.** 340—42. Nov. 1959.) 8156

HAROLD L. ROSENTHAL: **Resorption, Exkretion und Gewebeverteilung von oral verabfolgten Cyanocobalamin bei Kaninchen.** (Absorption, excretion and tissue distribution of oral cyanocobalamin in rabbits.) (Amer. J. Physiol. **197.** 1048—52, Nov. 1959. St. Louis, Mo., Washington Univ. School of Dentistry, Dep. of Physiol. Chem.) 8158

F. TAGWERKER: **Die Rolle des Vitamin C in der Physiologie und Ernährung des Geflügels.** (Arch. Geflügelkunde **24.** 160—205. Apr. 1960.) 8160

P. GRIMINGER und H. FISHER: **Verstärkung der Pigmentbildung beim wachsenden Küken durch 2-Methyl-1,4-Naphtochinon.** (A pigmentation enhancing effect of 2-methyl-1,4-naphthoquinone in growing chickens.) (Poultry Sci. **39.** 706—07. Mai 1960. Quebec, Canada, Macdonald Coll. of McGill Univ.) 8162

H. F. MAC RAE und R. H. COMMON: **Die Entstehung von 16-Epioestriol aus Oestradiol-17-β bei der Legehenne.** (Formation of 16-epiestriol from estradiol-17-β in the laying hen.) (Poultry Sci. **39.** 707—12. Mai 1960. Quebec, Canada, Macdonald Coll. of McGill Univ.) 8175

G. A. DONOVAN und W. C. SHERMAN: **Wachstumsverlauf und Körperzusammensetzung von Hühnern, die mit Diaethylstilboestrol behandelt wurden.** (Analysis of the growth pattern and the body composition of chickens implanted with diethylstilbestrol.) (Poultry Sci. **39.** 757—65. Mai 1960.) 8175

G. WIERTZ: **Untersuchung einer möglichen Beeinflussung der Schilddrüse bei Küken und Ferkeln durch Antibioticazusatz zum Futter.** (Onderzoek naar een mogelijke invloed op de schildklier von toevoeging van antibiotica aan de rantsoenen van slachtkuikens en mestvarkens.) (Tijdschr. Diergeneeskunde **8.** 464—74. 15/4. 1960.) 8185

H. HAENEL, E. GERRIETS, W. MÜLLER-BEUTHOW und B. GASSMANN: **Fütterungsversuche mit hohen Dosen von Tetracyclin (Achromycin) an Hühnerküken.** (Arch. Geflügelkunde **24.** 217—37. Juli 1960. Potsdam-Rebhrücke, Inst. für Ernähr. der Dtsch. Akad. der Wiss. zu Berlin, Bereich Biol. der Ernähr.; Berlin, Humboldt-Univ., Inst. und Klin. für Geflügelkrankh.) 8185

HAROLD S. WEISS: **Der Einfluß fortwährender Reserpinanwendung auf Körpertemperatur, respiratorisch-cardiovaskuläre Funktionen und Hitzetoleranz der Henne.** (The effect of continuous treatment with reserpine on body temperature, respiratory-cardiovascular functions and heat tolerance of the hen.) (Poultry Sci. **39.**

System-Nr.

366—73. März 1960. New Jersey, State Univ. New Brunswick, Rutgers, Dep. of Poultry Sci.) 8195

HARISH C. SAXENA: **Wachstum, Verluste und Befinden von Küken, die mit beruhigenden Drogen gefüttert wurden.** (Growth, mortality and overt behaviour of chicks fes tranquilizing drugs.) (Indian veterin, J. **37.** 61—64. Febr. 1960. Udaipur, Rajasthan Coll. of Agric.) 8195

K. BARTH und H. KARG: **Untersuchungen über die Beeinflussung der Legeleistung bei Hennen mit Triphenylbromäthylen.** (Arch. Geflügelkunde **24.** 96—102. Apr. 1960. München, Univ., Inst. für Physiol. und Ernähr. der Tiere.) 8195

I. R. SIBBALD, J, D. SUMMERS und S. J. SLINGER: **Einwirkungen auf den Gehalt an umsetzbarer Energie im Geflügelfutter.** (Factors affecting the metabolizable energy content of poultry feeds.) (Poultry Sci. **39.** 544—56. Mai 1960.) 8440

L. M. POTTER und L. D. MATTERSON: **Umsetzbare Energie von Futterbestandteilen für das wachsende Huhn.** (Metabolizable energy of feed ingredients for the growing chicks.) (Poultry Sci. **39.** 781—82. Mai 1960.) 8440

K. C. LEONG, M. L. SUNDE, H. R. BIRD und C. A. ELVEHJEM: **Beziehungen zwischen Energie-, Protein und Aminosäurengehalt im Kükenfutter.** (Interrelationships among dietary energy, protein, and amino acids for chickens.) (Poultry Sci. **38.** 1267—85. Nov. 1959. Madison, Wis., Univ.) 8544

H. M. EDWARDS, JUN. und R. J. YOUNG: **Die Berechnung des Nährstoffbedarfs für Masthühnchen.** (Calculation of the nutrient requirements for broilers.) (Poultry Sci. **38.** 1430—32. Nov. 1959. Athens, Ga., Univ., Poultry Dep.; Cincinnati, Ohio, Res. Div., Procter and Gamble Company.) 8544

Sci. **38.** 1430—32. Nov. 1959. Athens, Ga., Univ., Poultry Dep.; Cincinnati, Ohio,

C. R. DOUGLAS und R. H. HARMS: **Die Effekte verschiedener Protein- und Energiemengen im Broilerfutter während der Endmastperiode.** (Effects of varying protein and energy levels of broiler diets during the finishing period.) (Poultry Sci. **39.** 1003—08. Juli 1960.) 8552

LADISLAV LANDAU, VLADIMIR PETER und ADOLF SPRONC: **Versuch einer intensiven Mast junger Truthühner nach dem „Broiler„-System.** (Pokus s intenzivnym vykrmom mladych moriek systemom „broillerov“ u hrabavej hydiny.) Pol' nohospodarstvo **6.** 377—402. 1959. Ivanka pri Dunaji, Vykumny Ustav pre Chov Hydiny Slovenskej Akad. Vied.) 8552

Buchbesprechungen

AUTORENKOLLEKTIV: **Wissenschaftlich-technischer Fortschritt — steigende Marktproduktion.** 320 Seiten. DIN A 5. Kunstleder, DM 4,20.

In diesem, anläßlich des 6. Deutschen Bauernkongresses erschienenen Buch vermitteln 60 Autoren, darunter namhafte Wissenschaftler und Praktiker das aktuellste und neueste auf verschiedenen wichtigen Gebieten der sozialistischen Landwirtschaft.

An das vom Minister für Landwirtschaft, Erfassung und Forstwirtschaft verfaßte Vorwort schließen sich Kapitel über Acker- und Pflanzenbau, Gemüse- und Obstbau, Futterwirtschaft, Rinder- und Schweinezucht an. Am Schluß vermittelt ein Kapitel über Geflügelzucht und -haltung Erfahrungen auf den Gebieten der Intensivhaltung, Junghennenaufzucht, der Broilermast sowie der Enten- und Putenzucht.

PRITSCH

Das Hennensortieren. Neue Erkenntnisse in der Auslese minderwertiger Legehennen. Von FRIEDO EICHLER, Hennensortier-Meister bei der Landwirtschaftskammer Hannover. 2. verbesserte Auflage. 43 Seiten mit 34 Abbildungen und einer Farbtafel. Preis DM 3,70 (Geflügelzucht-Bücherei, Heft 11), Stuttgart Gerokstr. 19: Verlag Eugen Ulmer.

Aus Gründen der Rentabilität geht es in der Hühnerhaltung heute mehr denn je darum, einen möglichst hohen Eier-Ertrag je Henne zu erzielen. In jeder Hühnerherde gibt es aber unnütze Fresser. Oft sind es Tiere, die schon in der Jugendentwicklung zurückgeblieben sind, aber trotzdem eingestallt wurden. Sie bringen in der Regel eine mäßige Leistung, legen längere Legepausen ein und gehen noch dazu sehr früh in die Mauser. Um Futter zu sparen und den Ertrag zu steigern, müssen solche Hennen rechtzeitig erkannt und ausgemerzt werden. Der Verfasser schildert leicht verständlich in allen Einzelheiten die Merkmale der guten und schlechten Legehenne, wobei die Technik des Sortierens anhand ausgezeichneter Abbildungen erläutert wird.

H. PINGEL

Geflügelfütterung. Von Prof. Dr. R. FANGAUF, Dr. H. MACKRROTT und Dipl. Landwirt H. VOGT. 5. verbesserte Auflage. 160 Seiten mit 4 Abbildungen und 30 Tabellen. Preis DM 8,80 (Geflügelzucht-Bücherei, Heft 3.) Stuttgart O, Gerokstr. 19: Verlag Eugen Ulmer.

In der intensiven Geflügelwirtschaft kommt es nicht mehr auf die bestmögliche Verwertung der wirtschaftseigenen Futtermittel an, sondern auf die bestmögliche Ausnutzung des erbbedingten Leistungsvermögens der Tiere durch optimale Futterrationen. Dementsprechend haben sich die Richtlinien für die Fütterung grundlegend verändert. Das vorliegende Buch ist ein guter Ratgeber bei der Anwendung moderner Fütterungsprinzipien. In dem Abschnitt über Futtermittelkunde, worin u. a. die Mineral- und Wirkstoffe und der Einsatz von Fett ausführlich behandelt werden, sowie in dem Abschnitt Fütterungstechnik, worin vor allem auf die modernen Handelsmischfutter eingegangen wird und schließlich in dem Abschnitt über die Futterzusammensetzung werden dem Leser die neuesten wissenschaftlichen Erkenntnisse in leicht verständlicher Form vermittelt. Besonders wertvoll sind die auf den neuesten Stand ergänzten Nährstofftabellen sowie die zahlreichen Beispielsrezepturen. Im letzten Abschnitt wird die Fütterung der Enten, Gänse, Puten und Tauben behandelt.

Mit dieser Neuauflage verfügen wir über eine Schrift, die den Bedürfnissen der Praxis in ausgezeichneter Weise entspricht. Sie sollte in keinem modernen Geflügelbetrieb fehlen.

H. PINGEL

Jahrbuch 1959/1960 der Deutschen Akademie der Landwirtschaftswissenschaften zu Berlin. 560 Seiten, Großoktav, Halbleinen, Preis DM 12,70.

In den 10 Jahren ihres Bestehens hat es die Deutsche Akademie der Landwirtschaftswissenschaften zu Berlin bereits zur Tradition werden lassen, in einem aller zwei Jahre erscheinenden Jahrbuch über ihre Tätigkeit zu unterrichten. Der nunmehr vorliegende Band 1959/60 stellt umfassend die Organisation der Akademie sowie deren Aufgaben und Arbeitsergebnisse in der Berichtszeit vom 16. Oktober 1958 bis 15. Oktober 1960 dar. Er enthält einleitend die wichtigsten Personalien aller Ordentlichen und Korrespondierenden Mitglieder. Dann folgen Berichte über die von der Akademie veranstalteten wissenschaftlichen Tagungen, über die Tätigkeit des Plenums, des Erweiterten Präsidiums, der Akademie-Zentrale, der Sektionen und Kommissionen sowie über die Zusammenarbeit der Akademie mit der Praxis. Weitesten Raum nehmen die Berichte über die der Akademie angeschlossenen Institute und Forschungsstellen ein. Einer kurzen Darlegung ihrer Aufgaben schließt sich eine Aufstellung über Gliederung und personelle Besetzung des Instituts an, der ein ausführlicher Bericht über die wichtigsten Forschungsarbeiten und -ergebnisse sowie Angaben über die von den Mitarbeitern gehaltenen Vorträge und Vorlesungen folgen. Die jeden Institutsbericht abschließende Liste der Veröffentlichungen stellt eine wertvolle Ergänzung dar. Den Schluß des Jahrbuches bilden eine Ehrentafel mit den Namen der Mitglieder und Mitarbeiter, die Träger hoher Auszeichnungen sind, ein Verzeichnis der inzwischen verstorbenen Mitglieder und Mitarbeiter, ferner eine Aufstellung der in der Berichtszeit von der Akademie herausgegebenen Veröffentlichungen sowie als Anhang ein Anschriftenverzeichnis der zur Akademie gehörenden wissenschaftlichen Einrichtungen mit Karte und ein Personenregister der Mitglieder und ständigen Mitarbeiter.

Das vorliegende Jahrbuch gewährt einen guten Einblick in die gesamte Arbeit der Akademie als höchster Institution auf dem Gebiet der Agrarwissenschaft in der Deutschen Demokratischen Republik und orientiert sowohl den Wissenschaftler als auch den in Verwaltung und Praxis Tätigen über wichtige Probleme der Landwirtschaftswissenschaft. Es ist durch jede Buchhandlung zu beziehen.

www.ingramcontent.com/pod-product-compliance
Lightning Source LLC
LaVergne TN
LVHW081337011026
849161LV00013BB/2939